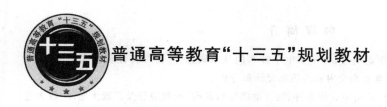

普通高等教育"十三五"规划教材

模拟电子电路简明教程与仿真测试

主　编　尹立强　张海燕

副主编　李景丽　韩亚峰

北京邮电大学出版社
www.buptpress.com

内 容 简 介

本书从模拟电子技术的基础理论知识出发，介绍了电子技术的基本概念、元器件特性及其应用电路，书中还给出了基于 Multisim 仿真软件对典型实验内容的仿真设计和分析。

全书共 10 章，主要内容包括：绪论、常用半导体器件、放大电路分析基础、场效应管及其放大电路、放大电路的频率特性、集成运算放大电路、负反馈放大电路、集成运算放大器的应用、功率放大电路、直流电源。

本书可作为高等院校电气类各专业的教材，也可作为相关专业工程技术人员的自学和参考用书。

图书在版编目(CIP)数据

模拟电子电路简明教程与仿真测试 / 尹立强，张海燕主编. -- 北京：北京邮电大学出版社，2017.8
ISBN 978-7-5635-5145-3

Ⅰ．①模…　Ⅱ．①尹…②张…　Ⅲ．①模拟电路　Ⅳ．①TN710

中国版本图书馆 CIP 数据核字(2017)第 165007 号

书　　　　名：模拟电子电路简明教程与仿真测试
著作责任者：尹立强　张海燕　主编
责 任 编 辑：张珊珊
出 版 发 行：北京邮电大学出版社
社　　　　址：北京市海淀区西土城路 10 号(邮编：100876)
发 行 部：电话：010-62282185　传真：010-62283578
E-mail：publish@bupt.edu.cn
经　　　　销：各地新华书店
印　　　　刷：保定市中画美凯印刷有限公司
开　　　　本：787 mm×1 092 mm　1/16
印　　　　张：13.5
字　　　　数：353 千字
版　　　　次：2017 年 8 月第 1 版　2017 年 8 月第 1 次印刷

ISBN 978-7-5635-5145-3　　　　　　　　　　　　　　　　　定价：29.00 元

前　言

"模拟电子技术基础"课程是高等院校电气类专业重要的专业基础课程之一,本书在编写的过程中,本着"精选内容,打好基础,培养能力"的主旨,在结构安排、内容选取及编写时,突出了以下几点:

1. 在内容安排上,以管—路—用为主线,管为路而讲,以用为重点。各章顺序是按先器件后电路、先基础后应用的原则安排的。内容由浅入深、由简到繁、承前启后、相互呼应。

2. 力求用简练的语言循序渐进,深入浅出地让学生理解并掌握基本概念。对电子器件着重介绍其外部特性和参数,重点介绍使用方法和实际应用;对典型电路进行分析时,不作过于烦琐的理论推导;对集成电路主要介绍器件的型号、特点和应用。

3. EDA 技术在电子技术领域中得到了广泛应用,针对每章节重点内容,增加了基于仿真软件 Multisim 的仿真实训,旨在激发读者兴趣,加强读者的深入学习。

全书主要内容包括:第 1 章绪论、第 2 章常用半导体器件、第 3 章放大电路分析基础、第 4 章场效应管及其放大电路、第 5 章放大电路的频率特性、第 6 章集成运算放大电路、第 7 章负反馈放大电路、第 8 章集成运算放大器的应用、第 9 章功率放大电路、第 10 章直流电源。

第 1 章由张海燕编写,第 2 章、第 7 章、第 8 章由尹立强编写,第 3 章由李景丽和张海燕共同编写,第 4 章、第 5 章、第 6 章由李景丽编写,第 9 和第 10 章由韩亚峰编写。

参与本书编写的作者均为长期工作在教学一线的老师,具有丰富的教学经验和深厚的教学感受,对学生的专业学习深度把握到位,能结合专业需求和当前知识更新、实践要求恰当合理地安排教学内容。本书作为教材使用时,建议安排学时为 72～80,部分章节可以作为选学或自学内容。

本书内容丰富、知识全面,将会向读者呈现一套完整的模拟电子技术知识体系。

由于作者水平有限,难免存在错漏之处,恳切希望专家和读者批评指正。

编　者

目　　录

第1章 绪 论

教学目标与要求：

- 了解电子技术的概念和发展状况
- 理解模拟信号和数字信号
- 掌握电子系统的组成及各部分的作用
- 了解设计电子系统时应遵循的原则
- 了解电子技术的仿真分析工具

1.1 电子技术概述

电子技术是根据电子学的原理，运用电子元器件设计和制造某种特定功能的电路以解决实际问题的科学，电子技术是对电子信号进行处理的技术，处理的方式主要有：信号的发生、放大、滤波、转换。电子技术包括模拟（Analog）电子技术和数字（Digita）电子技术。电子技术研究的是电子器件及其电子器件构成的电路的应用，而半导体器件是构成各种分立、集成电子电路最基本的元器件。

1.1.1 电子技术的发展历程

电子技术是 19 世纪末 20 世纪初开始发展起来的新兴技术，20 世纪发展最迅速，应用最广泛，成为近代科学技术发展的一个重要标志。在 18 世纪末和 19 世纪初的这个时期，由于生产发展的需要，在电磁现象方面的研究工作发展得很快。1895 年，H. A. Lorentz 假定了电子存在。1897 年，J. J. Thompson 用试验找出了电子。1904 年，J. A. Fleming 发明了最简单的二极管（diode 或 valve），用于检测微弱的无线电信号。1906 年，L. D. Forest 在二极管中安上了第三个电极（栅极，grid）发明了具有放大作用的三极管，这是电子学早期历史中最重要的里程碑。1948 年美国贝尔实验室的几位研究人员发明晶体管。1958 年集成电路的第一个样品见之于世。集成电路的出现和应用，标志着电子技术发展到了一个新的阶段。

1.1.2 电子技术的发展前景

科技的日新月异，使得电子技术的广泛应用和快速发展成为可能。电子技术在以后的日子,有其广泛的发展前景。

1. 智能化和人性化

电子技术的智能化,是电子技术具有类似人的智能,可以依据一定的程序,进行有效的判断并能做出决定。随着模糊控制、纳米技术等人工智能技术的快速发展和推广,电子技术产品的智能化将成为主要特性;智能化的发展使得电子技术可以更加的人性化。人性化是电子技术的一个特性,人是电子技术产品的使用者,所以赋予电子技术需要满足人性化的需求。因此,电子技术产品不仅要具有最优性能,还要加强人们对色彩、造型、舒适度等方面的研究,满足人们对电子技术产品人性化需求。

2. 集成化

电子系统集成系统,应该包含电子子系统和电力应用系统两个部分。其中,电力电子系统的集成在于建立一系列的标准芯片或者是模块,通过集成满足用户需要的智能化应用系统。通过电子技术的集成,使得电子技术产品结构优化,性能达到最大化。

3. 网络化

随着网络成为人们日常生活中非常普及的一种工具,远程控制和监控技术得到迅速发展,从而使电子技术也顺应网络化的发展趋势,网络化特性更加的明显。综上所述,新技术的快速发展,使电子技术在不断地发展,这也导致电子技术在人们生活中更多地应用,满足人们的需求,也促进社会建设和经济发展。可以断言,电子技术必将成为信息产业与传统产业之间的重要环节和桥梁,也必将为大幅度节省、降低材料损耗、提高生产效率、加速经济发展提供重要的技术支撑。

1.2　模拟信号和数字信号

信号是反映消息的物理量,例如工业控制中的温度、压力、流量,自然界的声音信号等,因而信号是消息的表现形式。由于非电的物理量可以通过各种传感器较容易地转换成电信号,而电信号又容易传送和控制,所以电信号成为应用最广的信号。

电信号是指随着时间而变化的电压或电流,因此在数学描述上可将它表示为时间的函数,并可画出其波形。信息通过电信号进行传送、交换、存储、提取等。电子电路中的信号均为电信号,一般也简称为信号。在电子线路中将信号分为模拟信号和数字信号。

1. 模拟信号

模拟信号是指信息参数在给定范围内表现为连续的信号。或在一段连续的时间间隔内,其代表信息的特征量可以在任意瞬间呈现为任意数值的信号,其信号的幅度,或频率,或相位随时间作连续变化,如广播的声音信号,或图像信号等。典型模拟信号如图 1-1(a)所示。

2. 数字信号

数字信号指幅度的取值是离散的,幅值表示被限制在有限个数值之内。二进制码就是一种数字信号。二进制码受噪声的影响小,易于由数字电路进行处理,所以得到了广泛的应用。典型的数字信号如图 1-1(b)所示。

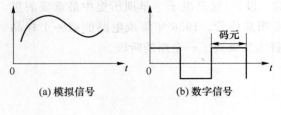

(a)模拟信号　　　　(b)数字信号

图 1-1　信号

1.3　电子系统及信号处理

1.3.1　电子信息系统的组成

如图 1-2 所示为典型的电子信息系统的示意图。

系统首先要采集信号，即进行信号的提取。这些信号来源于各种物理量的传感器、接收器或者来源于信号发生器。采集到的信号必须经过信号的预处理和加工，然后再送至驱动执行部件执行。或由 A/D 转换器转换为数字信号，经过计算机处理后，再经 D/A 转换器转换为模拟信，再送到执行机构执行。

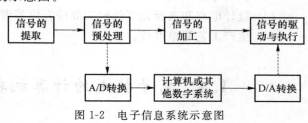

图 1-2　电子信息系统示意图

该系统中各部分的具体作用如下。

信号的提取：主要是通过传感器或输入电路，将外界信号如温度、声音或图像等变换为电信号；

信号的预处理和信号的加工：提取到的信号一般比较小，需要通过该部分电路对信号进行滤波、放大等处理；

A/D 转换和 D/A 转换：A/D 转换是将模拟信号转换为数字信号，以便于数字系统做数字处理；D/A 转换是将处理好的数字信号转换为模拟信号输出；

计算机或其他数字系统：主要完成信号的分析、变换、判决、存储等，该部分主要采用数字电子技术。

对模拟信号处理的电路为模拟电路，对数字信号处理的电路为数字电路，所以图 1-2 所示为模拟-数字混合的电子系统。信号的提取、预处理、处理、驱动由模拟电路组成；计算机或其他数字系统由数字电路组成；A/D、D/A 转换器为模拟电路和数字电路的接口电路。

1.3.2　电子系统中的模拟电路

对于模拟信号最基本的处理是放大，而且放大电路是构成各种模拟电路的基础。在电子系统中，常用的模拟电路及其功能如下。

（1）放大电路：用于信号的电压、电流或功率放大。

（2）滤波电路：用于信号的提取、变换或抗干扰。

（3）运算电路：用于信号的比例、加、减、乘、除、积分、微分等运算。

（4）信号转换电路：用于信号的转换。如将电压信号转换为电流信号或将电流信号转换为电压信号、将交流信号变换为直流信号或将直流信号变换为交流信号等。

（5）信号发生电路：用于产生正弦波、矩形波、三角波、锯齿波信号等。

（6）直流电源：用于将交流电转换为不同输出电压和输出电流的直流电，供给各种电子电路的供电电源。

1.3.3　电子信息系统的组成原则

设计电子系统时,在满足功能和系统性能指标要求的前提下,应尽可能做到以下几点:

(1) 电路尽量简单。电路越简单,所用的电子元器件就越少,连线、焊点就越少。故障率就越低。

(2) 需要考虑电磁兼容性。

(3) 需要考虑系统的可测性。

(4) 设计电路和选择元器件时需要综合统筹考虑。注意性价比。

(5) 生产工艺简单可行。

1.4　电子技术的计算机辅助分析和设计软件

1.4.1　概　　述

随着计算机的飞速发展,以计算机辅助设计(Computer Aided Design,CAD)为基础的电子设计自动化(Electronic Design Automation,EDA)技术已成为电子学领域的重要学科。

利用 EDA 工具,电子设计师可以从概念、算法、协议等开始设计电子系统,大量工作可以通过计算机完成,并可以将电子产品从电路设计、性能分析到设计出 IC 版图或 PCB 版图的整个过程在计算机上自动处理完成。

EDA 工具层出不穷,目前进入我国并具有广泛影响的 EDA 软件有:PSPICE、Multisim、OrCAD、PCAD、Protel、Viewlogic、Mentor、Graphics、Synopsys、LSIlogic、Cadence、MicroSim 等。这些工具都有较强的功能,一般可用于几个方面,例如很多软件都可以进行电路设计与仿真,同时以可以进行 PCB 自动布局布线,可输出多种网表文件与第三方软件接口。在这些仿真软件中,Multisim 是目前教学中普遍采用的仿真软件,它是著名的仿真软件 EWB 的升级版本,下面着重介绍之。

1.4.2　Multisim 简介

Multisim 软件有较为详细的电路分析手段,如电路的瞬态分析和稳态分析、时域和频域分析、器件的线性和非线性分析、电路的噪声分析和失真分析,以及离散傅里叶分析、电路零极点分析、交直流灵敏分析和电路容差分析等共计十四种电路分析方法。另外它还拥有了强大的 MCU 模块,强大的数字仪器环境和数字分析环境,使其成为为数不多的经典仿真软件之一。

使用 Multisim 可交互式地搭建电路原理图,并对电路行为进行仿真。Multisim 提炼了 SPICE 仿真的复杂内容,这样使用者无须懂得深入的 SPICE 技术就可以很快地进行捕获、仿真和分析新的设计,使其更适合电子学教育。

Multisim 和 Ultibord 推出了很多专业设计特性,主要是高级仿真工具、增强的元件库和扩展的用户社区,主要的特性包括:

（1）所见即所得的设计环境；

（2）互动式的仿真界面；

（3）元件库包括 1 200 多个新元器件和 500 多个新 SPICE 模块，其中包括 100 多个开关模式电源模块；

（4）动态显示元件（如 LED，七段显示器等）；

（5）汇聚帮助（Convergence Assistant）功能能够自动调节 SPICE 参数，纠正仿真错误；

（6）数据的可视化分析功能，包括一个新的电流探针仪器和用于不同测量的静态探点，以及对 BSIM4 参数的支持；

（7）具有 3D 效果的仿真电路。

NI Multisim 软件结合了直观的捕捉和功能强大的仿真，能够快速、轻松、高效地对电路进行设计和验证。Multisim 软件使模拟电路、数字电路的设计及仿真更为方便，并且极其广泛地应用于教学实验中，方便老师的教学讲解，也便于学生的理解学习，加强了对 Multisim 软件的认识。

1.5 模拟电子技术基础课程

1.5.1 模拟电子技术课程的特点

模拟电子技术基础课是入门性的技术基础课。学习的目的是初步掌握模拟电子电路的基本理论、基本知识和基本技能。本课程与物理、数学等有明显的差别，主要表现在它的工程性和实践性上。

1. 工程性

（1）实际工程需要证明其可行性。电路的定性分析就是对电路是否满足功能和性能要求的可行性分析。

（2）实际工程在满足基本性能的要求下允许存在一定的误差范围，在电子电路的定量分析元允许存在一定的误差范围。

（3）近似分析要合理。估算就是近似分析，但在估算前必须考虑"研究的是什么问题、在什么条件下、哪些参数被忽略不计及其原因"。

（4）估算不同的参数需要采用不同的模型。模拟电子电路归根结底是"电路"，其特殊性表现在含有非线性特性的半导体器件。在求解模拟电子电路时通常将其转换成用线性元件组成的电路，并且在不同的条件下、解决不同问题时，应构造不同的等效模型。

2. 实践性

实用的模拟电子电路都要通过调试才能达到预期的指标，掌握电子仪器的使用方法、模拟电路的测试方法、故障的判断和排除方法、元器件参数对电路性能的影响、对所要测试电路原理的理解、电路的仿真方法等都是要认真学习的知识。

1.5.2 如何学习模拟电子技术基础课程

1. 重点掌握基本概念、基本电路、基本分析方法

（1）应熟悉掌握每一个基本的概念，明确其物理意义，并且还要了解其求解方法和求解过程中的注意事项。

（2）应熟悉掌握每一种基本电路。模拟电子电路千变万化，但是基本电路和组成原则是不变的。掌握了基本电路就能读懂电子电路图，进一步明确其功能和特点。

（3）应熟悉掌握基本的分析方法：包括电路的识别方法、性能指标的估算和描述方法、电路形式以及电路参数的选择方法。

2. 学会全面、辩证地分析模拟电子电路中的问题

由于一个电子电路是一个整体，各方面性能是相互联系、相互制约的，当改善电路某方面性能而采取某种措施时，要考虑到这种措施的实施还改变了电路的哪些方面，这种改变是能容忍的吗。切忌顾此失彼。

3. 注意电路的基本定理、基本定律在模拟电路中的应用

当模拟电子系统中的半导体器件用其等效电路取代后，那么它就是一般电路了。所以，电路的基本定理、定律均可用于模拟电子电路的分析计算，如常用的基尔霍夫定理、叠加定理、戴维南定理等。

4. 注重实践

（1）做好模拟电路的每个实验，结合基本理论，进一步加深理解，培养电子电路实际操作能力。

（2）多做练习题，提高对基本电路、基本分析方法、基本理论的理解。

（3）有条件的同学可以在课余时间学习制作一些实用的电子电路，如音频放大电路、声响电路、收音机电路、声响和光电报警电路等。通过对这些电路的焊接、测试（如用示波器观察电路的有关波形、听听声音的变化，测试电路的电压、电流等），这样可以提高自己对电子电路的兴趣，也可以提高自己的实际操作水平。

小　　结

本章简要介绍了电子技术的概念和发展状况，明确了模拟信号和数字信号，介绍了电子系统的组成及各部分的作用，介绍了电子技术系统中常用的仿真软件——multisim，最后针对模拟电子技术基础课程特点，指明了学习该课程的途径和方法。

习　　题

1.1　什么是模拟信号？什么是数字信号？

1.2　典型的电子系统由哪些部分组成？各部分作用是什么？

1.3　常用的 EDA 软件有哪些？各有什么特点？

1.4　试举出几个生活中电子系统的例子。

第2章　常用半导体器件

教学目标与要求：

- 了解半导体的特性
- 理解 PN 结的形成和单向导电性
- 掌握二极管的伏安特性
- 理解半导体三极管的基本结构、工作原理
- 掌握三极管的输入、输出特性

2.1　半导体基础

自然界中的物质按导电能力不同可分为导体、半导体和绝缘体。导体是能够导电的物体，其电阻率很小，如金、银、铁和铝等。绝缘体指的是几乎不能导电的物体，如橡胶、陶瓷、塑料、玻璃和干木头等。半导体是导电能力介于导体和绝缘体之间的物体，如硅、锗、硒等。半导体材料应用广泛，半导体器件是构成电子电路的基本元件。概括起来，半导体有如下三个特殊性。

1）热敏性：半导体的电阻率随温度升高而显著减小。常用于检测温度的变化。

2）光敏性：在无光照时电阻率很高，但一有光照电阻率则显著下降。利用这个特性可以制成光敏元件。

3）可掺杂性：在纯净的半导体中加入杂质，导电能力猛增几万倍至百万倍。

2.1.1　本征半导体

本征半导体指纯净的具有晶体结构的半导体。硅和锗是 4 价元素，原子的最外层轨道上有 4 个价电子，每个原子周围有四个相邻的原子，原子之间通过共价键紧密结合在一起，两个相邻原子共用一对电子。硅晶体的平面结构图如图 2-1 所示。

在温度为热力学温度零度（约 −273 ℃）时，价电子不能从外界获得能量，也就不能挣脱共价键的束缚。此时本征半导体中没有可以自由运动的带电粒子，接近于绝缘体。

室温下，由于热运动少数价电子挣脱共价键的束缚成为自由电子，同时在共价键中留下一个空位，这个空位称为空穴。失去价电子的原子成为正离子，就好像空穴带正电荷一样，故将空穴看成带正电荷的载流子，如图 2-2 所示。本征半导体是由热激发产生自由电子和空穴的，并且自由电子和空穴是成对出现的，它们都参与导电。

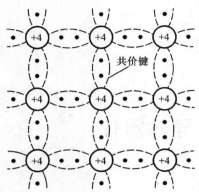
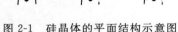
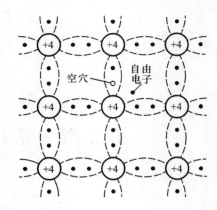

图 2-1　硅晶体的平面结构示意图　　　　图 2-2　本征半导体中自由电子和空穴

运载电荷的粒子称为载流子。导体导电只有一种载流子,即自由电子导电,而本征半导体有两种载流子,即自由电子和空穴均参与导电,这是半导体导电的特殊性质。

本征半导体中,自由电子和空穴总是成对出现的,称为自由电子-空穴对,又称这种现象为本征激发。自由电子在运动的过程中如果与空穴相遇就会填补空穴,使两者同时消失,这种现象称为复合。电子-空穴对的产生与复合是一对矛盾运动,在一定温度下,它们可以达到动态平衡。换句话说,在一定温度下,本征半导体中载流子的浓度是一定的,而且自由电子和空穴的浓度相等。当温度升高或受到光照时,本征半导体中电子-空穴对的数量增加,导电能力也随之增强。

2.1.2　杂质半导体

通过扩散工艺,在本征半导体中有选择地掺入微量杂质元素,并控制掺入的杂质元素的种类和数量。掺入杂质可以提高半导体的导电能力,并可以精准地控制半导体的导电能力。根据加入的杂质不同可以分为 N 型半导体和 P 型半导体。

1. N 型半导体

在硅或锗晶体中掺入少量的正五价元素磷,晶体点阵中的某些半导体原子被杂质取代,磷原子的最外层有五个价电子,其中四个与相邻的半导体原子形成共价键,必定多出一个电子,这个电子几乎不受束缚,很容易被激发而成为自由电子,这样磷原子就成了不能移动的带正电的离子。每个磷原子给出一个电子,因此也称为施主原子,如图 2-3 所示。

在 N 型半导体中,自由电子的浓度大于空穴的浓度,所以称自由电子为多数载流子,简称多子,空穴为少数载流子,简称少子。N 型半导体主要靠自由电子导电,掺入的杂质元素浓度越高,多子的浓度就越高,导电能力就越强。

2. P 型半导体

在硅或锗晶体中掺入少量的三价元素,如硼,晶体点阵中的某些半导体原子被杂质取代,硼原子的最外层有三个价电子,与相邻的半导体原子形成共价键时,产生一个空穴。这个空穴可能吸引束缚电子来填补,使得硼原子成为不能移动的带负电的离子。由于硼原子接受电子,因此也称为受主原子,如图 2-4 所示。

P 型半导体主要靠空穴导电,掺入杂质越多,空穴浓度越高,导电性越强。

杂质型半导体多子和少子的移动都能形成电流。但由于数量的关系,起导电作用的主要是多子。近似认为多子与杂质浓度相等,因而它受温度的影响很小。而少子是本征激发产生的,所以尽管其浓度很小,但是对温度却非常敏感,这将会影响半导体器件的性能。

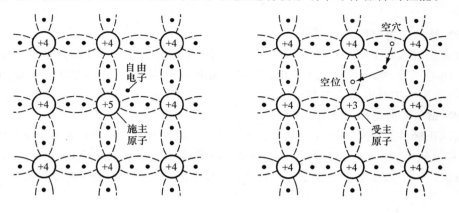

图 2-3　N 型半导体　　　　　　　图 2-4　P 型半导体

2.2　PN 结

通过一定的掺杂工艺,将一块半导体的一侧掺杂成 P 型半导体,另一侧掺杂成 N 型半导体,在两种半导体的交界面处将形成一个特殊的薄层,即 PN 结。

2.2.1　PN 结的形成

物质因浓度差而产生的运动称为扩散运动。气体、液体、固体均有之。当把 N 型半导体和 P 型半导体制作在一起时,交界处两侧,两种载流子的浓度差很大,导致 N 区的自由电子向 P 区扩散,P 区的空穴向 N 区扩散,如图 2-5 所示。

图中 N 区标有正号的圆圈表示除自由电子外的正离子,即施主原子,P 区标有负号的圆圈表示除空穴外的负离子,即受主原子。由于扩散到 N 区的空穴与自由电子复合,而扩散到 P 区的自由电子与空穴复合,因此在交界面附近多子的浓度必然下降,N 区出现正离子区,P 区出现负离子区,它们是不能移动的,称为空间电荷区,又称为耗尽层,从而形成内电场。随着扩散运动的进行,空间电荷区加宽,内电场不断增强,其方向由 N 区指向 P 区,正好阻止扩散运动的进行。

少数载流子在内电场作用下产生的运动称为漂移运动。在内电场作用下,N 区的空穴流向 P 区,P 区的自由电子流向 N 区。在无外电场和其他激发作用下,参与扩散运动的多子和参与漂移运动的少子数目相等,从而达到动态平衡,形成 PN 结,如图 2-6 所示。

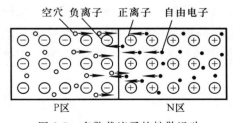

图 2-5　多数载流子的扩散运动

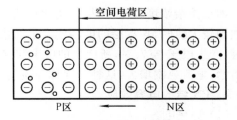

图 2-6　PN 结形成示意图

2.2.2 PN 结特性

1. PN 结加正向电压导通

当电源正极接到 PN 结的 P 端，负极接到 PN 结的 N 端时，称 PN 结外加正向电压。PN 结外加正向电压时，外电场将多数载流子推向空间电荷区，耗尽层变窄，扩散运动加剧，由于外电源的作用，形成扩散电流，PN 结处于导通状态，如图 2-7 所示。

2. PN 结加反向电压截止

当电源正极接到 PN 结的 N 端，负极接到 PN 结的 P 端时，称 PN 结外加反向电压。当 PN 结外加反向电压时，耗尽层变宽，因为外电场的作用阻止了扩散运动，加剧了漂移运动，形成漂移电流。由于漂移电流是少子运动产生的，其电流很小，故可近似认为其截止，如图 2-8 所示。

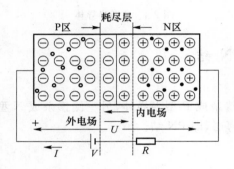 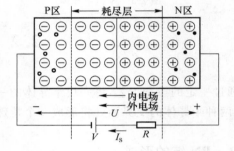

图 2-7　PN 结外加正向电压示意图　　　图 2-8　PN 结外加反向电压示意图

由以上分析可知，PN 结具有单向导电性，即外加正向电压时，空间电荷区变窄，流过一个较大的正向电流，此时 PN 结处于导通状态；外加反向电压时，空间电荷区变宽，流过一个很小的反向饱和电流，近似认为等于零，PN 结处于截止状态。

3. PN 结的反向击穿

当 PN 结外加反向电压超过一定数值 $U_{(BR)}$ 后，反向电流会急剧增加，这种现象称为反向击穿。反向击穿按机理不同分齐纳击穿和雪崩击穿。

（1）齐纳击穿

在高掺杂的情况下，因耗尽层宽度很窄，不大的反向电压就可在耗尽层形成很强的电场而直接破坏共价键，使价电子脱离共价键束缚，产生电子-空穴对，致使电流急剧增大，这种击穿称为齐纳击穿。

（2）雪崩击穿

如果掺杂浓度较低，耗尽层宽度较宽，那么低反向电压下不会产生齐纳击穿。当反向电压增加到较大值时，耗尽层的电场使少子加快漂移速度，从而与价电子相碰撞，把价电子撞出共价键，产生电子-空穴对，新产生的电子和空穴经电场加速后又撞出其他价电子，载流子雪崩式地倍增，电流急剧增大，这种击穿称为雪崩击穿。

4. PN 结的电容效应

（1）势垒电容

PN 结外加电压变化时，空间电荷区的宽度将发生变化，有电荷的积累和释放的过程，与电容的充放电相同,其等效电容称为势垒电容 C_b。

(2) 扩散电容

PN 结外加的正向电压变化时,在扩散路程中载流子的浓度及其梯度均有变化,也有电荷的积累和释放的过程,其等效电容称为扩散电容 C_d。

PN 结的电容效应为势垒电容和扩散电容之和,即 $C_j = C_b + C_d$。这里要特别说明的是,PN 结的结电容不是常量。若 PN 结外加电压频率高到一定程度,则失去单向导电性。

2.3　半导体二极管

将 PN 结封装,从 P 区和 N 区分别引出两个电极,就构成了二极管。其中 P 区对应电极为阳极,N 区对应电极为阴极。二极管的符号和常见二极管如图 2-9(a)和图 2-9(b)所示。

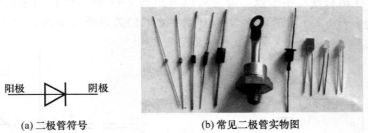

(a) 二极管符号　　　　　　　　　　(b) 常见二极管实物图

图 2-9　二极管的符号和常见实物图

2.3.1　二极管的结构及特性

1. 二极管的结构

二极管按照结构不同,可以分为点接触型、面接触型以及平面型。这三种二极管相应的结构图如图 2-10 所示。

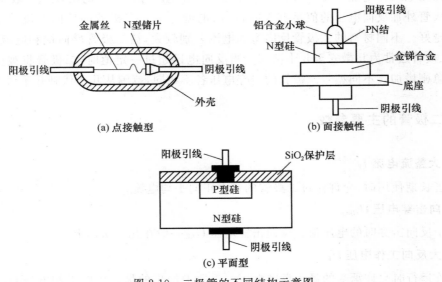

(a) 点接触型　　　　　　　　　　　　(b) 面接触性

(c) 平面型

图 2-10　二极管的不同结构示意图

点接触型二极管结面积很小,结电容也较小,故结允许的电流很小,最高工作频率较高,所以一般适用于高频信号的检波和小电流的整流,也可用作脉冲数字电路的开关元件。面接触型二极管结面积较大,结电容也较大,故结允许的电流大,最高工作频率较低,通常用于低频电路和大电流的整流电路中。平面型二极管是采用扩散法制成的,其结面积可小可大,其中结面积小的工作频率高,结面积大的结允许的电流较大。

2. 二极管的伏安特性

与 PN 结一样,二极管具有单向导电性,近似分析时,二极管的电流方程可描述为

$$i = I_S(e^{u/U_T} - 1)$$

其中 u 为二极管两端所加电压,$U_T = \dfrac{kT}{q}$,q 为电子的电量,k 为玻尔兹曼常数,T 为热力学温度。常温时,即 $T = 300$ K,$U_T = 26$ mV。

二极管的电流与其端电压的关系称为伏安特性。因为二极管是 PN 结封装而成的,所以其伏安特性与 PN 结特性基本一致。通常可以采用图 2-11 所示电路测量流过二极管的电流和其两端电压的关系。测得的二极管电流和电压之间的关系曲线如图 2-12 所示。

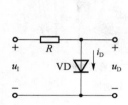
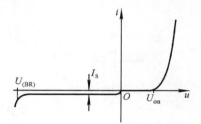

图 2-11　测量二极管伏安特性曲线的电路　　图 2-12　二极管的伏安特性曲线

其中,为开启电压,$U_{(BR)}$ 为反向击穿电压,I_S 为反向饱和电流。

由图 2-12 可知,正向电压由零开始增加的一段,由于外加电压很低,不足以克服 PN 结内电场的作用,所以此时正向电流很小,近似为零。只有在正向电压足够大时,正向电流才从零随端电压按指数规律增加。使二极管开始导通的临界电压称作开启电压,用 U_{on} 表示。

当二极管外加反向电压的值足够大时,反向电流为 I_S。二极管的反向电流越小,其反向截止性能越好。不同材料的二极管反向饱和电流差别较大,锗二极管反向饱和电流可达几百微安,硅二极管通常为几微安至几十微安。当反向电压超过一定值时,二极管将被反向击穿,反向电流急剧增加。不同型号二极管的击穿电压各不相同,范围从几十伏到几千伏。

2.3.2　二极管的主要参数

1. 最大整流电流 I_F

二极管长期使用时,允许流过二极管的最大正向平均电流。

2. 反向击穿电压 $U_{(BR)}$

指管子反向击穿时的电压值。反向击穿电压 U_{BR} 一般在几十伏以上。

3. 最大反向工作电压 U_R

二极管运行时允许承受的最大反向电压。手册上给出的最高反向工作电压 U_{WRM} 一般是

$U_{(BR)}$ 的一半。

4. 反向电流 I_R

指管子未击穿时的反向电流,其值越小,则管子的单向导电性越好。反向电流越小越好。反向电流受温度的影响,温度越高反向电流越大。硅二极管的反向饱和电流一般为 nA 数量级,而锗二极管的反向饱和电流一般为 μA 数量级。

5. 最高工作频率 FM

当二极管的工作频率超过这个数值时,二极管将失去单向导电性。它主要由 PN 结的势垒电容和扩散电容的大小来决定。

需要指出的是,由于制造工艺所限,半导体器件参数具有分散性,同一型号管子的参数也会有较大的差距,所以手册上往往给出的是参数的极限值或范围。实际应用中,应特别注意不要超过最大整流电流和最高反向工作电压,否则管子容易损坏。

2.3.3　二极管的等效电路

将二极管的伏安特性曲线进行折线化近似,可得到相应的等效电路,如图 2-13 所示。图中虚线表示实际伏安特性曲线,实线表示折线化伏安特性,下边为相应等效电路。

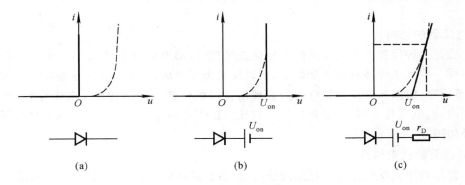

图 2-13　由伏安特性折线化得到的等效电路

图 2-13(a)所示的折线化伏安特性表明二极管导通时正向电压为零,截止时反向电流为零,此种等效为理想二极管,理想二极管的符号用空心的二极管符号表示。

图 2-13(b)所示的折线化伏安特性表示二极管正向导通时压降为某一常量,记做 U_{on},截止时反向电流为零。其等效电路是理想二极管与电压源 U_{on} 的串联。

图 2-13(c)所示的折线化伏安特性表示当二极管正向电压 U 大于 U_{on} 后其电流 I 与 U 呈线性关系,直线斜率为 $1/r_D$。二极管反向截止时电流为零,因此等效电路是理想二极管串联电压源 U_{on} 和电阻 r_D,并且 $r_D = \dfrac{\Delta U}{\Delta I}$。

例 2-1　由二极管组成的电路如图 2-14 所示。电路中的二极管为理想二极管,输入信号为正弦波,$u_I = 10\sin \omega t$,试画出输出信号 u_O 的波形。

解:在确定分析结果之前,应全面地讨论在输入信号的一个完整的周期内,二极管的偏置情况。如在输入信号的某一时段,交、直流电压共同作用使二极管正偏,则其导通;如反偏,则二极管截止。

通过分析可知,在 u_I 的正半周,$u_I > 3$ V 时,二极管处于导通状态,输出 $u_O = 3$ V。

$u_I \leqslant 3$ V 时，二极管截止，$u_O = u_I$。

在 u_I 的负半周，二极管截止，$u_O = u_I$。输出信号 u_O 的波形如图 2-15 所示。

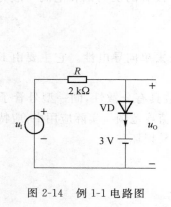

图 2-14　例 1-1 电路图

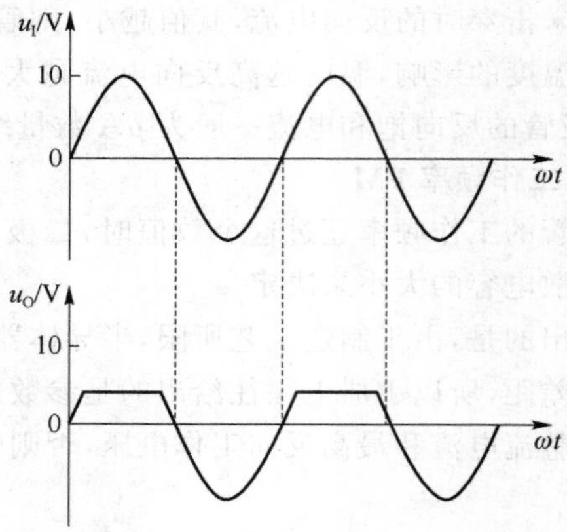

图 2-15　例 1-1 输出电压波形

2.3.4　稳压二极管

1. 稳压管的结构

稳压管是一种用特殊工艺制造的半导体二极管，内部也是一个 PN 结，其正向特性与普通二极管一样。但其半导体材料掺杂较多，所以反向击穿电压值较小，又由于稳压管几何尺寸较大，散热条件好，所以其在反向特性方面表现出良好的性能。稳压管在反向击穿时，在一定的电流范围内，端电压几乎不变，表现出稳压特性。稳压管的稳定电压就是反向击穿电压。稳压管的符号如图 2-16 所示。

2. 稳压管的伏安特性

稳压管是利用其反向击穿特性实现稳压功能的，其伏安特性曲线如图 2-18 所示。

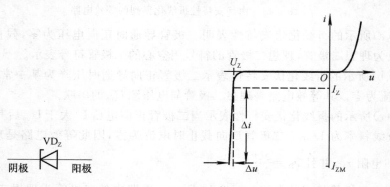

图 2-16　稳压二极管的电路符号

图 2-17　稳压管的伏安特性曲线

从图 2-17 可以看出，稳压管的伏安特性曲线与普通二极管相似。当稳压管外加反向电压达到一定值时则被击穿，击穿区曲线非常陡峭，几乎与纵轴平行。电流在很大范围内变动时，电压基本保持不变，表现出稳压特性。只要控制反向电流不超过一定值，稳压管就不会因为过热而损坏。

3. 稳压管的主要参数

（1）稳定电压 U_Z

反向击穿后稳定工作的电压。由于半导体器件参数的分散性，同一型号的稳压管的 U_Z 存在一定差别，如 2CWT 型稳压管的稳压值为 12.5～13.5 V。但就某一只管子而言，U_Z 应为稳定值。

（2）稳定电流 I_Z 和最大稳定电流 I_{ZM}

I_Z 是指工作电压等于稳定电压时的电流，电流低于此值时，稳压效果变差，甚至根本不稳压，故常将 I_Z 记作 I_{Zmin}。最大稳定电流 I_{ZM} 是指稳压管允许通过的最大电流，若超过此电流，稳压管将会因过热而损坏。

（3）动态电阻 r_Z

稳定工作范围内，管子两端电压的变化量与相应电流的变化量之比。即：$r_Z = \Delta U_Z / \Delta I_Z$。

（4）额定功率 P_{ZM}

额定功率 P_{ZM} 是在稳压管允许结温下的最大功率损耗，稳压管的功耗超过此值时，会因结温升高而损坏。它与 I_{ZM} 之间的关系是：$P_{ZM} = U_Z I_{ZM}$。

（5）温度系数 α

温度每变化 1 摄氏度稳压值的变化量，即 $\alpha = \Delta U_Z / \Delta T$。稳定电压小于 4 V 的稳压管具有负温度系数；稳定电压大于 7 V 的稳压管具有正温度系数；稳压值介于 4～7 V 的管子，温度系数非常小，近似为零。

使用稳压管时应注意以下事项：

（1）稳压管两端要加反向电压；

（2）稳压管要并联到电路中才能稳压；

（3）必须限制稳压管电流 $I_{Zmin} < I < I_{ZM}$，限流电阻的取值可实现这一点。

例 2-2　在图 2-18 所示稳压管稳压电路中，已知稳压管的稳定电压为 8 V，最小稳定电流 $I_{Zmin} = 5$ mA，最大稳定电流 $I_{Zmax} = 30$ mA，负载电阻 $R_L = 1$ kΩ，求解限流电阻 R 的取值范围。

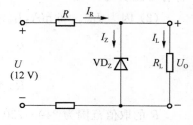

图 2-18　稳压管稳压电路

解：由图 2-19 可知，流过电阻 R 的电流等于流过稳压管的电流和流过负载电阻的电流之和，即 $I_R = I_Z + I_L$。其中 $I_L = \dfrac{U_Z}{R_L} = \left(\dfrac{8}{1}\right)$ mA $= 8$ mA，I_Z 为 $(5～30)$ mA，所以 I_R 范围为 $(13～38)$ mA。R 上的电压 $U_R = U - U_Z = 12 - 8 = 4$ V，所以

$$R_{max} = \frac{U_R}{I_{Rmin}} = \left(\frac{4}{13}\right) \text{kΩ} \approx 0.31 \text{ kΩ}$$

$$R_{min} = \frac{U_R}{I_{Rmax}} = \left(\frac{4}{38}\right) \text{kΩ} \approx 0.11 \text{ kΩ}$$

限流电阻 R 的取值范围为 0.11～0.31 kΩ。

2.3.5　发光二极管

发光二极管简称 LED，包括可见光发光二极管、不可见光发光二极管和激光二极管。可

见光发光二极管的发光颜色主要取决于所采用的半导体材料,有红、黄、蓝、绿等颜色;不可见光发光二极管为红外发光二极管。发光二极管的外形和符号如图 2-19 所示。这里只对可见光发光二极管做简单介绍。

发光二极管与普通二极管一样,也具有单向导电性。发光二极管的开启电压比普通二极管开启电压大,红色的在 $1.6\sim1.8$ V,绿色的约为 2 V。当外加正向电压使得正向电流足够大时发光二极管才发光,正向电流越大,发光越强。实际使用时,应特别注意不要超过最大正向电流和最大功耗,反向电压不要超过反向击穿电压,否则管子有可能损坏。

光二极管因其驱动电压低、功耗小、寿命长、可靠性高等优点广泛应用于显示电路中。

例 2-3 电路如图 2-20 所示,已知发光二极管的导通电压 $U_D=1.7$ V,正向电流为 $6\sim18$ mA 时才能发光。问开关处于何种位置时二极管可能发光?为使二极管发光,电阻 R 的取值范围为多少?

(a) 发光二极管常见实物图　　(b) 发光二极管符号

图 2-19　发光二极管　　　　　　　　　　图 2-20　例 1-3 电路图

解:(1) 当开关闭合时,发光二极管的端电压为零,不可能发光。当开关断开时,发光二极管有可能发光。

(2) 因为 $I_{Dmin}=6$ mA, $I_{Dmax}=18$ mA,所以

$$R_{max}=\frac{U-U_D}{I_{Dmin}}=\left(\frac{5-1.7}{6}\right)k\Omega\approx0.72\ k\Omega$$

$$R_{min}=\frac{U-U_D}{I_{Dmax}}=\left(\frac{5-1.7}{18}\right)k\Omega\approx0.24\ k\Omega$$

R 的取值范围为 $240\sim720$ Ω。

2.4　晶　体　管

晶体管全称为晶体三极管,它有两种带不同极性电荷的载流子参与导电,故称为双极性晶体管(Bipolar Junction Transistor,BJT),从外形上看,晶体管的封装上都有三个金属电极,所以又称为半导体三极管。

在电子电路中用到的晶体管种类很多,按功率不同可将晶体管划分为小功率晶体管、中功率晶体管和大功率晶体管;按照所加信号频率不同可分为高频管和低频管;按照所使用材料不同可分为硅管、锗管等;按照内部结构不同可分为 NPN 型和 PNP 型。常见晶体管的外形如图 2-21 所示。

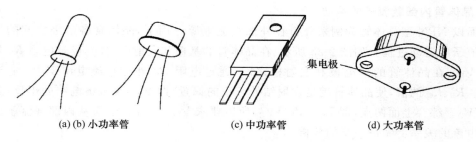

(a)(b) 小功率管　　　　　　　(c) 中功率管　　　　　　　(d) 大功率管

图 2-21　晶体管的几种常见外形

2.4.1　晶体管的结构及类型

根据不同的掺杂方式在同一个硅片上制造出三个掺杂区域,并形成两个 PN 结,就形成了晶体管。图 2-22(a) 为 NPN 型晶体管的结构示意图。位于中间的 P 区称为基区,它很薄,一般为几微米至几十微米,并且掺杂浓度很低;左边的 N 区制作时掺杂浓度很高,作为发射区;右边的 N 区制作时面积很大,作为集电区。从图 2-22(a) 可以看出,晶体管的内部有两个 PN 结,其中发射区与基区间的 PN 称为发射结,基区与集电区间的 PN 结称为集电结。相应地,从三个区引出来的电极分别称为基极 b、发射机 e 和集电极 c。NPN 型晶体管的符号如图 2-22(b) 所示。

需要强调的是,虽然发射区和集电区都是 N 型半导体,但是发射区比集电区掺杂浓度高,在几何尺寸上,集电区的面积比发射区的大,它们并不是完全对称的,所以,一般情况下,发射极和集电极不能互换使用。

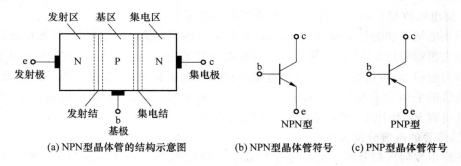

(a) NPN型晶体管的结构示意图　　(b) NPN型晶体管符号　　(c) PNP型晶体管符号

图 2-22　晶体管示意图

如果在制作晶体管时基区采用 N 型半导体,而发射区和集电区采用 P 型半导体,得到的晶体管为 PNP 型晶体管。PNP 型晶体管和 NPN 型晶体管几乎具有等同的特性,不同之处在于工作时各电极的电压特性和电流流向。PNP 型晶体管的符号如图 2-22(c) 所示。

2.4.2　晶体管的电流放大作用

在实际生产和科学实验中,从传感器获得的电信号一般都很微弱,需要经过放大后才能做进一步的处理,故放大是对模拟信号最基本的处理。放大电路的核心元件即为晶体管,它能够控制能量的转换,将输入的任何微小变化不失真地放大输出。

1. 晶体管内部载流子的运动

下面以 NPN 型晶体管为例来分析在外加直流电源作用下,晶体管各电极之间的电压和内部载流子的运动过程。如图 2-23 所示,在晶体管的基极和发射极之间,经过电阻 R_b 外加直流电源 V_{BB},在晶体管的集电极和发射极之间,通过电阻 R_C 外加直流电源 V_{CC}。适当选取 V_{BB}、V_{CC}、R_b、R_C 的值,使晶体管满足发射结处于正向偏置,即 $V_B > V_E$,集电结处于反向偏置,即 $V_B < V_C$。综合上面两点,即 $V_C > V_B > V_E$,所以要求 $V_{CC} > V_{BB}$。下面从内部载流子的运动与外部电流的关系上做进一步的分析。

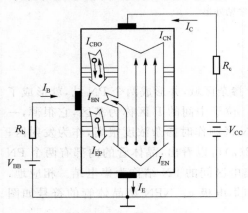

图 2-23　NPN 型晶体管内部载流子的运动过程

(1) 电子由发射区扩散到基区,形成发射极电流 I_E

由于发射结外加正向偏置电压,又因为发射区掺杂浓度很高,所以发射区的大量自由电子越过发射结扩散到基区。与此同时,基区内的空穴也向发射区做扩散运动,但由于基区杂质浓度较低,所以空穴形成的电流 I_{EP} 非常小,近似分析时可忽略不计,由此可见,扩散运动形成了发射极电流 I_E。

(2) 扩散到基区的自由电子与空穴的复合运动

由于基区很薄,杂质浓度较低,集电结又处于反向偏置,所以扩散到基区的电子中只有极少部分与空穴复合,其余部分均作为基区的非平衡少子到达集电结。又由于电源 V_{BB} 的作用,电子与空穴的复合运动将源源不断地进行,形成基极电流 I_B。

(3) 集电区收集扩散过来的电子,形成集电极电流 I_C

由于集电结所加的是反向偏置电压,因此集电结内部有很高的内电场,使集电区的电子和基区的空穴很难通过集电结,但这个内电场对由发射区进入基区并扩散到集电结边缘的电子却有很强的吸引力,可使电子漂移过集电结并被集电区所收集,形成漂移电流。与此同时,集电区与基区的平衡少子也参与漂移运动,但它们的数量很少,近似分析中可忽略不计。可见,在集电极电源 V_{CC} 作用下,漂移运动形成集电极电流 I_C。

2. 晶体管的电流分配关系

如果将由发射区向基区扩散的电子形成的电流记作 I_{EN},基区向发射区扩散的空穴形成的电流记作 I_{EP},基区内复合运动形成的电流记作 I_{BN},基区内非平衡少子(由发射区扩散到基区但未被复合的自由电子)漂移到集电区形成的电流记作 I_{CN},平衡少子在集电区与基区之间的漂移运动形成的电流记作 I_{CBO},根据上面的分析,可知:

$$I_E = I_{EN} + I_{EP} = I_{CN} + I_{BN} + I_{EP} \tag{2-1}$$

$$I_C = I_{CN} + I_{CBO} \tag{2-2}$$

$$I_B = I_{BN} + I_{EP} - I_{CBO} = I'_B - I_{CBO} \tag{2-3}$$

从外部看,三个电极之间的电流满足

$$I_E = I_B + I_C \tag{2-4}$$

3. 晶体管的共射电流放大系数

在放大电路中,通常将晶体管的一个电极作为输入端,一个电极作为输出端,而第三个电极作为公共端。如图 2-24 所示,u_I 为输入电压信号,接入基极-发射极回路,称为输入回路;放大后的输出信号在集电极-发射极回路,称为输出回路。因为发射极是输入、输出两个回路的公共端,所以称这种接法的电路为共发射极电路,简称共射放大电路。另外两种接法的放大电路分别为共基放大电路和共集放大电路。

在共射放大电路中,将电流 I_{CN} 与 I'_B 的比值定义为共射

直流电流放大系数,记作 $\bar{\beta}$,由式(2-2)和(2-3)可知:

$$\bar{\beta}=\frac{I_{CN}}{I'_B}=\frac{I_C-I_{CBO}}{I_B+I_{CBO}}$$

整理得:

$$I_C=\bar{\beta}I_B+(1+\bar{\beta})I_{CBO}=\bar{\beta}I_B+I_{CEO}$$

式中,I_{CEO} 称为穿透电流,指的是基极开路时,在集电极电源 V_{CC} 作用下的集电极与发射极之间形成的电流;I_{CBO} 指的是发射极开路时,集电结的反向饱和电流。I_{CEO} 和 I_{CBO} 都

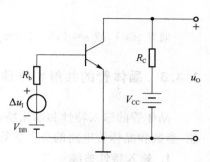

图 2-24　基本共射放大电路

是衡量晶体管质量的重要参数,由于 I_{CEO} 比 I_{CBO} 大 $(1+\bar{\beta})$ 倍,测量起来比较容易,所以在判定晶体管质量好坏时,常以 I_{CEO} 的值作为依据。小功率硅管的 I_{CEO} 在几微安以下,而小功率锗管的 I_{CEO} 则大得多,约为几十微安以上。

一般情况下,$I_B\gg I_{CBO}$,$\bar{\beta}\gg1$,因此

$$I_C\approx\bar{\beta}I_B$$

$$I_E\approx(1+\bar{\beta})I_B$$

在图 2-24 所示电路中,当输入信号 Δu_I 作用时,晶体管的基极电流将在 I_B 的基础上叠加动态电流 Δi_B,同样地,集电极电流也将在 I_C 的基础上叠加动态电流 Δi_C,Δi_C 与 Δi_B 之比称为共射交流电流放大系数,记作 β,即

$$\beta=\frac{\Delta i_C}{\Delta i_B}$$

由于集电极总电流 $i_C=I_C+\Delta i_C=\bar{\beta}I_B+I_{CEO}+\beta\Delta i_B$,因此若穿透电流忽略不计时,$i_C=\bar{\beta}I_B+\beta\Delta i_B$。在 $|\Delta i_B|$ 不太大的情况下,可以认为

$$\beta\approx\bar{\beta}$$

上式表明,在一定范围内,可以用晶体管在某一直流量下的 $\bar{\beta}$ 来取代在此基础上加动态信号时的 β。因为在 I_E 较宽的数值范围内 $\bar{\beta}$ 基本不变,所以在近似分析中一般不再对 $\bar{\beta}$ 和 β 加以区分,即认为 $i_C\approx\beta i_B$。小功率管的 β 较大,通常可达三四百倍;大功率管的 β 较小,有的甚至只有三四十倍。

当以发射极电流作为输入电流,以集电极电流作为输出电流时,I_{CN} 与 I_E 之比称为共基直流电流放大系数

$$\bar{\alpha}=\frac{I_{CN}}{I_E}$$

根据式(2-2)可得

$$I_C=\bar{\alpha}I_E+I_{CBO}$$

将式(2-4)带入上式可得

$$\bar{\beta}=\frac{\bar{\alpha}}{1-\bar{\alpha}}\quad\text{或}\quad\bar{\alpha}=\frac{\bar{\beta}}{1+\bar{\beta}}$$

共基交流电流放大系数 α 定义为集电极电流变化量与发射极电流变化量之比,根据 Δi_E、Δi_C 和 Δi_B 之间的关系可得

$$\alpha = \frac{\Delta i_C}{\Delta i_E} = \frac{\beta}{1+\beta}$$

通常 $\beta \gg 1$,故 $\alpha \approx 1$;并且 $\beta \approx \bar{\beta}$,$\alpha \approx \bar{\alpha}$。

2.4.3 晶体管的共射特性曲线

晶体管的输入特性和输出特性曲线描述各电极之间电压、电流的关系,用于对晶体管的性能、参数和晶体管电路的分析估算。

1. 输入特性曲线

共射极放大电路中晶体管的输入特性是以 u_{CE} 为参变量时,i_B 与 u_{BE} 之间的关系,即

$$i_B = f(u_{BE})\big|_{U_{CE}=\text{常数}}$$

对于不同的 u_{CE},有不同的输入特性,所以输入特性曲线是一簇曲线。

(1) $U_{CE} = 0$ V 时

此时相当于发射极与集电极短路,即发射极与集电极并联,所以输入特性曲线和 PN 结的伏安特性一样。如图 2-25 中标注 $U_{CE} = 0$ 的曲线所示。

(2) 当 U_{CE} 增大时

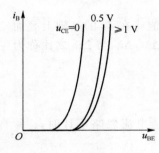

图 2-25　晶体管的输入
特性曲线

由前面的分析可知,由发射区注入基区的自由电子有一部分越过基区和集电结形成电流 i_C,随着 U_{CE} 的不断增大,使得在基区参与复合运动的自由电子减少,要想获得同样大小的基极电流 i_B,就必须增大 u_{BE},使发射区向基区注入更多的电子,所以随着 U_{CE} 的增大,输入特性曲线将向右移动,如图 2-26 中标注 0.5 V 和 $\geqslant 1$ V 的曲线所示。

(3) 当 U_{CE} 增大到一定值时

对于确定的 U_{BE} 来说,当 U_{CE} 增大到一定程度时,集电结的电场已足够强,可以将发射区注入基区的绝大部分自由电子收集到集电区,因此再增加 U_{CE},i_B 也已基本不变。故工程中通常用 $U_{CE} = 1$ V 的一条输入特性曲线来近似 U_{CE} 大于 1 V 的所有输入特性曲线。

2. 输出特性曲线

晶体管的输出特性是指在基极电流 I_B 一定的条件下,集电极电流 i_C 与管压降 u_{CE} 之间的关系曲线,用函数关系式可表示为:

$$i_C = f(u_{CE})\big|_{I_B=\text{常数}}$$

图 2-26 给出了对应于不同基极电流的输出特性曲线,可见,对于每一个确定的 I_B,都有一条输出特性曲线,所以输出特性是一簇曲线。由图 2-26 可知,当 u_{CE} 较小时,i_C 随 u_{CE} 的增加而迅速增加,曲线呈陡峭上升状;当 u_{CE} 大于一定值后,i_C 基本不随 u_{CE} 的变化而变化,表现为曲线几乎平行于横轴。这可解释为:当 $u_{CE} > 0$ V 以后,集电结开始收集电子,随着 u_{CE} 的增加,收集电子的能力逐渐增强,集电极电流 i_C 也随之增大。当 u_{CE} 增大到一定数值后,集电结已几乎具有全部收集能力,因此再增大 u_{CE},收集能力已不能明显提高,如果不改变 I_B,i_C 将不再随 u_{CE} 的增加而增加,即此时 i_C 几乎仅仅取决于 I_B。

由输出特性曲线可以看出,晶体管有三个工作区域,如图 2-26 中的标注。

（1）截止区

对于共射电路,当外加电压使晶体管的发射结电压小于开启电压且集电结反向偏置时,即 $u_{BE} \leqslant U_{on}$,且 $u_{CE} > u_{BE}$,此时基极电流 $i_B = 0$,集电极电流 $i_C \leqslant I_{CEO}$。小功率硅管的 I_{CEO} 一般在 $1 \mu A$ 以下,锗管的 I_{CEO} 小于几十微安。因此,在近似分时时,通常认为在截止区时,晶体管集电极电流 $i_C \approx 0$。

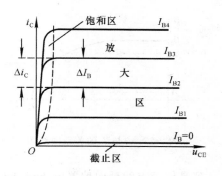

图 2-26　晶体管的输出特性曲线

（2）放大区

NPN 型晶体管工作在放大区的特征是发射结正向偏置且集电结反向偏置。对于共射电路,要求 $u_{BE} > U_{on}$ 且 $u_{CE} \geqslant u_{BE}$。此时,集电极电流 i_C 几乎仅仅取决于基极电流 i_B,而与 u_{CE} 无关,表现出 i_B 对 i_C 的控制作用,属于电流控制电流源,$I_C \approx \bar{\beta} I_B$。当 i_B 按等差变化时,输出特性曲线是一簇平行于横轴的等距离的直线。

（3）饱和区

如果外加偏置电压使晶体管的发射结和集电结均处于正向偏置,即满足 $u_{BE} > U_{on}$,且 $u_{CE} < u_{BE}$ 此时晶体管工作在饱和区。在饱和区,集电极电流 i_C 随 u_{CE} 的增加而明显增大,$i_C < \bar{\beta} I_B$。当 u_{CE} 增大到等于 u_{BE} 时,晶体管将脱离饱和区进入放大区,因此称 $u_{CB} = 0$ 时晶体管处于临界饱和状态。

2.4.4　晶体管的主要参数

在半导体手册和计算机辅助分析和设计中,要用几十个参数来全面描述晶体管。这里介绍近似分析时用到的几个最主要的参数。

1. 共发射极电流放大系数

共发射极电流放大系数表示的是在放大区集电极电压一定时,集电极电流与基极电流之间的比例关系。严格来说,它分为直流电流放大系数 $\bar{\beta}$ 和交流电流放大系数 β,分别表示为:

直流电流放大系数:$\bar{\beta} = \dfrac{I_C}{I_B}$

交流电流放大系数:$\beta = \dfrac{\Delta i_C}{\Delta i_B} \bigg|_{U_{CE} = 常数}$

在一定电流变化范围内,晶体管的交流电流放大系数与直流电流放大系数差别不大,即 $\bar{\beta} \approx \beta$,所以通常都用 β 表示。

2. 极间反向电流

集电极-基极反向饱和电流 I_{CBO} 指发射极开路,集电极与基极之间加反向电压时产生的电流;穿透电流 I_{CEO} 是基极开路时,集电极与发射极间加反向电压时的穿透电流,$I_{CEO} = (1 + \bar{\beta}) I_{CBO}$。对同一型号的管子来说,反向电流越小,性能越稳定。选用管子时,I_{CBO} 与 I_{CEO} 应尽可能小。

3. 特征频率和共射极截止频率

因为晶体管内 PN 结的电容效应,导致其电流放大系数 β 会随着所加信号频率的变化而

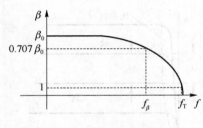

图 2-27　β 与 f 的关系曲线图

变化，β 与 f 的关系曲线如图 2-27 所示。当信号频率达到一定值时，β 值不再是一个常数，而是随着频率的升高而减小，且产生相移。使 β 值下降到等于 1 时的频率称为特征频率，记作 f_T。使 β 值下降到 0.707 倍时的频率称为共射极截止频率，记作 f_β。

4. 晶体管的极限参数

（1）极间反向击穿电压 $U_{(BR)CBO}$、$U_{(BR)CEO}$

晶体管手册上通常标出一系列反向击穿电压值，当加到晶体管上的反向偏置电压过高时，晶体管就可能被反向击穿而损坏。

$U_{(BR)CBO}$ 指发射极开路时集电极—基极间的反向击穿电压，这是集电结所允许加的最高反向电压，普通管子的一半为几十伏，高反压管可达几百伏甚至上千伏。

$U_{(BR)CEO}$ 指基极开路时集电极—发射极间的反向击穿电压。

（2）集电极最大允许电流 I_{CM}

集电极电流超过一定数值后，电流放大系数显著下降，β 下降到三分之二时的电流叫作集电极最大允许电流，记作 I_{CM}。

（3）集电极最大允许耗散功率 P_{CM}

当晶体管的 PN 结外加电压时会有电流流过，PN 结将消耗一定的功率，其大小等于流过集电结的电流与集电结上电压降的乘积。晶体管的两个 PN 结都会消耗功率，因为集电结上的电压降远大于发射结上的电压降，所以在集电结上产生的功耗要大得多。这一消耗将使晶体管结温升高，管子发热，导致晶体管性能下降，甚至烧毁。所以晶体管的集电结功率有一个最大界限值，称为晶体管最大耗散功率，记作 P_{CM}。另外，在同样的集电结功耗下，散热条件越好，则结温越低，因此，P_{CM} 又受实际使用时的散热条件影响。在选用晶体管时，不仅要注意使用手册上标示的值，还要考虑相应的散热条件。

对于某一确定型号的晶体管，其 P_{CM} 是一个确定值，即 $P_{CM}=i_C u_{CE}$ 是一个常数。因此可以在输出特性曲线中绘出一条曲线，曲线上各点均满足 $P_{CM}=i_C u_{CE}$，如图 2-28 所示，该曲线称为最大功率损耗线。曲线右上方为过损耗区，左下方为安全工作区。

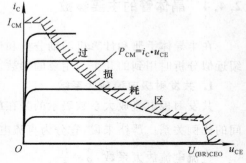

图 2-28　晶体管集电极最大允许耗散功率曲线

2.4.5　温度对晶体管的影响

由于半导体材料的热敏性，晶体管的特性受温度影响很大，当温度变化较大时，晶体管的工作参数将不稳定，必须采取一定的措施加以解决。

1. 温度对输入特性曲线的影响

与二极管伏安特性曲线类似，温度升高时，晶体管的正向输入特性曲线将向左移，如图 2-29 所示，即在相同的 i_B 下，随着温度的升高，对应的发射结正向压降 u_{BE} 的数值将下降。u_{BE} 具有负温度系数，温度每升高 1 ℃，u_{BE} 约下降 2～2.5 mV。

2. 温度对输出特性的影响

（1）温度对 I_{CBO} 和 I_{CEO} 影响

I_{CBO} 是集电极-基极之间的反向饱和电流，是由集电区和基区的少子漂移运动形成的。当温度升高时，热运动加剧，参与漂移运动的少子数目增多，从外部看就体现为 I_{CBO} 增大。温度每升高 10 ℃，I_{CBO} 约增加 1 倍。由于硅管的 I_{CBO} 比锗管的小得多，所以硅管受温度的影响比锗管受温度的影响要小。

因为 $I_{CEO} = (1 + \bar{\beta}) I_{CBO}$，所以 I_{CEO} 随温度变化的规律与 I_{CBO} 基本相同。

（2）温度对 $\bar{\beta}$ 和 β 的影响

当温度升高时，$\bar{\beta}$ 和 β 都随之增大。其变化规律是，温度每升高 1 ℃，$\bar{\beta}$ 和 β 增加 0.5%～1.0%。

综上所述可知，温度升高时，因为 I_{CEO}、$\bar{\beta}(\beta)$ 增大，并且输入特性曲线左移，所以导致集电极电流增大。也就是说，温度升高时，输出特性曲线将向上移动，如图 2-30 所示。

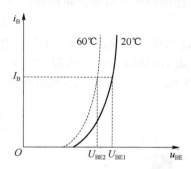

图 2-29　温度对晶体管输入特性的影响

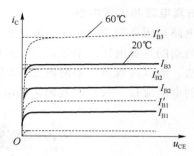

图 2-30　温度对输出特性的影响

例 2-4　已知某电路中几只 NPN 型晶体管的三个电极的直流电位如表 2-1 所示，各晶体管 b-e 间开启电压 U_{on} 均为 0.5 V。试说明各管子分别工作在何种状态。

表 2-1　NPN 型晶体管的三个电极的直流电位

晶体管	VT1	VT2	VT3	VT4
基极直流电位	1	0	0.7	−1
发射极直流电位	0.3	0	0	−1.7
集电极直流电位	0.7	12	6	0
工作状态				

解：在电子电路中，可以通过测试晶体管各极的直流电位来判断晶体管的工作状态。对于 NPN 型晶体管，当发射结电压 U_{be} 小于开启电压 U_{on} 时，管子截止；当 $U_{be} > U_{on}$ 且管压降 $U_{ce} > U_{be}$（$U_{bc} < 0$）时，管子处于放大状态；当 $U_{be} > U_{on}$ 且管压降 $U_{ce} < U_{be}$（$U_{bc} > 0$）时，管子处于饱和状态。硅管的 U_{on} 约为 0.5 V，锗管的 U_{on} 约为 0.1 V。对于 PNP 型晶体管，读者可类比 NPN 型晶体管自行总结规律。

由上述规律可知，VT1 管子工作在饱和状态，因为 $U_{be} = 0.7$ V 且 $U_{bc} = 0.3$ V，即发射结和集电结同为正向偏置；VT2 管子工作在截止状态，因为 $U_{be} = 0$ V $< U_{on}$；VT3 工作在放大状态，因为 $U_{be} = 0.7$ V 且 $U_{bc} = -5.3$ V；VT4 工作在放大状态，因为 $U_{be} = 0.7$ V 且 $U_{bc} = -1$ V。

四个晶体管的工作状态如表 2-2 所示。

表 2-2 四个晶体管的工作状态

晶体管	VT1	VT2	VT3	VT4
工作状态	饱和	截止	放大	放大

仿 真 实 训

仿真实训 1 二极管特性的 Multisim 仿真测试

一、实训目的

掌握二极管的工作特性,熟悉二极管的检测方法,加深理解二极管的单向导电性。

二、仿真电路和仿真内容

仿真电路如图 2-31 所示。U1 为电流表,测量流过二极管的直流电流。U2 为电压表,测量二极管两端的直流电压。电压源 V1 采用直流电压源,测试时分两种情况,V1 为正向接法和反向接法。测试过程可以不断改变 V1 的值,以获得不同的二极管电流,利用直流电压表可测得不同的电流流过二极管时其两端的电压值。

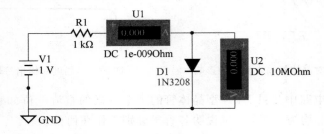

图 2-31 二极管特性测试仿真图

三、仿真结果

仿真结果如表 2-3 和 2-4 所示。

表 2-3 二极管正向伏安特性数据记录表

V1	1	2	3	4	5	6	7	8
VD	0.174	0.194	0.205	0.213	0.219	0.224	0.228	0.232
Id/mA	0.826	1.807	2.795	3.787	4.782	5.776	6.771	7.769

表 2-4 二极管反向伏安特性数据记录表

V1	-1	-2	-3	-4	-5	-6	-7	-8
VD	0.999	1.999	2.999	3.999	4.998	-5.998	-6.998	-7.998
Id/μA	1.110	1.110	1.332	1.332	1.776	1.776	1.776	1.776

根据测得的数据,以电压 VD 为横坐标,电流 I_d 为纵坐标,即可绘出二极管的伏安特性曲线。

四、结论

(1) 比较直流电源 V1 在 1 V 和 3 V 两种情况下二极管的直流管压降可知,二极管的直流电流越大,管压降越大,直流管压降不是常量。但是电流的变化速率远远高于电压的变化速率。

(2) 二极管两端加反向电压时,反向电流很小,且基本保持不变,表现出了二极管的单向导电性。

仿真实训 2　晶体管输出特性的 Multisim 仿真测试

一、实训目的

熟悉晶体管的工作特性,掌握晶体管基极电流对集电极电流的控制作用,加深理解晶体管在放大区时的电流特性。

二、仿真电路和仿真内容

晶体管输出特性曲线是指以晶体管的集电极、发射极之间电压 u_{ce} 作为坐标横轴,以晶体管集电极电流 i_C 作为坐标纵轴,改变基极电流 i_b 的大小,测量 i_C 与 u_{ce} 之间的关系曲线。

在模拟电路中,经常需要测量放大电路的主要器件——晶体管的输出特性曲线。对此,可以采用传统的逐点测量法测量,电路如图 2-32 所示。

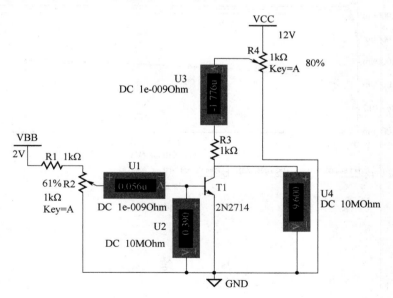

图 2-32　逐点测量法电路

逐点测量法测量时的步骤如下:

(1) 调整电压源 V1,使 $i_b = 1$ mA。

(2) 改变电压源 V2,使 V2 分别取 0 V,1 V,2 V,…,12 V,分别从电流表 U3 和电压表 U4 上读取数据,将以上测得数据在以 u_{ce} 为横轴,i_C 为纵轴的坐标上逐点描出来,得到一条曲线。

(3) 改变电压源 V1,使基极电流 i_b 分别取 2 mA、3 mA、4 mA、5 mA,重复(2),即可得到

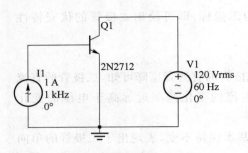

图 2-33 晶体管输出特性曲线测试电路

一组曲线,即晶体管输出特性曲线。

由测试过程可以看出,逐点测量法复杂而繁琐。我们不妨利用 Multisim 仿真分析法——DC Sweep Analysis 来测量三极管输出特性曲线。

(1) 在 Multisim 电路窗口创建如图 2-33 所示测试电路。

(2) 启动 Simulate 菜单中 Analysis 下的 DC Sweep Analysis 命令,打开 DC Sweep Analysis 对话框。有关参数设置如下。

Source 1 中,Source:V1(因为 V1 表示集电极和发射极之间的电压,即 u_{ce},在晶体管特性曲线中以此作为坐标横轴,故选择 V1 为 Source1);Start value:0 V;Stop value:8 V;Increment:0.01 V(该值越小,显示的曲线越平滑)。

Source 2 中,Source:I1,即 i_b(i_b 表示晶体管基极电流,改变基极电流才能测试一组输出特性曲线,故选择 i_b 为 Source 2);Start value:0;Stop value:0.0005 mA;Increment:0.000 15 mA(该值越小,显示的曲线越平滑)。

Output variables:V1,这是流过电压源 V1 的电流,即集电极电流 i_c。

(3) 点击对话框上的 Simulate 按钮,得到如图 2-34 所示的曲线。

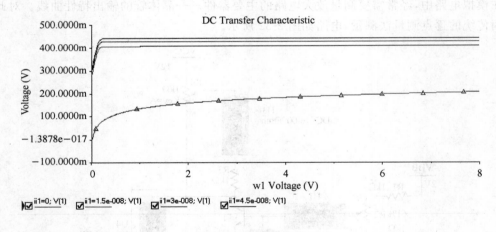

图 2-34 输出曲线图

小　　结

本章主要介绍了半导体的基础知识,详细阐述、分析了二极管及晶体管的工作原理、特性曲线和主要相关参数。本章的主要内容可概括如下。

(1) 半导体器件是构成电子电路的基本元件,它有三个特殊性质:光敏性、热敏性和可掺杂性。本征半导体指纯净的具有晶体结构的半导体。在本征半导体中有选择地掺入微量杂质元素,可形成杂质半导体,根据加入的杂质不同可以分为 N 型半导体和 P 型半导体。在 N 型半导体中,多子为自由电子,少子为空穴。P 型半导体中多子为空穴,少子为自由电子。杂质半导体中掺入的杂质元素浓度越高,多子的浓度就越高,导电能力就越强。在同一个硅片上制作两种杂质半导体,在它们的交界面将形成 PN 结,PN 结具有单向导电性。

(2) 将 PN 结封装,从 P 区和 N 区分别引出两个电极,就构成了二极管。二极管加正向电压时,电流与电压近似成指数关系;加反向电压时,反向电流近似为零,所以二极管具有单向导电性。

(3) 晶体管有三个工作区域:截止区、饱和区、放大区。NPN 型晶体管工作在放大区的特征是发射结正向偏置且集电结反向偏置。对于共射电路,要求 $u_{BE} > U_{ON}$ 且 $u_{CE} \geqslant u_{BE}$。此时,集电极电流 i_C 几乎仅仅取决于基极电流 i_B,而与 u_{CE} 无关,表现出 i_B 对 i_C 的控制作用,所以晶体管属于电流控制电流源器件。

习　题

2.1　选择合适答案填入空内。

(1) 在本征半导体中加入(　　)元素可形成 P 型半导体,加入(　　)元素可形成 N 型半导体。

A. 三价　　　　　　B. 四价　　　　　　C. 五价

(2) 杂质半导体中,少数载流子的浓度主要取决于(　　)。

A. 温度　　　　B. 杂质浓度　　　　C. 输入　　　　D. 电压

(3) PN 结加正向电压时,空间电荷区将(　　)。

A.变窄　　　　　　B.基本不变　　　C.变宽

(4) 当温度升高时,二极管的反向饱和电流将(　　)。

A. 增大　　　　　B. 减小　　　　　C. 不变　　　　　D. 不确定

(5) 稳压管的稳压区是二极管工作在(　　)状态。

A. 正向导通　　　B. 反向截止　　　C. 反向击穿　　　D. 反向导通

(6) 工作在放大状态的某晶体管,当 I_B 从 12 μA 增大到 22 μA,I_C 从 1 mA 变为 2 mA,那么该晶体管的 β 值为(　　)。

A. 83　　　　　B. 91　　　　　C. 100　　　　D. 200

(7) 当晶体管工作在放大区时,发射结电压和集电结电压应为(　　)。

A. 前者反偏、后者也反偏

B. 前者正偏、后者反偏

C. 前者正偏、后者也正偏

2.2　判断下列说法是否正确,用"√"和"×"表示判断结果填入空内。

(1) 在 N 型半导体中如果掺入足够量的三价元素,可将其改型为 P 型半导体。(　　)

(2) 因为 N 型半导体的多子是自由电子,所以它带负电。(　　)

(3) PN 结在无光照、无外加电压时,结电流为零。(　　)

(4) 处于放大状态的晶体管,集电极电流是多子漂移运动形成的。(　　)

2.3　现有两只稳压管,它们的稳定电压分别为 6 V 和 9 V,正向导通压降均为 0.7 V。试问:

(1) 如果将它们串联,可得到几种稳压值? 各为多少?

（2）如果将它们并联,可得到几种稳压值? 各为多少?

2.4　写出图 T2.1 所示各电路的输出电压值,设二极管导通电压 $U_D = 0.7$ V。

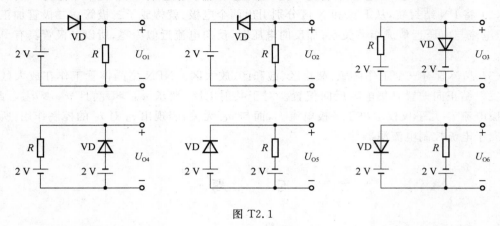

图 T2.1

2.5　二极管电路如图 T2.2 所示。已知直流电源电压为 6 V,二极管直流管压降为0.7 V。

（1）试求流过二极管的直流电流;

（2）二极管的等效直流电阻 R_D 为多少?

2.6　二极管电路如图 T2.3 所示。

（1）假设二极管为理想二极管,试问流过负载 R_L 的电流为多少?

（2）假设二极管为恒压二极管,导通后压降为 0.7 V,试问流过负载 R_L 的电流为多少?

（3）如果将电源电压反接,流过负载电阻 R_L 的电流为多少?

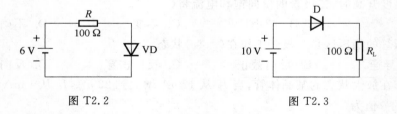

图 T2.2　　　　　　　　图 T2.3

2.7　电路如图 T2.4 所示,已知 $u_I = 5\sin \omega t$(V),二极管导通电压 $U_D = 0.7$ V。试画出 u_I 与 u_O 的波形,并标出幅值。

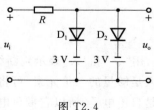

图 T2.4

2.8　已知图 T2.5 所示电路中稳压管的稳定电压 $U_Z = 6$ V,最小稳定电流 $I_{Zmin} = 5$ mA,最大稳定电流 $I_{Zmax} = 25$ mA。

（1）分别计算 U_I 为 10 V、15 V、35 V 三种情况下输出电压 U_O 的值;（2）若 $U_I = 35$ V 时负载开路,则会出现什么现象? 为什么?

2.9　电路如图 T2.6 所示,已知 $E = 20$ V,$R_1 = 400$ Ω,$R_2 = 800$ Ω,稳压管的稳定电压 $U_Z = 10$ V,稳定电流 $I_{Zmin} = 5$ mA,最大稳定电流 $I_{Zmax} = 20$ mA,求流过稳压管的电流 I_Z。如果 R_2 断开,将会出现什么问题,R_2 的最大值为多少?

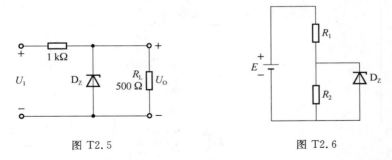

图 T2.5　　　　　　　　　　图 T2.6

2.10　已知两只晶体管的电流放大系数 β 分别为 50 和 100,现测得放大电路中这两只管子两个电极的电流如图 T2.7 所示。分别求另一电极的电流,标出其实际方向,并在圆圈中画出管子。

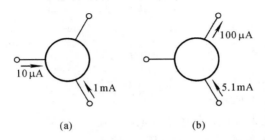

(a)　　　　　　　　(b)

图 T2.7

2.11　测得放大电路中六只晶体管的直流电位如图 T2.8 所示。在圆圈中画出管子,并分别说明它们是硅管还是锗管。

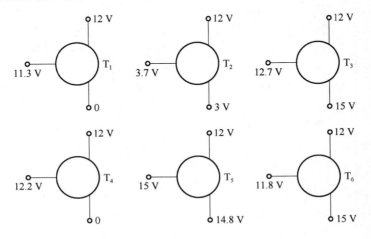

图 T2.8

2.12　分别判断图 T2.9 所示各电路中晶体管是否有可能工作在放大状态。

2.13　电路如图 T2.10 所示,$V_{CC} = 15$ V,$\beta = 100$,$U_{BE} = 0.7$ V。试问:

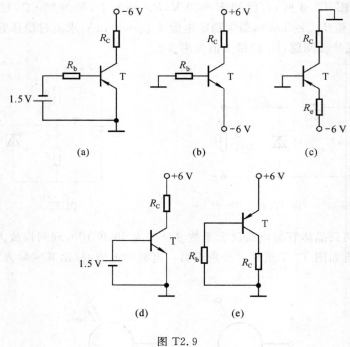

图 T2.9

(1) $R_b = 50\ \text{k}\Omega$ 时,$u_O = ?$

(2) 若 T 临界饱和,则 $R_b \approx ?$

2.14　电路如图 T2.11 所示,晶体管导通时 $U_{BE} = 0.7\ \text{V}$,$\beta = 50$。试分析 V_{BB} 为 0 V、1 V、1.5 V 三种情况下 T 的工作状态及输出电压 u_O 的值。

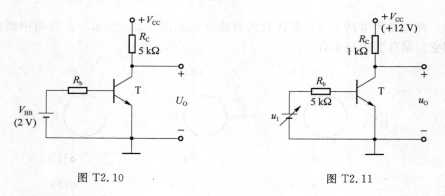

图 T2.10　　　　　　　　　图 T2.11

第3章 放大电路分析基础

教学目标与要求：

- 掌握共射、共集、共基放大电路的工作原理，静态工作点的估算及用等效电路法分析基本放大电路的动态参数。
- 熟悉共射、共集、共基放大电路的主要特点和主要用途。
- 了解放大电路的图解分析法。
- 理解各种耦合方式的优缺点，能够正确估算多级放大电路的动态参数。

3.1 放大的概念和放大电路的主要性能指标

用来对电信号进行放大的电路称为放大电路，习惯上称之为放大器，它是使用最为广泛的电子电路之一，也是构成其他电子电路的基本单元电路。根据用途及采用的有源放大器件的不同，放大电路的种类很多，它们的电路形式以及性能指标不完全相同，但是它们的基本工作原理是相同的。

3.1.1 放大的概念

电子学中，所谓的"放大"是指在输入信号（变化量）的作用下，通过有源器件的控制作用，将直流电源提供的部分能量转换成负载所获得的能量，使负载从电源获得的能量大于信号源所提供的能量。为了实现放大，必须给放大电路提供能量，常用的能源是直流电源。放大作用的本质是能量的转换，即把电源的能量转换给输出信号。输入信号的作用是控制这种转换，使放大电路输出信号的变化重复或反映输入信号的变化。

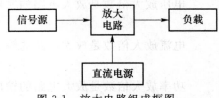

图 3-1　放大电路组成框图

放大电路组成框图如图 3-1 所示。图中，信号源提供所需放大的电信号，它可由将非电信号物理量变换为电信号的换能器提供，也可是前一级电子电路的输出信号。信号源均可等效为图 3-2 所示的电压源或电流源电路，其中，R_S 为它们的源内阻，u_S、i_S 分别为理想电压源和理想电流源，且 $u_\mathrm{S}=i_\mathrm{S}R_\mathrm{S}$。

负载是接受放大电路输出信号的元件（或者电路），它可由将电信号变换为非电信号的输出换能器构成，也可是下一级电子电路的输入电阻，一般情况下，为了分析问题方便起见，负载

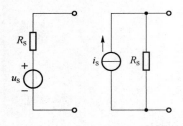

图 3-2　信号源等效电路

都可等效为一个纯电阻 R_L。

信号源与负载都不是放大电路的本体,但由于实际电路中的信号源内阻 R_S 及负载电阻 R_L 各不相同,它们都会对放大电路的工作产生一定的影响,特别是它们与放大电路之间的连接方式(即耦合方式),将会直接影响到放大电路的正常工作。

直流电源用以提供放大电路工作时所需的能量,其中一部分能量转变为输出信号进行输出,还有一部分能量消耗在放大电路中的耗能元器件中。

基本单元放大电路中的核心器件是三极管。由于单元放大电路的性能往往达不到实际要求,所以实际使用的放大电路多是由基本单元放大电路组成的多级放大电路,或是由多级放大电路组成的集成放大器件构成,这样才有可能将微弱的输入信号不失真地放大到所需大小。

3.1.2　放大电路的主要性能指标

任何一个放大电路都可以看成一个四端双口网络,如图 3-3 所示。图中,$1-1'$ 端为放大电路的输入端,R_S 为信号源内阻,u_S 为信号源电压,放大电路的输入电压为 u_I,输入电流为 i_I;$2-2'$ 端为放大电路的输出端,R_L 为负载电阻,u_O、i_O 分别为放大电路的输出电压和输出电流。

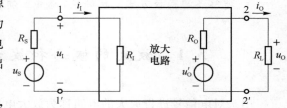

图 3-3　放大电路四端网络示意图

不同放大电路在 u_S 和 R_L 相同的条件下,i_I、u_O、i_O 将不同,这说明不同的放大电路从信号源索取的电流不同,且对同样的信号的放大能力也不同;同一放大电路在幅值相同、频率不同的 u_S 作用下,u_O 也将不同,即对于不同频率的信号而言,同一放大电路的放大能力也存在差异。为了反映放大电路各方面的性能,引出如下主要性能指标。

1. 放大倍数

放大倍数是衡量放大电路放大能力的指标,它有电压放大倍数、电流放大倍数、功率放大倍数等表示方法。对于小功率放大电路,人们通常只关心电路单一指标的放大倍数,如电压放大倍数,而不研究其功率放大能力。

电压放大倍数是放大电路的输出电压 u_O 与输入电压 u_I 之比,即:

$$A_u = u_O / u_I \tag{3-1}$$

电流放大倍数是放大电路的输出电流 i_O 与输入电流 i_I 之比,即:

$$A_I = i_O / i_I \tag{3-2}$$

功率放大倍数是放大电路的输出功率 P_O 与输入功率 P_I 之比,即:

$$A_p = P_O / P_I \tag{3-3}$$

电压对电流的放大倍数是放大电路的输出电压 u_O 与输入电流 i_I 之比,即:

$$A_{ui} = u_O / i_I \tag{3-4}$$

因其量纲为电阻,有些文献也称其为互阻放大倍数。

电流对电压的放大倍数是放大电路的输出电流 i_O 与输入电压 u_I 之比,即:

$$A_{iu} = i_O / u_I \tag{3-5}$$

因其量纲为电导,有些文献也称其为互导放大倍数。

工程上常用分贝(dB)来表示放大倍数,称为增益。

电压增益的定义为:

$$A_u(dB) = 20 \lg |A_u| \tag{3-6}$$

电流增益的定义为:

$$A_I(dB) = 20 \lg |A_I| \tag{3-7}$$

功率增益的定义为:

$$A_p(dB) = 10 \lg |A_p| \tag{3-8}$$

例如,某放大电路的电压放大倍数的绝对值 $|A_u| = 100$,则其电压增益为 40 dB。

本章重点研究电压放大倍数 A_u。应当指出,在实测放大倍数时,应当用示波器观察输出端的波形,只有在波形不失真的情况下,测试数据才有意义。其他指标也如此。

2. 输入电阻

放大电路的输入电阻 R_I 是从输入端 $1-1'$ 向放大电路的方向看进去的等效电阻,它定义为输入电压与输入电流之比,即:

$$R_I = u_I / i_I \tag{3-9}$$

放大电路与信号源相连接,对于信号源来说,R_I 就是它的等效负载,如图 3-3 所示,从图中可以看出:

$$u_I = \frac{R_I}{R_S + R_I} u_S \tag{3-10}$$

由式(3-9)和式(3-10)可见,R_I 越大,表明放大电路从信号源索取的电流越小,放大电路所得到的输入电压 u_I 越接近信号源电压 u_S,即信号源内阻上的电压越小,信号源电压损失越小。然而,如果信号源内阻 R_S 为一常量,那么为了使输入电流 i_I 大一些,则应使 R_I 小一些。因此,放大电路输入电阻的大小要视需要而定。

3. 输出电阻

任何放大电路的输出都可以等效成一个有内阻的电压源,从放大电路输出端 $2-2'$ 向放大电路的方向看进去的等效内阻,称为放大电路的输出电阻 R_O,如图 3-3 所示。图中 u_O' 为空载时的输出电压,u_O 为带负载后的输出电压,因此有:

$$u_O = \frac{R_L}{R_O + R_L} u_O' \tag{3-11}$$

由式(3-11)可得放大电路输出电阻的关系式为:

$$R_O = \left(\frac{u_O'}{u_O} - 1\right) R_L \tag{3-12}$$

可见,R_O 越小,负载电阻 R_L 变化时,u_O 的变化越小,称为放大电路的带负载能力越强。

必须指出,以上所讨论的输入电阻和输出电阻不是直流电阻,而是在线性运用情况下的交流电阻。根据输入电阻和输出电阻的定义可知,输入电阻与信号源内阻无关,但可能与负载电阻有关;输出电阻与负载电阻无关,但可能与信号源内阻有关。

4. 通频带

通频带用于衡量放大电路对不同频率信号的放大能力。由于放大电路中电容、电感及半导体器件结电容等电抗元件的存在,在输入信号频率较低或较高时,放大倍数的数值会下降并产生相移。一般情况下,放大电路只适用于放大某一个特定频率范围内的信号。如图 3-4 所示为放大电路的典型幅频特性曲线,图中 $\dot{A}_{um}$ 为中频放大倍数。

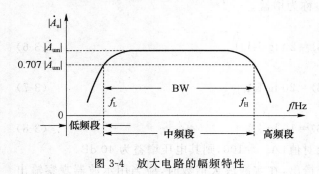

图 3-4 放大电路的幅频特性

当信号频率下降到一定程度时,放大倍数的数值明显下降,使放大倍数的数值等于 $0.707|\dot{A}_{um}|$ 的频率称为下限截止频率 f_L。信号频率上升到一定程度时,放大倍数的数值也会减小,使放大倍数的数值等于 $0.707|\dot{A}_{um}|$ 的频率称为上限截止频率 f_H。信号频率低于 f_L 的部分称为放大电路的低频段,信号频率高于 f_H 的部分称为放大电路的高频段,而 f_L 和 f_H 之间的频率范围称为放大电路的中频段,也称为通频带,用 BW 表示,即:

$$BW = f_H - f_L \tag{3-13}$$

放大电路的通频带越宽,表明放大电路对不同频率信号的适应能力越强。当频率趋近于零或者无穷大时,放大倍数的数值趋近于零。对于扩音机,其通频带应宽于音频(20 Hz～20 kHz)范围,才能完全不失真地放大声音信号。在实用电路中,有时也希望通频带尽可能窄,比如选频放大电路,从理论上讲,希望它只对单一频率的信号放大,以避免干扰和噪声的影响。

放大电路除了上述指标外,针对不同的应用场合,还有一些其他指标,如非线性失真系数、最大不失真输出电压、最大输出功率与效率等。

3.2 基本共射放大电路的工作原理

本节将以基本共射放大电路为例,阐明放大电路的工作原理。

3.2.1 基本共射放大电路的组成

图 3-5 所示为基本共射放大电路,它由一个 NPN 型晶体管及若干电阻组成,其中晶体管是起放大作用的核心元件。输入信号 u_I 为正弦波电压。由于图中所示电路的输入回路和输出回路以发射极为公共端,故称之为共射放大电路。

当 $u_I = 0$ 时,称放大电路处于静态。在输入回路中,基极电源 V_{BB} 使晶体管 b-e 间电压 U_{BE} 大于开启电压 U_{on},并与基极电阻 R_b 共同决定基极电流 I_B;在输出回路中,集电极电源 V_{CC} 应足够高,使晶体管的集电结反向偏置,以保证晶体管工作于放大状态,因此集电极电流 $I_C = \beta I_B$;流经集电极电阻 R_C 的电流等于 I_C,因而,R_C 两端电压为 $I_C R_C$,从而确定了 c-e 间电压 $U_{CE} = V_{CC} - I_C R_C$。

当 $u_I \neq 0$ 时,在输入回路中,必将在静态值的基础上产生一个动态的基极电流 i_b;则在输出回路就可得到动态电流 i_c;集电极电阻 R_C 将集电结电流的变化转化成电压的变化,也就是使得管压降 u_{CE} 产生变化,管压降的变化量就是输出动态电压 u_O,从而实现了电压放大。直流电源 V_{CC} 为输出提供所需能量。

3.2.2　设置静态工作点的必要性

1. 静态工作点

在放大电路中，当有信号输入时，交流量与直流量共存。当输入信号为零时，放大电路处于静态，此时晶体管的基极电流 I_B、集电极电流 I_C、b-e 间电压 U_{BE}、管压降 U_{CE} 称为放大电路的静态工作点 Q。通常将这 4 个物理量分别记作 I_{BQ}、I_{CQ}、U_{BEQ}、U_{CEQ}。

在近似估算中，通常认为 U_{BEQ} 为已知量。对于硅管，取 U_{BEQ} 为 $0.6\ \text{V} \sim 0.8\ \text{V}$ 中的某一值，如 $0.7\ \text{V}$；对于锗管，取 $|U_{BEQ}|$ 为 $0.1\ \text{V} \sim 0.3\ \text{V}$ 中的某一值，如 $0.2\ \text{V}$。

在图 3-5 所示电路中，令 $u_I = 0$，根据回路方程，可得如下的静态工作点表达式。

$$I_{BQ} = \frac{V_{BB} - U_{BEQ}}{R_b} \tag{3-14}$$

$$I_{CQ} = \bar{\beta} I_{BQ} \tag{3-15}$$

$$U_{CEQ} = V_{CC} - I_{CQ} R_C \tag{3-16}$$

2. 设置静态工作点的必要性

假设将图 3-5 所示电路中的基极电源 V_{BB} 去掉，如图 3-6 所示。

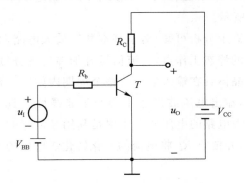

图 3-5　基本共射放大电路

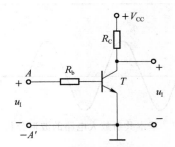

图 3-6　未设置静态工作点的电

在图 3-6 所示电路中，静态时 $u_I = 0$，相当于将输入端 A 与 A' 短路，可得 $I_{CQ} = I_{BQ} = 0$、$U_{CEQ} = V_{CC}$，因而晶体管处于截止状态。

当加入输入信号 u_I 时，若 u_I 的峰值小于 b-e 间开启电压 U_{on}，则在输入信号的整个周期内，晶体管始终工作于截止状态，因而输出电压毫无变化；即使 u_I 的幅值足够大，晶体管也只可能在输入信号正半周大于开启电压 U_{on} 的时间间隔内导通，所以输出电压必然严重失真。

对于放大电路的最基本要求，一是不失真，二是能够放大。如果输出波形严重失真，那么放大就毫无意义了。只有在信号的整个周期内晶体管始终工作于放大状态，输出信号才不会产生失真。因此，设置合适的静态工作点，以保证放大电路不产生失真是非常必要的。

应当指出，静态工作点不仅影响电路是否产生失真，而且影响着放大电路几乎所有的动态参数，这些将在后面章节中详细说明。

3.2.3　基本共射放大电路的工作原理

在图 3-5 所示的基本共射放大电路中，静态时的 I_{CQ}、I_{CQ}、U_{CEQ} 分别如图 3-7(b)、(c)中虚线所标注。当有输入电压时,基极电流是在原来直流分量 I_{BQ} 的基础上叠加一个正弦交流电流 i_b,因而基极总电流为:$i_B = I_{BQ} + i_b$,如图 3-7(b) 中实线波形所示。

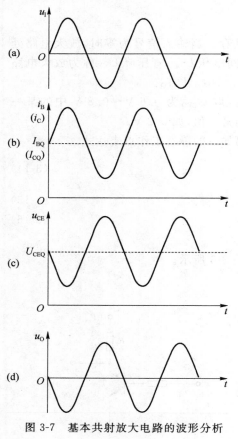

图 3-7　基本共射放大电路的波形分析

根据晶体管基极电流对集电极电流的控制作用,集电极电流也会在直流分量 I_{CQ} 的基础上叠加一个正弦交流电流 i_C,因 $i_C = \beta i_b$,故集电极总电流为:$i_C = I_{CQ} + \beta i_b$。

集电极动态电流 i_C 必将在集电极电阻 R_C 上产生一个与 i_C 波形相同的交变电压。而由于 R_C 上的电压增大时,管压降 u_{CE} 必然减小;R_C 上的电压减小时,管压降 u_{CE} 必然增大,所以,管压降 u_{CE} 是在直流分量 U_{CEQ} 的基础上叠加上一个与 i_C 变化方向相反的交变电压 u_{ce}。管压降总量 $u_{CE} = U_{CEQ} + u_{ce}$,如图 3-7(c) 中实线波形所示。

将管压降中的直流分量 U_{CEQ} 去掉,就得到一个与输入电压 u_I 相位相反且放大了的交流电压 u_O,如图 3-7(d) 所示。

从以上分析可知,对于基本共射放大电路,只有设置合适的静态工作点,交流信号叠加在直流分量之上,以保证晶体管在输入信号的整个周期内始终工作在放大状态,输出电压波形才不会产生非线性失真。基本共射放大电路的电压放大作用是利用晶体管的电流放大作用,并依靠 R_C 将电流的变化转化成电压的变化来实现的。

3.3　放大电路的分析方法

分析放大电路一般包括两方面的内容:静态分析和动态分析。静态分析主要是确定静态工作点,动态分析主要研究放大电路的性能指标。本节以基本共射放大电路为例,阐述放大电路的分析方法。

3.3.1　直流通路和交流通路

一般情况下,在放大电路中,直流信号和交流信号总是同时存在的。为了研究问题方便起见,常把直流电源对电路的作用和输入信号对电路的作用区分开来,分成直流通路和交流通路。

1. 直流通路

直流通路是在没加输入信号时,在直流电源作用下直流电流流经的通路,也就是静态电流流经的通路,用于研究静态工作点。在确定直流通路时,应将电容视为开路,将电感视为短路,将信号源视为短路(若信号源有内阻,则保留内阻)。根据上述原则,图 3-5 所示的基本共射放大电路的直流通路如图 3-8(a)所示。图中,基极电源 V_{BB} 和集电极电源 V_{CC} 的负端均接地。

2. 交流通路

交流通路是在输入信号作用下交流电流流经的通路,也就是动态电流流经的通路,用于研究放大电路的动态性能指标。在确定交流通路时,将大容量电容(如耦合电容、射极旁路电容)视为短路,将电感视为开路,将无内阻的直流电源视为短路。根据上述原则,图 3-5 所示的基本共射放大电路的交流通路中,应将基极电源 V_{BB} 和集电极电源 V_{CC} 均短路,因而集电极电阻 R_C 并联在晶体管的集电极和发射极之间,如图 3-8(b)所示。

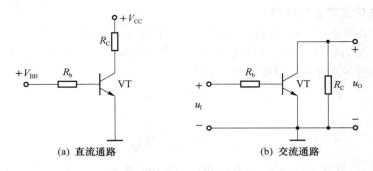

(a) 直流通路　　　　　　　　(b) 交流通路

图 3-8　图 3-5 所示电路的直流通路和交流通路

在分析放大电路时,应遵循"先静态,后动态"的原则,即先利用直流通路求解静态工作点,再利用交流通路求解放大电路的动态性能指标。静态工作点合适,动态分析才有意义。

3.3.2　阻容耦合共射放大电路

在实用放大电路中,为了防止干扰,常要求输入信号、直流电源、输出信号均有一端接在公共端,即地端,称为共地。这样,实际应用中一般都是将图 3-5 所示电路中的基极电源 V_{BB} 和集电极电源 V_{CC} 合二为一的,如图 3-9 所示的电路就是一种常见的共射放大电路。

图 3-9 中,电容 C_1 用于连接信号源与放大电路,电容 C_2 用于连接放大电路与负载。在电子电路中,起连接作用的电容称为耦合电容,利用电容连接电路称为阻容耦合,所以图 3-9 所示电路为阻容耦合共射放大电路。其中,T 是 NPN 型晶体管,起放大作用,是整个电路的核心。V_{CC} 是直流电源,它为发射结提供正向偏置电压,为集电结提供反向偏置电压,也是信号放大的能源。V_{CC} 的值一般为几伏至几十伏。R_b 是基极偏置电阻,它和直流电源 V_{CC} 一起为基极提供一个合适的基极电流 I_B(常称为偏流),以保

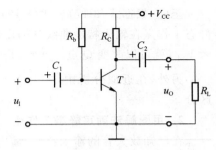

图 3-9　阻容耦合共射放大电路

证信号能不失真地放大。R_b 的值一般为几十千欧至几百千欧。R_C 是集电极负载电阻,它的作用是将放大了的集电极电流转化为信号电压进行输出,使放大电路具有电压放大能力。R_C 的值一般为几千欧至几十千欧。耦合电容 C_1、C_2 的作用是"隔离直流,通过交流";对于直流信号,容抗为无穷大,相当于开路,使得直流电源 V_{CC} 不会加到信号源和负载上;对于交流信

号,容抗很小,可近似为短路,使输入、输出信号顺畅传输。耦合电容的容量较大,一般为几微法至几十微法的电解电容,连接时应注意其极性。R_L 是外接负载电阻。图中符号"⊥"表示"地"(实际上这一点并不真正接到大地上),以该点作为零电位点(参考电位点)。

3.3.3 共射放大电路的静态分析

静态分析就是求放大电路的静态工作点,即 Q 点。静态工作点可以根据放大电路的直流通路,采用估算法求得,也可由图解法确定。估算法是根据实际情况,突出主要矛盾,忽略次要因素的一种分析方法。

1. 用估算法确定静态工作点

用估算法确定静态工作点,应首先画出放大电路的直流通路。由于电容对直流相当于开路,故图 3-9 所示的阻容耦合共射放大电路的直流通路如图 3-10(a)所示。由图 3-10(a)的输入回路($+V_{CC} \rightarrow R_b \rightarrow$ 基极 $\rightarrow$ 发射极 $\rightarrow$ 地)可知:

$$V_{CC} = I_{BQ}R_b + U_{BEQ}$$

则有:

$$I_{BQ} = \frac{V_{CC} - U_{BEQ}}{R_b} \tag{3-17a}$$

式(3-17a)中,估算时常认为 U_{BEQ} 为已知量,对于硅管,U_{BEQ} 约为 0.7 V,锗管约为 0.2 V(绝对值)。由于一般情况下,$V_{CC} \gg U_{BEQ}$,故式(3-17a)可近似为:

$$I_{BQ} \approx \frac{V_{CC}}{R_b} \tag{3-17b}$$

可以看出,当 V_{CC} 和 R_b 选定后,I_{BQ}(偏流)即为固定值,所以图 3-9 所示电路又称为固定偏流式共射放大电路。

根据晶体管的电流分配关系,知:

$$I_{CQ} = \bar{\beta} I_{BQ} \tag{3-18}$$

由图 3-10(a)的输出回路($+V_{CC} \rightarrow R_c \rightarrow$ 集电极 $\rightarrow$ 发射极 $\rightarrow$ 地)可知:

$$U_{CEQ} = V_{CC} - I_{CQ}R_c \tag{3-19}$$

至此,根据式(3-17)~式(3-19)就可以估算出放大电路的静态工作点。图 3-10(b)所示为静态工作点在输入特性曲线和输出特性曲线上的表示。由以上分析可知,只要改变 R_b、R_c 或者 V_{CC},就可以改变 Q 点。通常,是通过改变 R_b 来调整静态工作点的。

另外,在近似分析中,式(3-18)中的 $\bar{\beta}$ 可用 β 取代,以后各章节中将不再对 $\bar{\beta}$ 和 β 加以区分。

2. 用图解法确定静态工作点

在已知放大管的输入特性、输出特性以及放大电路中其他各元件参数的情况下,利用作图的方法对放大电路进行分析,称为图解法。图解法是分析非线性电路的一种基本方法。

用图解法确定放大电路的静态工作点的步骤如下:

① 作直流负载线

将图 3-10(a)所示的直流通路的输出回路变换成如图 3-11(a)所示电路,它由两部分组成:虚线左边是非线性部分——晶体管,虚线右边是线性部分——由 V_{CC} 和 R_c 组成的外部电路。由于晶体管和外部电路共同构成输出回路的整体,所以,该电路中的 i_C 和 u_{CE},既要满足晶体

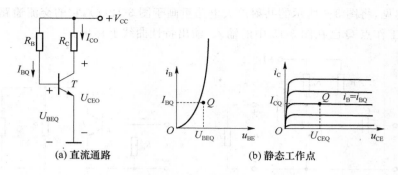

图 3-10　阻容耦合共射放大电路的直流通路和静态工作点

管的伏-安关系——输出特性 $i_C = f(u_{CE})|_{i_B=常数}$，又要满足外部电路的伏-安关系。于是，由这两条伏-安关系曲线的交点便可确定出 I_{CQ} 和 U_{CEQ}。

由图 3-11(a)可知，外部电路的伏-安关系为：

$$u_{CE} = V_{CC} - i_C R_C \tag{3-20}$$

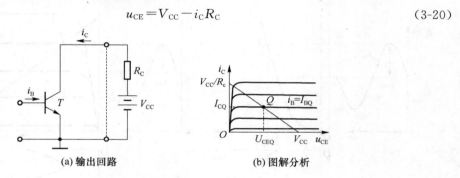

图 3-11　3.3.4　静工作点的图解

在输出特性坐标系中，画出式(3-20)所确定的直线，如图 3-11(b)所示。它与横轴的交点为 $(V_{CC}, 0)$，与纵轴的交点为 $(0, V_{CC}/R_C)$，斜率为 $-1/R_C$。由于这条直线的斜率由集电极负载电阻 R_C 决定，故称之为输出回路的直流负载线，式(3-20)称为直流负载线方程。

② 求静态工作点

直流负载线与 $i_B = I_{BQ}$ 对应的那条输出特性曲线的交点 Q，即为静态工作点，如图 3-11(b)所示。I_{BQ} 通常可由式(3-17)估算出。应当指出，如果输出特性曲线中没有 $i_B = I_{BQ}$ 对应的那条特性曲线，则应当补测该曲线之后，才可应用图解法。

3.3.4　共射放大电路的动态分析

放大电路输入端接入输入信号 u_1 之后的工作状态，称为动态。在动态时，放大电路在输入电压 u_1 和直流电源 V_{CC} 的共同作用下工作，电路中既有直流分量，又有交流分量，各极的电流和各极间的电压都在静态值的基础上叠加一个随输入信号 u_1 作相应变化的交流分量。

对放大电路的动态分析，主要采用图解法和等效电路法。

1. 图解法动态分析

采用图解法对放大电路进行动态分析的步骤如下：

① 画出放大电路的交流通路

为方便起见,将图 3-9 所示的共射放大电路重画于图 3-12(a),它的交流通路如图 3-12(b) 所示,其静态工作点 Q 已在图 3-13 中的输入、输出特性曲线上标出。

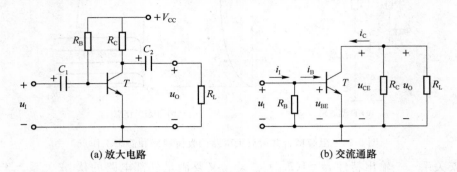

(a) 放大电路   (b) 交流通路

图 3-12　阻容耦合共射放大电路及其交流通路

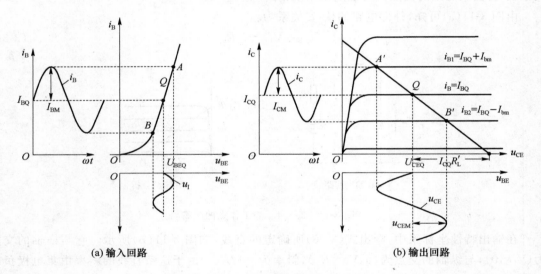

(a) 输入回路   (b) 输出回路

图 3-13　用图解法分析动态工作情况

② 根据 u_I 波形在输入特性曲线上画 i_B 的波形

设图 3-12(a) 共射放大电路的输入信号 $u_I = U_{im} \sin \omega t$。当输入信号加到放大电路的输入端后,晶体管的基极和发射极之间的电压 u_{BE} 在原有直流电压 U_{BE} 的基础上,叠加上一个交流量 $u_I(u_{BE})$,即 $u_{BE} = U_{BE} + u_I = U_{BE} + U_{im} \sin \omega t$,如图 3-13(a) 下方曲线所示,$u_{BE}$ 的波形在 U_{BEO} 的基础上按照正弦规律变化。

根据 u_{BE} 的波形,可由输入特性曲线画出对应的 i_B 波形,如图 3-13(a) 左方曲线所示。由图可见,由于 u_I 的幅值足够小,晶体管工作的 $A \sim B$ 段在输入特性的线性段,因此,i_B 的波形在 I_{BQ} 的基础上按照正弦规律变化,即:

$$i_B = I_{BQ} + i_B = I_{BQ} + I_{BM} \sin \omega t \tag{3-21}$$

2. 做交流负载线

类似于静态时的图解分析过程,在动态时,放大电路输出回路的 i_C 和 u_{CE},既要满足晶体管的伏-安关系——输出特性 $i_C = f(u_{CE})|_{i_B = 常数}$,又要满足外部电路的伏-安关系,由这两条伏-安关系曲线的交点,便可确定动态时的 i_C 和 u_{CE}。下面研究图 3-12(a) 所示电路的输出回路外部电路的 i_C 和 u_{CE} 的关系。

由于放大电路在动态时,晶体管各极电流和各极间电压都在静态值的基础上叠加一个交流分量,故有:

$$i_C = I_{CQ} + i_c \tag{3-22}$$

$$u_{CE} = U_{CEQ} + u_{ce} \tag{3-23}$$

由图 3-12(b)所示交流通路及式(3-22)可得:

$$u_{ce} = -i_c(R_C /\!/ R_L) = -i_E R_L' = -(i_c - I_{CQ})R_L' \tag{3-24}$$

式(3-24)中,$R_L' = R_C /\!/ R_L$,称为放大电路的交流负载电阻。

将式(3-24)代入式(3-23),则有:

$$
\begin{aligned}
u_{CE} &= U_{CEQ} - (i_c - I_{CQ})R_L' \\
&= U_{CEQ} + I_{CQ}R_L' - i_c R_L'
\end{aligned}
\tag{3-25}
$$

式(3-25)称为交流负载线方程,根据该方程在输出特性坐标系中画出的直线称为交流负载线。显然,当 i_B 变化时,i_C 和 u_{CE} 的变化轨迹在交流负载线上。由于交流负载线必通过静态工作点 Q,因此做交流负载线时,只要另确定一个点即可。

交流负载线的做法是:对交流负载线方程,令 $i_c = 0$,则有 $u_{CE} = U_{CEQ} + I_{CQ}R_L'$,得到在横坐标轴上的一个坐标为 $(U_{CEQ} + I_{CQ}R_L', 0)$ 的点。将该点与静态工作点 Q 相连,并延长至与纵轴相交,就得到交流负载线,如图 3-13(b)所示。交流负载线的斜率为 $-1/R_L'$,而直流负载线的斜率为 $-1/R_C$,由于在有负载的情况下 $R_L' < R_C$,故有负载时交流负载线比直流负载线陡一些;只有在空载情况下,交流负载线与直流负载线才会重合。

④ 根据输出特性曲线和交流负载线画出 i_C 和 u_{CE} 的波形

如前述,i_B 的波形在 I_{BQ} 的基础上按照正弦规律变化,故交流负载线与输出特性曲线的交点(动态工作点)也随之变化,由 Q 点→ A' 点→ Q 点→ B' 点→ Q 点,根据动态工作点移动的轨迹,可画出 i_C 和 u_{CE} 的波形,如图 3-13(b)所示。由于 $A' \sim B'$ 段位于输出特性曲线的放大区,故 i_C 和 u_{CE} 在 I_{CQ} 和 U_{CEQ} 的基础上,也按照正弦规律变化,即:

$$i_C = I_{CQ} + i_c = I_{CQ} + I_{CM}\sin \omega t \tag{3-26}$$

$$u_{CE} = U_{CEQ} + u_{ce} = U_{CEQ} + U_{CEM}\sin(\omega t - 180°) \tag{3-27}$$

根据图 3-12(b)所示的交流通路,可知放大电路的输出电压:

$$u_O = u_{ce} = U_{CEM}\sin(\omega t - 180°) \tag{3-28}$$

为了便于比较和分析,将图 3-13 中的 u_I、u_{BE}、i_B、i_C、u_{CE} 和 U_O 的波形画在对应的 ωt 坐标轴上,得到如图 3-14 所示的波形图。

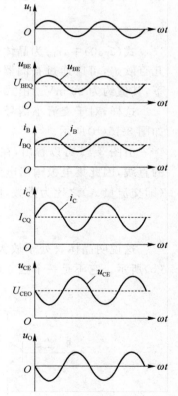

图 3-14　共射放大电路中的
电压、电流波形

根据以上分析可知,图解法的特点是直观、形象地反映晶体管的工作情况,但是必须实测所用晶体管的特性曲线,而且用图解法进行定量分析时误差较大。此外,晶体管的特性曲线只能反映信号频率较低时的电压、电流关系,而不反映信号频率较高时,极间电容产生的影响。因此,图解法一般多适用于分析输出幅值比较大、工作频率不太高时的情况。在实际应用中,图解法多用于分析 Q 点位置、最大不失真输出电压和失真情况。

3. 微变等效电路法动态分析

晶体管放大电路分析的复杂性在于晶体管的非线性特性。如果能在一定条件下将晶体管的特性线性化,即用一个线性模型代替晶体管,则非线性的放大电路就转化为线性电路,这样,就可以应用线性电路的分析方法来分析晶体管放大电路了。

根据上面对晶体管放大电路的图解分析可知,当输入交流信号很小时,晶体管的动态工作点可认为在线性范围内变动,这时晶体管各极交流电压、电流的关系近似为线性关系,这样就可把晶体管特性线性化,用一个小信号模型来等效。

由图 3-13 所示晶体管输入特性曲线可知,当输入交流信号很小时,可将静态工作点 Q 附近一段曲线看作直线,因此,当 u_{CE} 为常数时,输入电压 u_{BE} 的变化量 Δu_{BE}(即交流量 u_{be})与输入电流 i_B 的变化量 Δi_B(即交流量 i_b)之比是一个常数,这个常数可用符号 r_{be} 表示,即:

$$r_{be} = \frac{\Delta u_{BE}}{\Delta i_B}\bigg|_{u_{CE}=\text{常数}} = \frac{u_{be}}{i_b}\bigg|_{u_{CE}\text{常数}} \tag{3-29}$$

r_{be} 称为晶体管输出端交流短路时的输入电阻,其值与晶体管的静态工作点 Q 有关。工程上,r_{be} 的值可用下面的公式进行估算:

$$r_{be} = r_{bb'} + (1+\beta)\frac{U_T}{I_{EQ}} \tag{3-30}$$

式(3-30)中,$r_{bb'}$ 为晶体管的基区体电阻,不同型号管子的 $r_{bb'}$ 值不尽相同,从几十欧姆到几百欧姆,可以通过查阅器件手册得到。I_{EQ} 为静态发射极电流,U_T 为温度电压当量,在室温下,其值约为 26 mV。由式(3-30)可以看出,Q 点越高,即 I_{EQ} 越大,则 r_{be} 越小。

这样,对于交流小信号来说,图 3-15(a)所示晶体管 b、e 之间可用一线性电阻 r_{be} 来等效,如图 3-15(b)所示。

由图 3-13 可以看出,在放大区晶体管的输出特性可近似看成一组与横轴平行、间隔均匀的直线,因此集电极输出电流 i_C 的变化量 Δi_C(即交流量 i_c)与基极输入电流 i_B 的变化量 Δi_B(即交流量 i_b)之比为常数,即:

$$\beta = \frac{\Delta i_C}{\Delta i_B} = \frac{i_c}{i_b} \tag{3-31}$$

这说明晶体管处于放大状态时,c、e 间可用一个输出电流为 βi_b 的电流源表示,如图 3-15(b)所示。它不是一个独立的电源,而是一个大小及方向均受 i_b 控制的受控电流源。

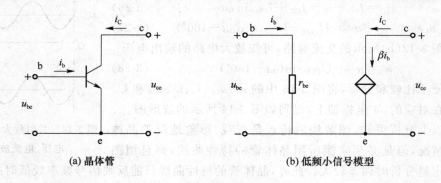

(a) 晶体管　　　　　　　　　　**(b) 低频小信号模型**

图 3-15　晶体管的低频小信号模型

根据以上分析,晶体管的等效电路模型如图 3-15(b)所示。采用该模型时,只有在信号比较小,且工作在线性度比较好的区域内,分析计算的结果误差才较小。而且,由于没有考虑结电容的影响,因此只适用于低频信号的情况,故该模型称为晶体管的低频小信号模型,它是把晶体管特性线性化之后的线性电路模型,可用来分析、计算晶体管低频小信号放大电路的交流特性,从而使复杂电路的计算大为简化。将采用晶体管低频小信号模型分析放大电路动态参数的方法称为微变等效电路法。

接下来,应用微变等效电路法分析如图 3-16(a)所示基本共射放大电路的电压放大倍数、输入电阻和输出电阻等性能指标。分析的步骤如下。

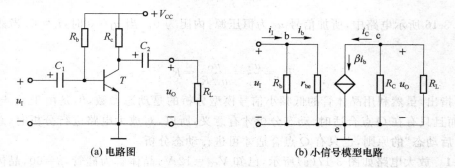

(a) 电路图　　　　　　　　(b) 小信号模型电路

图 3-16　共射放大电路的小信号模型电路

① 画出放大电路的低频小信号模型电路

首先,画出放大电路的交流通路(如图 3-12 所示),然后计算晶体管低频小信号模型中的参数 r_{be} 和 β。将交流通路中的晶体管用其小信号模型代替,就得到整个放大电路的低频小信号模型电路。图 3-16(a)所示基本共射放大电路的低频小信号模型电路如图 3-16(b)所示。

画出小信号模型电路之后,就可以应用线性电路分析的方法,列出电路方程求解放大电路的电压放大倍数、输入电阻和输出电阻等动态参数。

② 求电压放大倍数

电压放大倍数是放大电路的基本性能指标,它是输出电压 u_O 与输入电压 u_I 之比,即:

$$A_u = u_O / u_I \tag{3-32}$$

由图 3-16(b)可知:

$$u_I = u_{be} = i_b r_{be}$$
$$u_O = -i_C (R_C /\!/ R_L) = -\beta i_b R_L'$$

其中,
$$R_L' = R_C /\!/ R_L。$$

所以,图 3-16(a)所示共射放大电路的电压放大倍数为:

$$A_u = \frac{u_O}{u_I} = \frac{-\beta i_b R_L'}{i_b r_{be}} = -\beta \frac{R_L'}{r_{be}} \tag{3-33}$$

式(3-33)中的负号表示输出电压与输入电压相位相反。

③ 求输入电阻

对于信号源或者前级放大电路来说,放大电路相当于一个负载电阻,这个电阻就是放大电路的输入电阻。由图 3-16(b)所示小信号模型电路可知:

$$i_I = \frac{u_I}{R_b} + \frac{u_I}{r_{be}}$$

所以,放大电路的输入电阻为:

$$R_I = \frac{u_I}{i_I} = \frac{1}{\frac{1}{R_b} + \frac{1}{r_{be}}} = R_b /\!/ r_{be} \tag{3-34}$$

④ 求输出电阻

对于负载或者后级放大电路来说，放大电路相当于一个具有内阻的电压源，这个内阻就是放大电路的输出电阻。对放大电路的输出电阻进行分析时，可令其信号源电压 $u_S=0$，但保留其内阻 R_S，然后，在输出端加一正弦波测试信号 u_O，必然产生动态电流 i_O，则：

$$R_O = \frac{u_O}{i_O}\Big|_{u_s=0} \tag{3-35}$$

在图 3-16 所示电路中，所加信号 u_1 为恒压源，内阻为 0。当 $u_I=0$ 时，$i_b=0$，当然 $i_C=0$，因此，

$$R_O = \frac{u_O}{i_O} = \frac{u_O}{u_O/R_c} = R_c$$

应当指出，虽然利用晶体管的低频小信号模型分析的是动态参数，但是由于 r_{be} 与 Q 点密切相关，而且只有在 Q 点合适时，动态分析才有意义，所以，对放大电路进行分析时，总是遵循"先静态、后动态"的原则，也只有 Q 点合适才可进行动态分析。

例 3-1 放大电路如图 3-17(a)所示，已知 $V_{CC}=12$ V，晶体管为硅管，$\beta=60$，晶体管基区体电阻 $r_{bb'}=300\ \Omega$，电容 C_1 和 C_2 足够大，其他参数已在电路图中标出。试用微变等效电路法计算其电压放大倍数 A_u、输入电阻 R_I 和输出电阻 R_O。

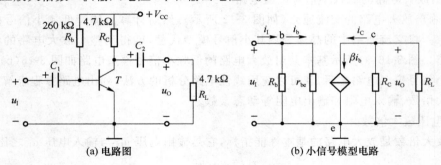

(a) 电路图   (b) 小信号模型电路

图 3-17 例 3-1 的电路

解：为了计算 r_{be}，需先求 I_{EQ}，根据图 3-17(a)，可知：

$$I_{BQ} = \frac{V_{CC}-U_{BEQ}}{R_b} = \frac{(12-0.7)\text{V}}{260\ \text{k}\Omega} = 43.5\ \mu\text{A}$$

$$I_{EQ} = (1+\beta)I_{BQ} = 61\times43.5\ \mu\text{A} = 2.65\ \text{mA}$$

则

$$r_{be} = r_{bb'} + (1+\beta)\frac{U_T}{I_{EQ}} = 300\ \Omega + (1+60)\frac{26\ \text{mV}}{2.65\ \text{mA}} \approx 0.9\ \text{k}\Omega$$

画出小信号模型电路如图 3-17(b)所示。

$$A_u = -\beta\frac{R_L'}{r_{be}} = -60\times\frac{4.7//4.7}{0.9} = -156.7$$

$$R_I = R_b // r_{be} = 260\ \text{k}\Omega // 0.9\ \text{k}\Omega = \frac{260\times0.9}{260+0.9}\ \text{k}\Omega \approx 0.9\ \text{k}\Omega$$

$$R_O = R_c = 4.7\ \text{k}\Omega$$

3.4 晶体管单级放大电路的其他两种基本形式

由晶体管可以构成共射、共基、共集三种基本组态放大电路，前面已经介绍了共射放大电

路,下面对晶体管单级放大电路的其他两种基本形式加以介绍。

3.4.1 基本共基放大电路

1. 电路组成和静态工作点估算

基本共基放大电路的电路组成如图 3-18(a) 所示,其直流通路如图 3-18(b) 所示,交流通路如图 3-18(c) 所示。从交流通路可见,输入信号由发射极引入,输出信号由集电极引出,而基极是输入回路和输出回路的公共端,所以该电路叫作共基极放大电路。

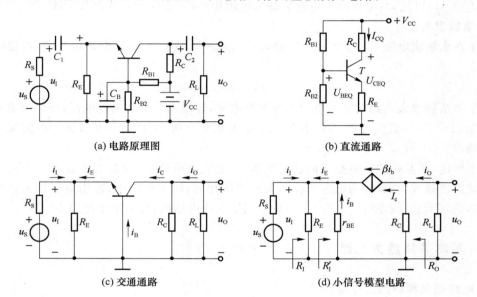

(a) 电路原理图　　(b) 直流通路

(c) 交通通路　　(d) 小信号模型电路

图 3-18　共基极放大电路

由图 3-18(b) 所示的直流通路得出:

$$U_B = \frac{R_{B2}}{R_{B1} + R_{B2}} V_{CC} \tag{3-36}$$

所以,

$$I_{CQ} \approx I_{EQ} = \frac{U_B - U_{BEQ}}{R_E} \tag{3-37}$$

$$I_{BQ} = \frac{I_{CQ}}{\beta} \tag{3-38}$$

$$U_{CEQ} = V_{CC} - I_{CQ}R_C - I_{EQ}R_E \approx V_{CC} - I_{CQ}(R_C + R_E) \tag{3-39}$$

2. 求电压放大倍数

将共基极放大电路交流通路中的晶体管用其低频等效模型取代,即可得如图 3-18(d) 所示共基极放大电路的低频小信号模型电路。由图 3-18(d) 可得共基极放大电路的电压放大倍数为:

$$A_u = \frac{u_O}{u_I} = \frac{-\beta i_b(R_C /\!/ R_L)}{-i_b r_{be}} = \frac{\beta(R_C /\!/ R_L)}{r_{be}} \tag{3-40}$$

可见,共基极放大电路的电压放大倍数为正值,这表明共基极放大电路的输出电压与输入电压同相位,这是与共发射极放大电路的不同之处。

3. 求输入电阻

下面计算共基极放大电路的输入电阻。先计算共基极接法时晶体管的输入电阻 r_{eb}，即从晶体管发射极看进去的等效电阻 R'_I，由图 3-18(d)可得：

$$R'_I = r_{eb} = \frac{u_I}{-i_e} = \frac{-i_b r_{be}}{-(1+\beta)i_b} = \frac{r_{be}}{1+\beta}$$

因此，共基极放大电路的输入电阻为：

$$R_I = \frac{u_I}{i_I} = R_E \,//\, r_{eb} = R_E \,//\, \frac{r_{be}}{1+\beta} \tag{3-41}$$

由式(3-41)可见，共基极放大电路的输入电阻很小，一般仅为几欧至几十欧。

4. 求输出电阻

由于在求输出电阻 R_O 时令 $u_S = 0$，故 $i_b = 0$，$\beta i_b = 0$，受控电流源作开路处理，可得输出电阻为：

$$R_O \approx R_C \tag{3-42}$$

由于共基极放大电路的输入电流为发射极电流，输出电流为集电极电流，所以其电流放大倍数为 $\beta/(1+\beta)$，其值接近于 1，但小于 1，一般为 $0.98 \sim 0.99$，因此共基极放大电路又可称为电流跟随器。

综上所述，共基极放大电路只能放大电压，不能放大电流；电流放大倍数小于 1 而接近于 1，电压放大倍数较大，且输出电压与输入电压相位相同；输入电阻小，输出电阻较大。共基极放大电路的频带宽，频率特性非常好，主要应用于无线电通讯、高频电子电路中。

3.4.2 基本共集放大电路

1. 电路组成和静态工作点估算

图 3-19(a)所示为基本共集放大电路，它的直流通路和交流通路分别如图 3-19(b)、(c)所示。从它的交流通路可见，输入信号由基极引入，输出信号由发射极引出，而集电极是输入回路和输出回路的公共端，所以该电路叫作共集电极放大电路。由于该电路是从发射极输出信号，故又称为射极输出器。

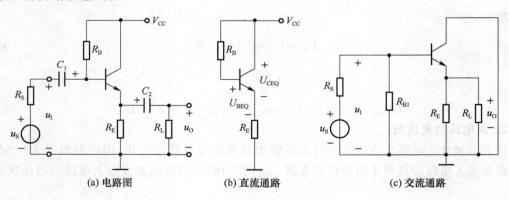

(a) 电路图　　　　　　　(b) 直流通路　　　　　　　(c) 交流通路

图 3-19　共集电极放大电路

根据图 3-19(b)所示的共集电极放大电路的直流通路，可得：

$$V_{CC} = I_{BQ}R_B + U_{BEQ} + (1+\beta)I_{BQ}R_E \tag{3-43}$$

则

$$I_{BQ} = \frac{V_{CC} - V_{BEQ}}{R_B + (1+\beta)R_E} \tag{3-44}$$

$$I_{CQ} = \beta I_{BQ} \tag{3-45}$$

$$U_{CEQ} = V_{CC} - I_{EQ}R_E \approx V_{CC} - I_{CQ}R_{EQ} \tag{3-46}$$

2. 求电压放大倍数

根据图 3-19(c) 所示的交流通路, 画出共集电极放大电路的小信号模型电路如图 3-20 所示。由图 3-20 可得

$$u_I = i_b r_{be} + i_e R_L' = i_b [r_{be} + (1+\beta)R_L']$$

$$u_O = i_e R_L' = (1+\beta)i_b R_L'$$

式中: $R_L' = R_E /\!/ R_L$ 。

所以, 共集电极放大电路的电压放大倍数为:

$$A_u = \frac{u_O}{u_I} = \frac{i_b(1+\beta)R_L'}{i_b[r_{be} + (1+\beta)R_L']} \tag{3-47}$$

$$= \frac{(1+\beta)R_L'}{r_{be} + (1+\beta)R_L'}$$

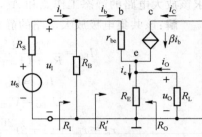

图 3-20　共基放大电路的
小信号模型电路

一般情况下, $(1+\beta)R_L' \gg r_{be}$, 所以 $A_u \approx 1$ (略小于 1),
这表明共集电极放大电路的输出电压和输入电压相位相同、大小近似相等, 即输出电压具有跟随输入电压的特点, 所以共集电极放大电路又称为电压跟随器或射极跟随器。

3. 求输入电阻

由图 3-20 所示的小信号模型电路可得:

$$R_I' = \frac{u_I}{i_b} = \frac{i_b r_{be} + (1+\beta)i_b R_L'}{i_b} = r_{be} + (1+\beta)R_L'$$

故共集电极放大电路的输入电阻为:

$$R_I = R_B /\!/ R_I' = R_B /\!/ [r_{be} + (1+\beta)R_L'] \tag{3-48}$$

式 (3-48) 表明, 共集电极放大电路的输入电阻比较大, 它一般要比共发射极基本放大电路的输入电阻高几十倍到几百倍。

4. 求输出电阻

将图 3-20 中信号源 u_S 短路, 负载 R_L 断开之后接入交流电源 u , 得到计算输出电阻 R_O 的等效电路如图 3-21 所示。由图可得:

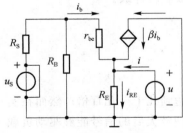

图 3-21　计算共集电路 R_O
的等效电路

$$i = i_{R_E} + i_b + \beta i_b$$

$$= i_{R_E} + (1+\beta)i_b$$

$$= \frac{u}{R_E} + (1+\beta) \cdot \frac{u}{r_{be} + R_S'}$$

式中: $R_S' = R_S /\!/ R_B$

故共集电极放大电路的输出电阻为:

$$R_O = \frac{u}{i} = R_E /\!/ \frac{r_{be} + R'}{1+\beta} \tag{3-49}$$

通常 $R_E \gg \dfrac{r_{be} + R_S'}{1+\beta}$, 所以

$$R_O \approx \frac{r_{be} + R_S'}{1+\beta} = \frac{r_{be} + (R_S /\!/ R_B)}{1+\beta} \tag{3-50}$$

由于信号源内阻 R_S 和三极管输入电阻 r_{be} 都很小,而管子的 β 值一般较大,所以共集电极放大电路的输出电阻比共射极放大电路的输出电阻要小得多,一般在几十欧左右。因此,共集电极放大电路的带负载能力较强。

例 3-2 如图 3-19(a)所示的共集电极放大电路中,已知各元件参数分别为:$V_{CC} = 12$ V,$r_{bb'} = 200\ \Omega$,$R_B = 300$ kΩ,$R_E = R_S = R_L = 1$ kΩ,$\beta = 100$,$U_{BEQ} = 0.7$V。C_1 和 C_2 容值足够大,试求该放大电路的静态工作点和 A_u,R_I,R_O。

解:该共集电极放大电路的静态工作点为:

$$I_{BQ} = \frac{V_{CC} - U_{BEQ}}{R_B + (1+\beta)R_E} = \frac{12 - 0.7}{300 + (1+100) \times 1}\ mA = 28.2\ \mu A$$

$$I_{EQ} \approx I_{CQ} = \beta I_{BQ} = 100 \times 28.2\ \mu A = 2.82\ mA$$

$$U_{CEQ} = V_{CC} - I_{EQ}R_E \approx 12 - 2.82 \times 1 = 9.18(V)$$

$$r_{be} = r_{bb'} + (1+\beta)\frac{26\ mV}{I_{EQ}} = 200\ \Omega + (1+100)\frac{26\ mV}{2.82\ mA} = 1.13\ k\Omega$$

又

$$R_L' = R_E /\!/ R_L = 1\ k\Omega /\!/ 1\ k\Omega = 0.5\ k\Omega$$

可得电压放大倍数为

$$A_u = \frac{(1+\beta)R_L'}{r_{be} + (1+\beta)R_L'} = \frac{(1+100) \times 0.5}{1.13 + (1+100) \times 0.5} = 0.98$$

输入电阻为

$$R_I = R_B /\!/ [r_{be} + (1+\beta)R_L'] = 300 /\!/ [1.13 + (1+100) \times 0.5] = 44.05\ k\Omega$$

输出电阻为

$$R_O \approx \frac{r_{be} + (R_S /\!/ R_B)}{1+\beta} = \frac{1.13 \times 10^3 + (1 /\!/ 300) \times 10^3}{1+100}\ \Omega \approx 21.06\ \Omega$$

综上可见,共集电极放大电路的主要特点是:输入电阻高,传递信号源信号效率高;输出电阻低,带负载能力强;电压放大倍数小于且近似等于 1;输出电压与输入电压同相,具有跟随特性。虽然没有电压放大作用,但是有电流放大作用,因而有功率放大作用。这些特点使它在电子电路中获得了广泛的应用,可作多级放大电路的输入级、输出级和缓冲级。

3.5 多级放大电路

以上讨论的为基本单元放大电路,其电压放大倍数一般只能达到几十~几百倍。然而在实际应用中,放大电路的输入信号通常很微弱(毫伏或微伏级),为了使放大后的信号能够驱动负载工作,仅仅通过单级放大电路进行信号放大,通常很难满足实际电路或系统的要求,因此,实际应用中需要将两级或者两级以上的基本单元电路连接起来组成多级放大电路,如图 3-22 所示。

组成多级放大电路的每一个基本放大电路称为一级,通常把与信号源相连接的第一级放大电路称为多级放大电路的输入级;把与负载相连接的最后一级放大电路称为输出级,把输出级与输入级之间的各级放大电路称为中间级。输入级与中间级又称为前置级,一般属于小信号工作状态,主要进行信号放大;输出级属于大信号放大,以提供足够大的信号驱动负载工作,常采用功率放大电路。

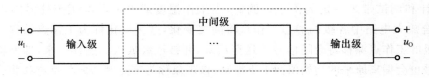

图 3-22　多级放大电路方框图

3.5.1　多级放大电路的耦合方式

多级放大电路级与级之间的连接方式,称为级间耦合,常见的有直接耦合、阻容耦合、变压器耦合以及光电耦合等四种耦合方式,各具特点。下面对阻容耦合和直接耦合加以介绍。

1. 阻容耦合

将多级放大电路的前级输出端通过电容接到后级输入端,称为阻容耦合方式,如图 3-23 所示为两级阻容耦合放大电路,第一级为共射放大电路,第二级为共集放大电路。可以看出,第一级的输出信号是第二级的输入信号,第二级的输入电阻也是第一级的负载。

由于电容对直流量的电抗为无穷大,因而阻容耦合放大电路各级之间的直流通路各不相通,各级的静态工作点相互独立,在求解或实际调试静态工作点时可按单级处理,所以电路的分析、设计和调试简单易行,这是阻容耦合方式的最大优点。而且,只要输入信号频率较高、耦合电容容量又较大,则前级的输出信号就可以几乎没有衰减地传递到后级的输入端,因此,在分立元件电路中,阻容耦合方式得到了非常广泛的应用。

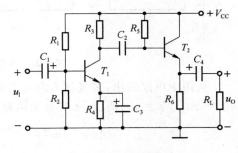

图 3-23　两级阻容耦合放大电路

由于电容对低频信号呈现出很大的容抗,信号的一部分甚至全部都衰减在耦合电容上,而根本不向后级传递,所以阻容耦合放大电路的低频特性差,不适合放大直流及变化缓慢的信号。另外,由于在集成电路中制造大容量电容非常困难,甚至不可能实现,所以阻容耦合方式不便于集成化。

2. 直接耦合

将多级放大电路前一级的输出端直接连接到后一级的输入端,称为直接耦合,如图 3-24 所示为两级直接耦合放大电路。图中所示电路省去了第二级的基极偏置电阻,而使 R_{C1} 既作为第一级的集电极负载电阻,又作为第二级的基极偏置电阻,只要 R_{C1} 的取值合适,就可以为 T_2 管提供合适的基极电流。

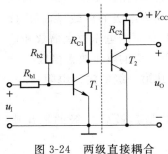

图 3-24　两级直接耦合
放大电路

直接耦合可省去级间耦合元件,信号传输的损耗很小,它不仅能放大交流信号,而且还能放大变化十分缓慢的信号,即具有良好的低频特性,这是直接耦合的突出优点。并且由于电路中没有大容量电容,所以易于将全部电路集成在一块硅片上,构成集成放大电路。目前,直接耦合方式在集成放大电路中的使用越来越广泛。

由于采用直接耦合方式使得各级之间的直流通路相连,因而各级的静态工作点不能独立,而会相互影响,当某一级的静态工作点发生变化时,其前级、后级也将受到影响,这样就给电路的分析、设计和调试带来一定的困难。例如,当工作温度或者电源电压等外界因素发生变化时,直接耦合放大电路中各级的静态工作点将随之变化,这种变化称为工作点漂移。值得注意的是,第一级的工作点漂移将会随信号传送至后级,并被逐级放大。这样一来,即使输入信号为零,输出信号也会偏离原来的初始值而上下波动,该现象称为零点漂移。零点漂移将会造成有用信号的失真,严重时有用信号将会被零点漂移所"淹没",致使人们无法辨别输出端的有用信号。

关于直接耦合放大电路的零点漂移现象以及为克服零点漂移现象而采用的差分放大电路,将在本书第 6 章中讲述。

3.5.2 多级放大电路的动态特性

如图 3-25 所示为一个 n 级放大电路的交流通路的方框图。

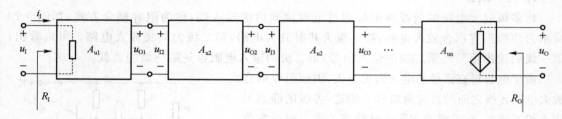

图 3-25 多级放大电路的交流通路方框图

从图中可以看出,多级放大电路前级的输出电压就是后级的输入电压,即 $u_{O1}＝u_{I2}$、$u_{O2}＝u_{I3}$、$\cdots$、$u_{O(n-1)}＝u_{in}$,所以,多级放大电路的电压放大倍数为:

$$A_u＝\frac{u_O}{u_I}＝\frac{u_{O1}}{u_I}\cdot\frac{u_{O2}}{u_{I2}}\cdot\cdots\cdot\frac{u_O}{u_{in}}＝A_{u1}\cdot A_{u2}\cdot\cdots\cdot A_{un} \tag{3-51}$$

式(3-51)表明,多级放大电路总的电压放大倍数等于组成它的各级放大电路电压放大倍数的乘积。对于第一级到第$(n-1)$级,每一级的放大倍数均应该是以后级输入电阻作为负载电阻时的放大倍数。在计算单级放大倍数时,一般采用以下两种方法:第一,在计算某一级电路的电压放大倍数时,首先计算下一级放大电路的输入电阻,将这一电阻视为本级的负载,然后再按单级放大电路的计算方法计算放大倍数;第二,先计算前一级在负载开路时的电压放大倍数和输出电阻,然后将它作为有内阻的信号源接到下一级的输入端,再计算下一级的电压放大倍数。

根据放大电路输入电阻的定义,多级放大电路的输入电阻就是其第一级的输入电阻,即:

$$R_I＝R_{I1} \tag{3-52}$$

根据放大电路输出电阻的定义,多级放大电路的输出电阻就是其最后一级的输出电阻,即:

$$R_O＝R_{on} \tag{3-53}$$

应当注意,当输入级(即第一级)为共集放大电路时,其输入电阻与其负载,即第二级的输入电阻有关;而当输出级(即最后一级)为共集放大电路时,它的输出电阻与其信号源内阻,即倒数第二级的输出电阻有关。

例 3-3 如图 3-26(a)所示的两级阻容耦合放大电路,已知($\beta_1＝60$,($\beta_2＝100$,$r_{be1}＝2\ \text{k}\Omega$,$r_{be2}＝2.2\ \text{k}\Omega$。求放大电路的 A_u,R_i,R_O。

解:画出图 3-26(a)所示电路的小信号模型电路如图 3-26(b)、(c)所示,其中图 3-26(b)中的负载电阻 R_{I2} 即为后级放大电路的输入电阻,图 3-26(b)中第一级放大电路的输出电压 u_{O1}

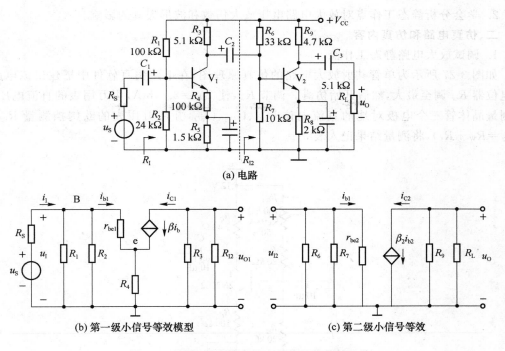

(a) 电路

(b) 第一级小信号等效模型　　　(c) 第二级小信号等效

图 3-26　两级阻容耦合放大电路及其等效电路

即为图 3-26(c) 中第二级放大电路的输入电压 u_{I2}。设第一级、第二级的电压放大倍数分别为 A_{u1} 和 A_{u2}，则有：

$$R_{I2} = R_6 /\!/ R_7 /\!/ r_{be2} = 33 /\!/ 10 /\!/ 2.2 \approx 1.7 \text{ k}\Omega$$

第一级电压放大倍数为：

$$A_{u1} = \frac{-\beta_1(R_3 /\!/ R_{I2})}{r_{be1} + (1+\beta_1)R_4} = \frac{-60 \times (5.1 /\!/ 1.7)}{2 + 61 \times 0.1} \approx -9.4$$

第二级电压放大倍数为：

$$A_{u2} = \frac{-\beta_2(R_9 /\!/ R_L)}{r_{be2}} = \frac{-100 \times (4.7 /\!/ 5.1)}{2.2} \approx -111.2$$

两级放大电路总的电压放大倍数为

$$A_u = A_{u1} \cdot A_{u2} = (-9.4) \times (-111.2) = 1\,045.28$$

两级放大电路的输入电阻等于第一级的输入电阻，即

$$R_I = R_{I1} = R_1 /\!/ R_2 /\!/ [r_{be1} + (1+\beta_1)R_4] \approx 5.7 \text{ k}\Omega$$

两级放大电路的输出电阻等于第二级的输出电阻，即

$$R_O = R_9 = 4.7 \text{ k}\Omega$$

仿 真 实 训

仿真实训 1　静态工作点对放大电路的影响

一、实训目的

1. 掌握放大电路静态工作点的测量方法；

2．学会分析静态工作点对放大电路电压放大倍数和波形失真的影响。

二、仿真电路和仿真内容

1．调试放大电路静态工作点

如图 3-27 所示为单管共射放大电路的仿真原理图，在电路仿真软件中搭建出该电路，并将电位器 R_w 调至最大，然后开始仿真。调节 R_w，使 $I_{CQ} = 2.0\,mA$，用万用表的直流电压挡分别测量晶体管三个电极对地的直流电位 U_{BQ}、U_{CQ}、U_{EQ}，并用万用表的欧姆挡测量 R_{B2} 的值（$R_{B2} = R_w + R_1$），将测量结果记入表 3-1。

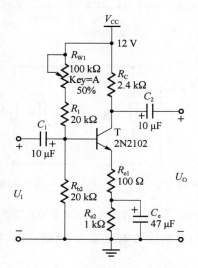

图 3-27　共射放大电路仿真原理图

表 3-1　静态工作点测量数据（$I_{CQ} = 2.0\,mA$）

测　量　值				计　算　值		
U_{BQ}	U_{CQ}	U_{EQ}	R_{B2}	U_{BEQ}	U_{CEQ}	I_{CQ}

2．观察静态工作点对电压放大倍数的影响

在放大电路的输入端加入频率为 $1\,kHz$、有效值为 $10\,mV$ 的正弦信号，用示波器观察放大电路的输出电压 u_O 的波形，在输出电压 u_O 波形不失真的情况下，测量几组 I_{CQ} 和 u_O 值，记入表 3-2 中。测量方法如图 3-28 所示。注意：测量 I_{CQ} 时，要先将信号源输出信号幅度设置为 0，即令 $u_I = 0$。

表 3-2　静态工作点对电压放大倍数的影响（$U_I = 10\,mV$、$R_L = \infty$）

序号	I_{CQ}	U_O	A_u
1			
2			
3			
4			
5			

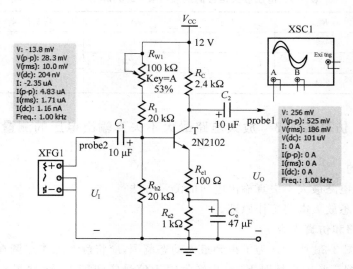

图 3-28　观察 Q 点对 A_u 影响的测量方法

3．观察静态工作点对输出波形失真的影响

令输入信号 $u_I = 0$，调节 R_w，使 $I_{CQ} = 2.0$ mA，测量 U_{CEQ} 的值。再逐步加大输入信号 u_I，使得输出电压 u_O 足够大但不失真，然后保持输入信号不变，分别增大和减小 R_w，使输出电压的波形出现失真，绘出 u_O 的波形，并测出失真情况下的 I_{CQ} 和 U_{CEQ} 值，记入表 3-3 中。每次测 I_{CQ} 和 U_{CEQ} 值时都要将输入信号 u_I 设置为 0。

表 3-3　静态工作点对输出波形失真的影响(U_I＝mV、R_L＝∞)

I_{CQ}	U_{CEQ}	u_O 波形	失真情况	晶体管工作状态
2.0 mA				

仿真实训 2　放大电路电压放大倍数的测量

一、实训目的

1．掌握放大电路电压放大倍数的测量方法；

2．会使用常用虚拟仪器。

二、仿真电路和仿真内容

仿真电路如图 3-28 所示，按照前面讲述的方法先调适好静态工作点，使得 $I_{CQ} = 2.0$ mA。在放大电路的输入端加入频率为 1 kHz、有效值为 10 mV 的正弦信号，用示波器观察放大电路的输出电压 u_O 的波形，在输出电压 u_O 波形不失真的情况下，测量下述三种情况下的 U_O 值，并用双踪示波器观察 u_O 和 u_I 的相位关系，记入表 3-4 中。

表 3-4 电压放大倍数的测量($I_{CQ} = 2.0\ \text{mA}, U_I = 10\ \text{mV}$)

R_C	R_L	U_O	A_u	观察记录一组 u_O 和 u_I 波形
2.4	∞			
1.2	∞			
2.4	2.4			

仿真实训 3　放大电路最大不失真输出电压的测量

一、实训目的

1. 掌握放大电路最大不失真输出电压的测量方法；
2. 进一步熟悉放大电路工作原理。

二、仿真电路和仿真内容

仿真电路如图 3-28 所示。为了得到最大动态范围，应将静态工作点调在交流负载线的中点。为此在放大器正常工作情况下，逐步增大输入信号的幅度，并同时调节 R_W（改变静态工作点），用示波器观察 u_O，当输出波形同时出现削底和缩顶现象时，说明静态工作点已调在交流负载线的中点。然后反复调整输入信号，使波形输出幅度最大，且无明显失真时，用交流毫伏表测出 U_O（有效值），或用示波器直接读出 U_{opp} 来，测量数据记入表 3-5 中。

表 3-5 放大电路最大不失真输出电压的测量

I_{CQ}	U_{im}	U_{om}	U_{opp}

小　　结

本章主要介绍了晶体管放大电路的基本知识。

1. 用来对电信号进行放大的电路称为放大电路，它是使用最广泛的电子电路，也是构成其他电子电路的基本单元电路。

放大电路的基本性能指标有：放大倍数、输入电阻、输出电阻、最大不失真输出幅值、非线性失真和线性失真以及最大输出功率和效率等。对于低频小信号电压放大电路来说，主要讨论电压放大倍数、输出电阻和输入电阻等性能指标。

输入电阻越大，从信号源获得的电压信号幅度越大；输出电阻越小，电路的带负载能力越强。

2. 晶体管基本放大电路有三种组态：共射极电路、共集电极电路和共基极电路。晶体管工作在放大状态的条件是发射结正偏，集电结反偏。在放大状态，晶体管具有放大（或受控）特性，即 $i_C = \beta i_b$；同时具有恒流的特点，当基极电流一定时，集电极电流不变，和 u_{CE} 基本无关。

3. 放大电路的分析步骤分两步：静态（直流）分析和动态（交流）分析。静态分析的主要目的是为了确定晶体管的静态工作点，以保证晶体管工作在合适的放大区域，不会产生饱和失真和截止失真；动态分析的主要目的是为了确定放大电路的主要性能指标。

静态分析方法有图解法和估算法，根据具体的情况，可以选择适当的方法分析管子的静态工作点。

　　动态分析的方法也有图解法和估算法(微变等效电路分析法)。动态图解法比较适用于大信号的工作情况,是在晶体管非线性的特性曲线上进行分析的。微变等效电路分析法适用于小信号工作情况,是把晶体管在小信号的小工作范围内近似看成线性器件,利用管子的线性模型代替非线性元器件来对电路进行分析和近似计算。利用微变等效电路分析法,可以方便地计算放大器的放大倍数、输入电阻和输出电阻等指标。

　　4. 多级放大电路的级间耦合方式主要有阻容耦合和直接耦合。对于分立元件的多级放大电路,只要信号频率不是太低,一般采用阻容耦合方式。对于集成运放,只能采用直接耦合方式。直接耦合的电路的特点是没有大电容,既可放大交流信号,又可放大直流信号,更重要的是便于集成化。但直接耦合由于各级的 Q 点互相影响,温漂比较大,必需采取措施减小温漂。

　　5. 放大电路的调整与测试主要是进行静态调试和动态调试。静态调试一般采用万用表直流电压挡测量放大电路的直流工作点。动态调试的目的是为了使放大电路的增益、输出电压动态范围、失真、输入和输出电阻等指标达到要求。通过共发射极放大电路的调整测试技能训练,应掌握放大电路调整与测试的基本方法,提高独立分析和解决问题的能力。

习　　题

　　3.1　放大电路如图 T3.1 所示,电流电压均为正弦波,已知 $R_S=600\ \Omega$,$U_S=30\ \text{mV}$,$U_I=20\ \text{mV}$,$R_L=1\ \text{k}\Omega$,$U_O=1.2\ \text{V}$。求该电路的电压、电流、功率放大倍数及其增益和输入电阻 R_I;当 R_L 开路时,测得 $U_O=1.8\ \text{V}$,求输出电阻 R_O。

图 T3.1

　　3.2　放大电路图 T3.2 所示,已知三极管 $\beta=100$,$r_{bb'}=200\ \Omega$,$U_{BEQ}=0.7\ \text{V}$,试①计算静态工作点 I_{CQ}、U_{CEQ}、I_{BQ};②画出微变等效电路,求 A_u、R_I、R_O;③求源电压增益 A_{us}。

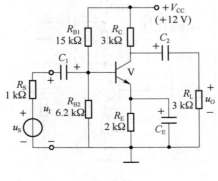

图 T3.2

3.3 设图 T3.3 所示各电路的静态工作点均合适,分别画出它们的交流等效电路,并写出 A_u、R_I 和 R_O 的表达式。

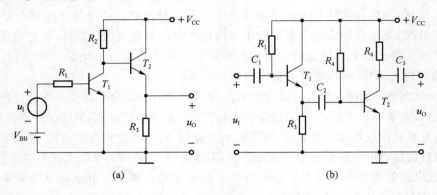

图 T3.3

3.4 画出图 T3.4 所示各电路的直流通路和交流通路。设所有电容对交流信号均可视为短路。

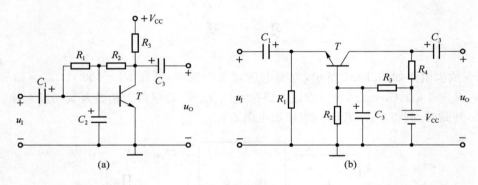

图 T3.4

3.5 放大电路如图 T3.5 所示,已知三极管的 $\beta=50$,$r_{bb'}=200\ \Omega$,$U_{BEQ}=0.7\ V$,各电容对交流均可视为短路。试:①画出直流通路,求静态工作点 I_{BQ}、I_{CQ}、U_{CEQ};②画出交流通路和微变等效电路,求 A_u、R_I 和 R_O。

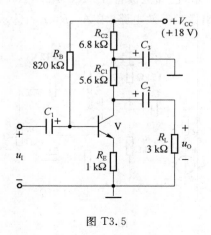

图 T3.5

3.6 放大电路如图 T3.6 所示,已知 $U_{BEQ}=0.7$ V,$\beta=50$,$r_{bb'}=200$ Ω。试:①求静态工作点 I_{BQ}、I_{CQ}、U_{CEQ};②画出交流通路及微变等效电路,求 A_u、R_I 和 R_O。

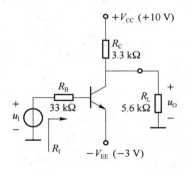

图 T3.6

3.7 共集电极放大电路如图 T3.7 所示,已知 $\beta=100$,$r_{bb'}=200$ Ω,$U_{BEQ}=0.7$ V。试:①估算静态工作点 I_{CQ}、U_{CEQ};②求电压放大倍数 A_u、输入电阻 R_I 和输出电阻 R_O。

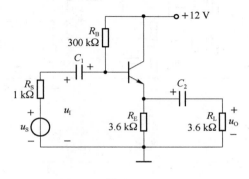

图 T3.7

3.8 一信号源 $R_S=10$ kΩ,$U_S=1$ V,负载 $R_L=1$ kΩ,当 R_L 与信号源直接相接,如图 T3.8(a)所示,和经射极输出器与信号源相接,如图 T3.8(b)所示,所获得输出电压的大小有无区别?分析计算结果。说明射极输出器的作用。

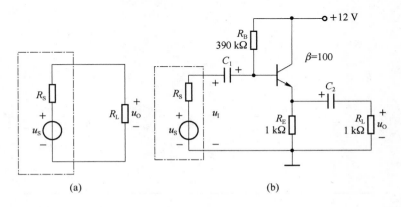

(a)   (b)

图 T3.8

3.9 在 NPN 单管共射放大电路中输入正弦交流电压,并用示波器测量观察输出端 U_O 的波形,若出现图 T3.9 所示的失真波形,试分别指出各属于什么失真? 可能是什么原因造成的,应如何调整参数以改善波形?

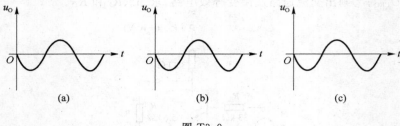

图 T3.9

3.10 两级阻容耦合放大电路如图 T3.10 所示,设三极管 V_1、V_2 的参数相同,$\beta=100$,r_{be} $=1\,k\Omega$,信号源电压 $U_S=10\,mV$,试求输出电压 U_O 为多大?

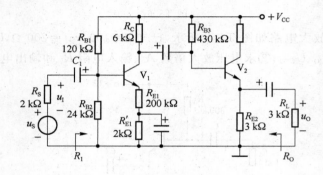

图 T3.10

第4章 场效应管及其放大电路

教学目标与要求：

- 掌握单极型半导体三极管的外特性；共源、共漏放大电路的工作原理、静态工作点估算及用简化小信号模型电路分析电压放大倍数、输入电阻和输出电阻。
- 熟悉单极型半导体三极管的主要参数及使用方法；共源、共漏放大电路的主要特点和用途。
- 了解单极型半导体三极管的工作原理。

4.1 场 效 应 管

场效应管是一种由输入电压控制输出电流的半导体器件，是一种电压控制器件。场效应管输入回路的内阻非常大，一般可高达 $10^8 \sim 10^{15}$ Ω，此外，场效应管还具有噪声低、热稳定性好、抗辐射能力强、制造工艺简单、便于大规模集成等优点，在各种电子电路，尤其是在集成电路中已得到广泛应用。

场效应管又叫单极型三极管，因为它是只有一种载流子（多数载流子）参与导电的半导体器件。根据参与导电的载流子不同，场效应管有 N 沟道（自由电子参与导电）和 P 沟道（空穴参与导电）之分；根据结构的不同，场效应管分为结型场效应管 JFET(Junction type Field Effect Transistor)和绝缘栅型场效应管 IGFET(Insulated Gate Field Effect Transistor)两大类。IGFET 也称金属-氧化物-半导体三极管 MOSFET(Metal Oxide Semi-conductor FET)。结型场效应管和 MOS 场效应管都有 N 沟道和 P 沟道之分，MOS 场效应管还有增强型和耗尽型之分，所以场效应管共有六种类型。

4.1.1 结型场效应管

1. 结型场效应管的结构

结型场效应管有 N 沟道结型场效应管和 P 沟道结型场效应管两种类型。N 沟道结型场效应管的结构示意图如图 4-1(a)所示，图 4-1(b)是 N 沟道结型场效应管的电路符号，箭头的方向总是从 P 区指向 N 区。N 沟道结型场效应管是在同一块 N 型半导体上制作两个高掺杂的 P 区，并将这两个高掺杂的 P 区连接在一起，所引出的电极称为栅极 G，N 型半导体的两端分别引出两个电极，一个称为漏极 D，一个称为源极 S。P 区与 N 区交界面形成耗尽层，漏极与源极之间的非耗尽层区域(N 区)是载流子从源极流向漏极的通道,称为导电沟道。

P 沟道结型场效应管的结构示意图如图 4-2(a)所示,它与 N 沟道结型场效应管有对偶的结构型式:导电沟道是 P 区,栅极与 N⁺ 区相连。图 4-2(b)是 P 沟道结型场效应管的电路符号。

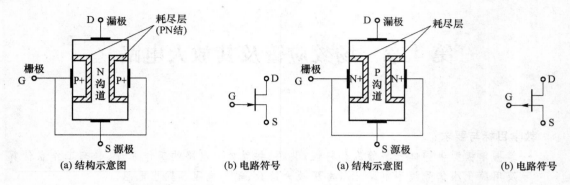

图 4-1　N 沟道结型场效应管的结构和符号　　　　图 4-2　P 沟道结型场效应管的结构和符号

2. 结型场效应管的工作原理

根据结型场效应三极管的结构,因为它没有绝缘层,只能工作在反偏的条件下,对于 N 沟道结型场效应三极管只能工作在负栅压区,P 沟道的只能工作在正栅压区,否则将会出现栅流。现以 N 沟道为例说明其工作原理。

(1) 当 $u_{DS}=0$ 时,u_{GS} 对导电沟道的控制作用

当 $u_{DS}=0$,且 $u_{GS}=0$ 时,耗尽层很窄,导电沟道很宽,沟道电阻小,如图 4-3(a)所示。

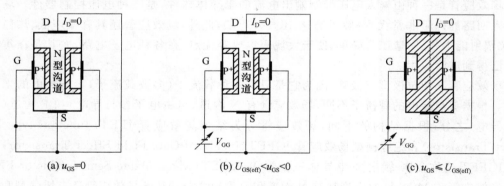

图 4-3　u_{GS} 对导电沟道的控制作用

当 $u_{GS}<0$ 时,PN 结反偏,随着 $|u_{GS}|$ 增大,耗尽层加宽,导电沟道变窄,沟道电阻增大,如图 4-3(b)所示。

当 $|u_{GS}|$ 增大到某一数值时,耗尽层闭合,导电沟道消失,如图 4-3(c)所示。此时的沟道电阻趋于无穷大,称此时 u_{GS} 的值为夹断电压 $U_{GS(off)}$。

(2) 当 u_{GS} 为 $U_{GS(off)} \sim 0$ 之间某一固定值时,u_{DS} 对漏极电流 i_D 的影响

当 u_{GS} 为 $U_{GS(off)} \sim 0$ 之间某一固定值时,若 $u_{DS}=0$,则虽然存在由 u_{GS} 所确定的一定宽度的导电沟道,但是由于 D-S 间电压为零,多子不会产生定向移动,因而,此时漏极电流 $i_D=0$。

如果 $u_{DS}>0$,则有电流 i_D 从漏极流向源极,从而使得导电沟道中各点与栅极之间的电压不再相等,而是沿着导电沟道从源极到漏极逐渐增大,造成靠近漏极一边的耗尽层比靠近源极

一边的宽,即靠近漏极一边的导电沟道比靠近源极一边的窄,如图 4-4(a)所示。因为 $u_{GD}=u_{GS}-u_{DS}$,所以当 u_{DS} 从零逐渐增大时,u_{GD} 会逐渐减小,靠近漏极一边的导电沟道必然随之变窄。但是,只要 G-D 间不出现夹断区域,沟道电阻仍将基本上取决于 u_{GS},因此,漏极电流 i_D 将随着 u_{DS} 的增大而线性增大,D-S 间呈现电阻特性。

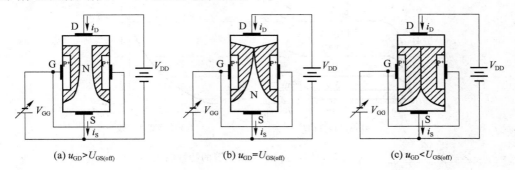

(a) $u_{GD}>U_{GS(off)}$　　　　(b) $u_{GD}=U_{GS(off)}$　　　　(c) $u_{GD}<U_{GS(off)}$

图 4-4　$U_{GS(off)}<u_{GS}<0$ 且 $u_{DS}>0$ 时的情况

一旦 u_{DS} 的增大使得 $u_{GD}=U_{GS(off)}$,则漏极一边的耗尽层就会出现夹断区,如图 4-4(b)所示,$u_{GD}=U_{GS(off)}$ 时的这种情况称为预夹断。

若 u_{DS} 继续增大,则 $u_{GD}<U_{GS(off)}$,耗尽层闭合部分将沿沟道方向延伸,即夹断区加长,如图 4-4(c)所示。这时,一方面自由电子从漏极向源极定向移动所受阻力加大,从而导致漏极电流 i_D 减小;另一方面,随着 u_{DS} 的增大,使得 D-S 间的纵向电场增强,则必然导致 i_D 增大。实际上,上述 i_D 的两种变化趋势相互抵消,使得 u_{DS} 的增大几乎全部用于克服夹断区对 i_D 形成的阻力。因此,从外部看,在 $u_{GD}<U_{GS(off)}$ 的情况下,当 u_{DS} 增大时,漏极电流 i_D 基本保持不变,即 i_D 几乎仅仅取决于 u_{GS},呈现出 i_D 的恒流特性。

（3）当 $u_{GD}<U_{GS(off)}$ 时,u_{GS} 对 i_D 的控制作用

在 $u_{GD}=u_{GS}-u_{DS}<U_{GS(off)}$,即 $u_{DS}>u_{GS}-U_{GS(off)}$ 的情况下,当 u_{DS} 为一常量时,对应于确定的 u_{GS},就有确定的 i_D。此时,可以通过改变 u_{GS} 来控制 i_D 的大小。由于漏极电流 i_D 受 G-S 电压 u_{GS} 的控制,所以称场效应管为电压控制元件。与晶体三极管用电流放大系数 $\beta(=\Delta i_C/\Delta i_B)$ 来描述动态情况下基极电流对集电极电流的控制作用相类似,场效应管用参数 g_m 来描述动态情况下 G-S 电压 u_{GS} 对漏极电流 i_D 的控制作用,g_m 称为低频跨导。

$$g_m=\frac{\Delta i_D}{\Delta u_{GS}} \tag{4-1}$$

由以上分析可知:

（1）在 $u_{GD}=u_{GS}-u_{DS}>U_{GS(off)}$ 的情况下,即当 $u_{DS}<u_{GS}-U_{GS(off)}$ 时,G-D 间没有出现预夹断,对应于不同的 u_{GS},D-S 间可等效成不同阻值的电阻。

（2）在 $u_{GD}=u_{GS}-u_{DS}=U_{GS(off)}$ 的情况下,即当 $u_{DS}=u_{GS}-U_{GS(off)}$ 时,G-D 间出现预夹断。

（3）在 $u_{GD}=u_{GS}-u_{DS}<U_{GS(off)}$ 的情况下,即当 $u_{DS}>u_{GS}-U_{GS(off)}$ 时,i_D 几乎仅仅取决于 u_{GS},而与 u_{DS} 无关。此时可把 i_D 视为受 u_{GS} 控制的电流源。

3. 结型场效应管的特性曲线

结型场效应管的输出特性曲线描述当 G-S 电压 u_{GS} 为一常量时,漏极电流 i_D 与 D-S 电压 u_{DS} 之间的函数关系,即

$$i_D=f(u_{DS})\big|_{u_{GS}=常数} \tag{4-2}$$

对应于一个 u_{GS}，就有一条输出特性曲线，因此，输出特性曲线为一簇曲线，如图 4-5(a) 所示。

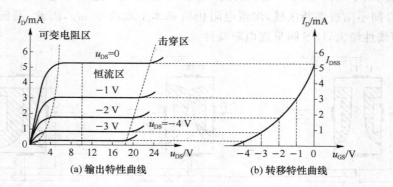

图 4-5　N 沟道结型场效应管的特性曲线

从输出特性曲线可以看出，场效应管有三个工作区域。

（1）可变电阻区

图 4-5(a) 中左边的虚线为预夹断轨迹，它是由各条曲线上使 $u_{DS} = u_{GS} - U_{GS(off)}$，即 $u_{GD} = U_{GS(off)}$ 的点连接而成。u_{GS} 越大，预夹断时的 u_{DS} 值也越大。预夹断轨迹的左边区域称为可变电阻区，该区域中的曲线近似为不同斜率的直线。当 u_{GS} 确定时，直线的斜率也唯一确定，直线斜率的倒数即为 D-S 间的等效电阻。因而在此区域中，可以通过改变 u_{GS} 的大小，即通过压控的方式来改变 D-S 电阻的阻值，故称之为可变电阻。可变电阻也称非饱和区。

（2）恒流区

图 4-5(a) 中预夹断轨迹的右边区域即为恒流区。当 $u_{DS} > u_{GS} - U_{GS(off)}$，即 $u_{GD} < U_{GS(off)}$ 时，各条输出特性曲线近似为一组横轴的平行线，当 u_{DS} 增大时，i_D 几乎不变，仅略有增大。因而在此区域中，可将 i_D 近似为受 u_{GS} 控制的电流源，故称该区域为恒流源。恒流区也称饱和区，利用场效应管作放大管时，应使其工作在恒流区。

（3）夹断区

当 $u_{GS} < U_{GS(off)}$ 时，导电沟道被夹断，$i_D \approx 0$，图 4-5(a) 中靠近横轴的部分，称为夹断区，也称截止区。一般将使 i_D 等于某一个很小电流（如几微安）时的 u_{GS} 定义为夹断电压 $U_{GS(off)}$。

另外，当 u_{DS} 增大到一定程度时，漏极电流 i_D 会急剧增大，管子将被击穿。由于这种击穿是由于 G-D 间耗尽层破坏而造成的，因而若 G-D 击穿电压为 $U_{(BR)GD}$，则 D-S 击穿电压 $U_{(BR)DS} = u_{GS} - U_{(BR)GD}$，所以当 u_{GS} 增大时，D-S 击穿电压将增大，如图 4-5(a) 中右边虚线所示。

转移特性曲线描述当 D-S 电压 u_{DS} 为一常量时，漏极电流 i_D 与 G-S 电压 u_{GS} 之间的函数关系，即

$$i_D = f(u_{GS})\big|_{u_{DS}=常数} \qquad (4\text{-}3)$$

当场效应管工作在恒流区时，由于输出特性曲线可近似为横轴的一组平行线，所以可以用一条转移特性曲线代替输出特性曲线中恒流区的所有曲线。在输出特性曲线的恒流区中，做横轴的垂线，读出垂线与各曲线交点的坐标值，建立 u_{GS}、i_D 坐标系，连接各点所得到的曲线就是转移特性曲线，如图 4-5(b) 所示。可见，转移特性曲线与输出特性曲线之间有着严格的对应关系。

恒流区中，i_D 的近似表达式为：

$$i_D = I_{DSS}(1 - \frac{u_{GS}}{U_{GS(off)}})^2 \qquad (U_{GS(off)} < u_{GS} < 0) \tag{4-4}$$

式(4-4)中，I_{DSS} 为饱和漏极电流，当管子工作在恒流区，且 $u_{GS}=0$ 时，对应的漏极电流 i_D。

应当指出，为保证结型场效应管 G-S 间的耗尽层加反向电压，对于 N 沟道结型场效应管，$u_{GS} \leq 0$；对于 P 沟道结型场效应管，$u_{GS} \geq 0$。

4.1.2　绝缘栅型场效应管

绝缘栅型场效应管的栅极与源极、栅极与漏极之间均采用 SiO_2 绝缘层隔离，因此而得名。又因栅极为金属铝，故又称为 MOS 管。它的 G-S 间电阻比结型场效应管大得多，可达 10^{10} Ω 以上，还因为它比结型场效应管的温度稳定性好、集成化时工艺简单，而广泛用于大规模和超大规模及集成电路之中。

与结型场效应管相同，MOS 管也有 N 沟道和 P 沟道两类，每一类又分为增强型和耗尽型两种，因此，MOS 管的四种类型分别为：N 沟道增强型 MOS 管、P 沟道增强型 MOS 管、N 沟道耗尽型 MOS 管、P 沟道耗尽型 MOS 管。凡是 u_{GS} 为零时，i_D 也为零的管子，均属于增强型管；凡是 u_{GS} 为零时，i_D 不为零的管子，均属于耗尽型管。下面讨论 MOS 管的工作原理和特性。

1. N 沟道增强型 MOS 管

（1）N 沟道增强型 MOS 管的结构和工作原理

N 沟道增强型 MOSFET 的结构示意图和电路符号如图 4-6 所示。电极 D(Drain) 称为漏极，G(Gate) 称为栅极，S(Source) 称为源极。

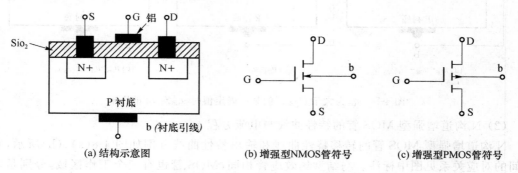

(a) 结构示意图　　　　　　　(b) 增强型NMOS管符号　　　　(c) 增强型PMOS管符号

图 4-6　增强型 MOS 管的结构示意图和电路符号

图 4-6(a) 是 N 沟道增强型 MOS 管的结构示意图。用一块 P 型半导体为衬底，在衬底上面的左、右两边制成两个高掺杂浓度的 N 型区，用 N^+ 表示，在这两个 N^+ 区各引出一个电极，分别称为源极 S 和漏极 D，管子的衬底也引出一个电极称为衬底引线 b，管子在工作时 b 通常与 S 相连接。在这两个 N^+ 区之间的 P 型半导体表面做出一层很薄的 SiO_2 绝缘层，再在绝缘层上面喷一层金属铝电极，称为栅极 G。图 4-6(b) 是 N 沟增强型 MOS 管的电路符号。

P 沟道增强型 MOS 管是以 N 型半导体为衬底，再制作两个高掺杂浓度的 P^+ 区做源极 S 和漏极 D，其电路符号如图 4-6(c) 所示，符号中的箭头规定是由 P 区指向 N 区，衬底 b 的箭头方向是区别 N 沟道和 P 沟道的标志。

当 $u_{GS}=0$ 时，D-S 之间是两只背向的 PN 结，不存在导电沟道，因此，即使在 D-S 之间加上电压,也不会有漏极电流。

当 $u_{DS}=0$ 且 $u_{GS}>0$ 时,由于 SiO_2 绝缘层的存在,栅极电流为零。但是栅极金属层将聚集正电荷,它们排斥 P 型衬底靠近 SiO_2 一侧的空穴,使之剩下不能移动的负离子区,形成耗尽层。当 u_{GS} 增大时,一方面耗尽层增宽,另一方面将衬底的自由电子吸引到耗尽层与 SiO_2 绝缘层之间,形成一个 N 型薄层,称为反型层。这个反型层就是 D-S 之间的导电沟道。使导电沟道刚刚形成的 G-S 电压称为开启电压,用 $U_{GS(th)}$ 表示。u_{GS} 越大,则反型层会越宽,导电沟道电阻越小。

当 u_{GS} 是大于 $U_{GS(th)}$ 的一个确定值时,若在 D-S 之间加正向电压,则将产生一定的漏极电流。此时,u_{DS} 的变化对导电沟道的影响与结型场效应管相似。即当 u_{DS} 较小时,u_{DS} 的增大使得 i_D 线性增大,沟道沿 S-D 方向逐渐变窄,如图 4-7(a)所示。一旦 u_{DS} 增大到使 $u_{GD}=U_{GS(th)}$,即 $u_{DS}=u_{GS}-U_{GS(th)}$ 时,导电沟道在漏极一侧就会出现夹断点,称为预夹断,如图 4-7(b)所示。如果 u_{DS} 继续增大,即 $u_{DS}>u_{GS}-U_{GS(th)}$,夹断区会随之延长,如图 4-7(c)所示,这时,u_{DS} 的增大部分几乎全部用于克服夹断区对漏极电流的阻力。从外部看,i_D 几乎不因 u_{DS} 的增大而变化,管子进入恒流区,i_D 几乎仅决定于 u_{GS},可将 i_D 视为受电压 u_{GS} 控制的电流源。

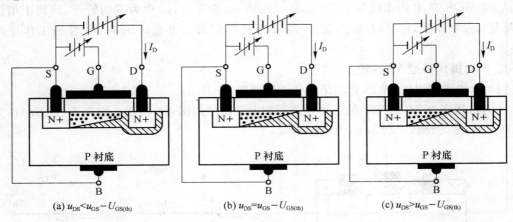

(a) $u_{DS}<u_{GS}-U_{GS(th)}$　　　　(b) $u_{DS}=u_{GS}-U_{GS(th)}$　　　　(c) $u_{DS}>u_{GS}-U_{GS(th)}$

图 4-7　u_{GS} 为大于 $U_{GS(off)}$ 的某一确定值时 u_{DS} 对 i_D 的影响

(2) N 沟道增强型 MOS 管的特性曲线与电流方程

N 沟道增强型 MOS 管的转移特性曲线和输出特性曲线分别如图 4-8(a)、(b)所示,它们之间的对应关系见图中标注。与结型场效应管相同,MOS 管也有三个工作区域,分别是可变电阻区、恒流区和夹断区。

由于 u_{DS} 对 i_D 的影响很小,所以不同的 u_{DS} 所对应的转移特性曲线基本上是重合在一起的,这时 i_D 可以近似地表示为:

$$i_D = I_{DO}\left(\frac{u_{GS}}{U_{GS(th)}}-1\right)^2 \tag{4-5}$$

其中,I_{DO} 是 $u_{GS}=2U_{GS(th)}$ 时的值 i_D。

2. N 沟道耗尽型 MOS 管

N 沟道耗尽型 MOS 管的结构示意图和电路符号分别如图 4-9(a)、(b)所示。它是在栅极下方的 SiO_2 绝缘层中掺入了大量的金属正离子。所以当 $u_{GS}=0$ 时,这些正离子已经感应出反型层,形成了导电沟道。于是,只要有 D-S 电压,就会有漏极电流存在。当 $u_{GS}>0$ 时,将使 i_D 进一步增加。$u_{GS}<0$ 时,随着 u_{GS} 的减小漏极电流 i_D 逐渐减小,直至 $i_D=0$。$i_D=0$ 时的 u_{GS}

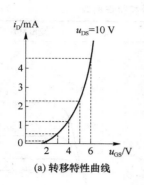
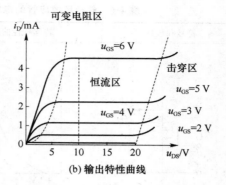

(a) 转移特性曲线　　　　　(b) 输出特性曲线

图 4-8　增强型 NMOS 管的特性曲线

称为夹断电压,用符号 $U_{GS(off)}$ 表示。N 沟道耗尽型 MOS 管的转移特性曲线如图 4-9(c)所示。

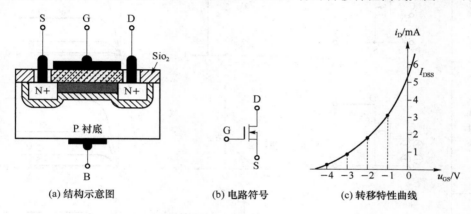

(a) 结构示意图　　　　(b) 电路符号　　　　(c) 转移特性曲线

图 4-9　N 沟道耗尽型 MOS 管的结构、符号和转移特性曲线

3. P 沟道 MOS 管

与 N 沟道 MOS 管相对应,P 沟道增强型 MOS 管的开启电压 $U_{GS(th)} < 0$,当 $u_{GS} < U_{GS(th)}$ 时管子才导通,D-S 之间应加负电源电压;P 沟道耗尽型 MOS 管的夹断电压 $U_{GS(off)} > 0$,u_{GS} 可在正、负值的一定范围内实现对 i_D 的控制,D-S 之间也应加负电源电压。

为了便于比较和掌握不同种类场效应管的特性,将各种场效应管的电路符号和特性曲线列于表 4-1 中。

4.1.3　场效应管的主要参数和特点

1. 性能参数

(1) 开启电压 $U_{GS(th)}$

开启电压 $U_{GS(th)}$ 是增强型 MOS 管的参数。$U_{GS(th)}$ 是在 u_{DS} 为一常量时,使 i_D 大于零所需的最小 u_{GS} 值。

(2) 夹断电压 $U_{GS(off)}$

夹断电压 $U_{GS(off)}$ 是结型场效应管和耗尽型 MOS 管的参数。$U_{GS(off)}$ 是在 u_{DS} 为一常量时,使 i_D 减小到规定的微小电流(近似为 0)时的 u_{GS} 值。

(3) 饱和漏极电流 I_{DSS}

表 4-1　各种场效应管的电路符号和特性曲线

FET 类型	符号和极性	转移特性曲线	输出特性曲线
N 沟道增强型 MOS 管			
P 沟道增强型 MOS 管			
N 沟道耗尽型 MOS 管			
P 沟道耗尽型 MOS 管			
N 沟道结型场效应管			
P 沟道结型场效应管			

饱和漏极电流 I_{DSS} 是结型场效应管和耗尽型 MOS 管的参数。它是指在 $u_{GS}=0$ 情况下产生预夹断现象时的漏极电流。

（4）直流输入电阻 R_{GS}

直流输入电阻 R_{GS} 等于 G-S 电压与栅极电流之比。结型场效应管的 R_{GS} 一般大于 $10^7\ \Omega$，而 MOS 管的 R_{GS} 一般大于 $10^9\ \Omega$。

（5）低频跨导 g_m

低频跨导 g_m 的大小表示 u_{GS} 对 i_D 控制作用的强弱。当场效应管工作在恒流区，且 u_{DS} 为一常量时，i_D 的微小变化量 Δi_D 与引起它变化的 Δu_{GS} 之比，称为低频跨导，即：

$$g_m = \frac{\Delta i_D}{\Delta u_{GS}}\bigg|_{u_{DS}=常数} \tag{4-6}$$

低频跨导 g_m 的单位是 S（西门子）或者 mS（毫西）。g_m 是转移特性曲线上某一点的切线的斜率，g_m 的大小与切点的位置相关。由于转移特性曲线的非线性，所以，i_D 越大，g_m 也越大。

2．极限参数

（1）最大漏极电流 I_{DM}

最大漏极电流 I_{DM} 是指管子在正常工作时允许的最大漏极电流。

（2）击穿电压

管子进入恒流区之后，使漏极电流 i_D 骤然增大的 u_{DS} 称为 D-S 击穿电压 $U_{(BR)DS}$。

对于结型场效应管，使栅极与导电沟道之间的 PN 结反向击穿的 u_{GS} 为 G-S 击穿电压 $U_{(BR)GS}$；对于绝缘栅型场效应管，使绝缘层击穿的 u_{GS} 为 G-S 击穿电压 $U_{(BR)GS}$。

（3）最大耗散功率 P_{DM}

最大耗散功率 P_{DM} 决定于管子允许的温升。P_{DM} 确定后，便可在管子的输出特性曲线上画出临界最大功耗线，再根据 I_{DM} 和 $U_{(BR)DS}$，便可得到管子的安全工作区。

3．场效应管的主要特点

与晶体三极管相比较，场效应管具有以下主要特点。

（1）场效应管是电压控制器件，栅极基本上不取电流，输入电阻很高；而晶体管的基极总是要取一定的电流，输入电阻较低。所以，要求输入电阻高的电路应选用场效应管。

（2）在场效应管中，参与导电的只有多数载流子；而晶体管中则是两种载流子参与导电。由于少子浓度受温度、辐射等因素的影响较大，所以，场效应管的温度稳定性和抗辐射能力比晶体管强。因此，在环境条件变化很大的情况下应选用场效应管。

（3）场效应管的噪声系数很小，所以低噪声放大器的输入级和要求信噪比较高的场合宜选用场效应管，也可选用特制的低噪声晶体管。

（4）场效应管的制造工艺简单，用于集成电路中时，所占用的芯片面积小，且功耗很小，适用于大规模集成，在大规模和超大规模集成电路中得到了广泛应用。

4.2　场效应管放大电路

4.2.1　场效应管放大电路的直流偏置方式

场效应管是通过 G-S 之间的电压 u_{GS} 来控制漏极电流 i_D 的器件，它和晶体管一样可以实现能量的控制，构成放大电路。由于 G-S 之间的电阻非常高，所以场效应管放大电路常用作高输入阻抗放大器的输入级。

和晶体管放大电路一样，场效应管放大电路也应由偏置电路建立一个合适而稳定的静态工作点。所不同的是，场效应管是电压控制器件，它只需要合适的偏压，而不要偏流；另外，不同类型的场效应管对偏置电压的极性有不同的要求，如表 4-2 所示。

表 4-2　场效应管偏置电压的极性

场效应管类型	u_{GS}极性	u_{DS}极性
N 沟道结型场效应管	负、零	正
P 沟道结型场效应管	正、零	负
增强型 NMOS 管	正	正
增强型 PMOS 管	负	负
耗尽型 NMOS 管	正、零、负	正
耗尽型 PMOS 管	正、零、负	负

利用场效应管可以构成三种组态的放大电路，分别称为共源放大电路、共漏放大电路、共栅放大电路。由于共栅放大电路在实际中很少使用，本节只对共源放大电路和共漏放大电路进行介绍和分析。

场效应管放大电路常用的偏置电路主要有两种：自给偏压电路和分压式自偏压电路。

1. 自给偏压电路

如图 4-10 所示是由 N 沟道耗尽型 MOS 管所构成的共源放大电路，图中 C_1、C_2 为耦合电容，R_D 为漏极负载电阻，R_G 为栅极通路电阻，R_S 为源极电阻，C_S 为源极电阻旁路电容。

该电路靠源极电阻 R_S 上的电压为 G-S 之间提供一个负的偏压，故称自给偏压电路。那么，所提供的偏压为什么是负的呢？静态情况下，漏极电流在 R_S 上产生的源极电位 $U_{SQ}=I_{DQ}R_S$。由于栅极电流为零，所以 R_G 上没有压降，栅极电位 $U_{GQ}=0$，所以 G-S 之间的静态电压为：

$$U_{GSQ}=U_{GQ}-U_{SQ}=-I_{DQ}R_S \tag{4-7}$$

可见，自给偏压电路只能产生负偏压，所以它仅适用于耗尽型 MOS 管和结型场效应管，而不能用于增强型 MOS 管。

2. 分压式自偏压电路

如图 4-11 所示为采用分压式自偏压电路的 N 沟道耗尽型 MOS 管构成的共源放大电路，它是在自给偏压电路的基础上加上分压电阻后构成的。为增大放大电路的输入电阻，一般 R_{G3} 选得很大，可取几兆欧。这种偏置电路适用于各种类型的场效应管。

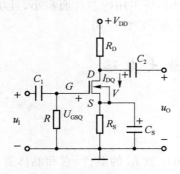

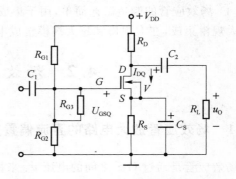

图 4-10　自给偏压共源放大电路　　　　图 4-11　分压式自偏压共源放大电路

静态时,源极电位 $U_{SQ}=I_{DQ}R_S$。由于栅极电流为零,R_{G3} 上没有电压降,故栅极电位

$$U_{GQ}=\frac{R_{G2}}{R_{G1}+R_{G2}}V_{DD}$$

则 G-S 之间偏压为:

$$U_{GSQ}=U_{GQ}-U_{SQ}=\frac{R_{G2}}{R_{G1}+R_{G2}}V_{DD}-I_{DQ}R_S \tag{4-8}$$

由式(4-8)可见,通过适当选取 R_{G1}、R_{G2} 及 R_S 的值,就可得到各类场效应管放大工作时所需的正、零或负的偏压,所以,分压式自偏压电路也适用于增强型场效应管。

4.2.2　场效应管共源基本放大电路

1. 静态分析

场效应管放大电路的静态工作点 Q 取决于直流量 U_{GSQ}、I_{DQ} 和 U_{DSQ} 值。以分压式自偏压电路(如图 4-11 所示)为例,由式(4-8)和耗尽型 MOS 管在恒流区中漏极电流的表达式,即

$$i_D=I_{DSS}\left(1-\frac{u_{GS}}{U_{GS(off)}}\right)^2 \quad (U_{GS(off)}<u_{GS}<0)$$

联立求解 I_{DQ} 和 U_{GSQ},可求得两组解,但只有一组解是符合要求的,另一组解舍去。由求得的 I_{DQ} 就可求出 U_{DSQ}

$$U_{DSQ}=V_{DD}-I_{DQ}(R_D+R_S) \tag{4-9}$$

2. 动态分析

场效应管也是非线性器件,但当工作信号幅度足够小,且工作在恒流区时,场效应管也可用微变等效电路来代替。

从输入电路看,由于场效应管输入电阻 R_{GS} 极高($10^8\sim10^{15}$ Ω),故栅极电流 $i_G\approx0$,因此,可认为场效应管的输入回路(G-S 回路)开路。

从输出回路看,场效应管的漏极电流 i_d 主要受 G-S 电压 u_{GS} 控制,这一控制能力用低频跨导 g_m 表示,即 $i_d=g_mu_{GS}$。因此,场效应管的输出回路可用一个受 G-S 电压控制的受控电流源来等效。可画出场效应管的简化小信号模型如图 4-12 所示。

将图 4-11 所示共源放大电路的交流通路中的场效应管用其简化小信号模型取代,则可得放大电路的微变等效模型电路,如图 4-13 所示。

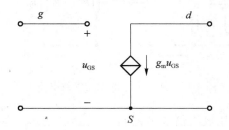

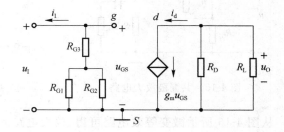

图 4-12　场效应管简化小信号　　　　图 4-13　所示电路的效变等效电路

由图 4-13 可得,放大电路的电压放大倍数 A_u 为:

$$A_u=\frac{u_O}{u_I}=\frac{-g_mu_{GS}(R_D/\!/R_L)}{u_{GS}}=-g_mR_L' \tag{4-10}$$

式(4-10)中：$u_{GS} = u_I$，$R'_L = R_D // R_L$，负号表示输出电压 u_O 与输入电压 u_I 反相。

放大电路的输入电阻 R_I 为：

$$R_I = R_{G3} + R_{G1} // R_{G2} \tag{4-11}$$

从式(4-11)可见，电阻 R_{G3} 是用来提高放大电路输入电阻的。

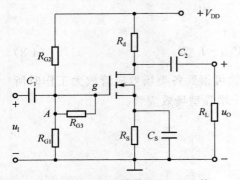

图 4-14 N 沟道增强型 MOS 管放大电路

放大电路的输出电阻 R_O 为：

$$R_O = R_D \tag{4-12}$$

例 4-1 由 N 沟道增强型场效应管组成的共源放大电路如图 4-14 所示，已知场效应管在工作点上 $g_m = 0.8$ mS，$R_{G1} = 200$ kΩ，$R_{G2} = 100$ kΩ，$R_{G3} = 5.1$ MΩ，$R_D = 15$ kΩ，$R_S = 10$ kΩ，$R_L = 20$ kΩ，试求：A_u，R_I，R_O。

解：由式(4-10)可得电压放大倍数为：

$$A_u = -g_m(R_D // R_L) = -0.8 \text{ mS} \times \frac{15 \times 20}{15+20} \text{ kΩ} = -6.9$$

由式(4-11)得输入电阻为：

$$R_I = R_{G3} + R_{G1} // R_{G2} = 5.1 \times 10^3 \text{ kΩ} + \frac{100 \times 200}{100 + 200} \text{kΩ} \approx 5.1 \text{ MΩ}$$

由式(4-12)得输出电阻为：

$$R_O = R_D = 15 \text{ kΩ}$$

4.2.3 场效应管共漏基本放大电路

共漏放大电路又称源极输出器或者源极跟随器，其电路如图 4-15 所示，图 4-16 为其微变等效电路。

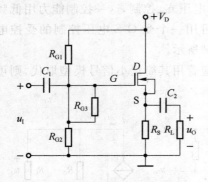

图 4-15 共漏极放大电路

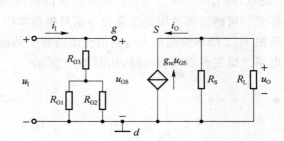

图 4-16 图 4-15 所示电路的微变等效电路

从图 4-16 所示微变等效电路可得，放大电路的电压放大倍数 A_u 为：

$$A_u = \frac{u_O}{u_I} = \frac{g_m u_{GS}(R_S // R_L)}{u_{GS} + g_m u_{GS}(R_S // R_L)} = \frac{g_m R'_L}{1 + g_m R'_L} < 1 \tag{4-13}$$

式(4-13)中：$R'_L = R_S // R_L$，从该式可见，输出电压与输入电压同相，且由于 $g_m R'_L > 1$，故 A_u 小于 1，但接近 1。

放大电路的输入电阻 R_I 为：

$$R_{\mathrm{I}} = R_{\mathrm{G3}} + R_{\mathrm{G1}} /\!/ R_{\mathrm{G2}} \tag{4-14}$$

放大电路的输出电阻 R_{O} 为：

$$R_{\mathrm{O}} = \frac{u_{\mathrm{O}}}{i_{\mathrm{O}}} = \frac{u_{\mathrm{O}}}{\dfrac{u_{\mathrm{O}}}{R_{\mathrm{S}}} - g_{\mathrm{m}} u_{\mathrm{GS}}} = \frac{u_{\mathrm{O}}}{\dfrac{u_{\mathrm{O}}}{R_{\mathrm{S}}} - g_{\mathrm{m}} u_{\mathrm{ds}}} = \frac{u_{\mathrm{O}}}{\dfrac{u_{\mathrm{O}}}{R_{\mathrm{S}}} + g_{\mathrm{m}} u_{\mathrm{O}}} = R_{\mathrm{S}} /\!/ \frac{1}{g_{\mathrm{m}}} \tag{4-15}$$

仿 真 实 训

仿真实训 1　场效应管放大电路动态参数测试

一、实训目的

1. 学习测试场效应管放大电路的各种性能指标的方法。

2. 掌握场效应管放大电路的工作原理。

3. 进一步学习如何使用 Multisim 仿真软件分析放大电路。

二、仿真电路和仿真内容

仿真电路如图 4-17 所示。

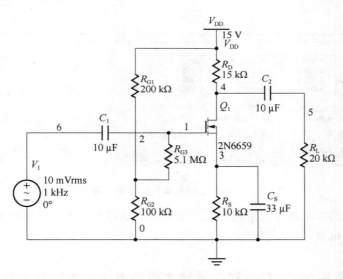

图 4-17　共源放大电路仿真原理图

1. 测试和仿真电路的静态工作点

静态工作点仿真结果如图 4-18 所示。

2. 测量电压放大倍数

用双踪示波器同时观察放大电路的输入信号和输出信号,在波形不失真的情况下,仔细观察输入和输出波形的相位关系。输入电压和输出电压的仿真波形图如图 4-19 所示。可见,输入、输出波形频率相同,相位相反。测量放大电路的电压放大倍数,并记录和分析数据。

3. 测量输入电阻和输出电阻

DC Operating Point	
I(RG1)	50.00000 u
I(RG2)	49.99999 u
I(RD)	322.24826 u
I(RS)	322.24821 u
V(3)	3.22248
V(4)	10.16628
V(1)	4.99995

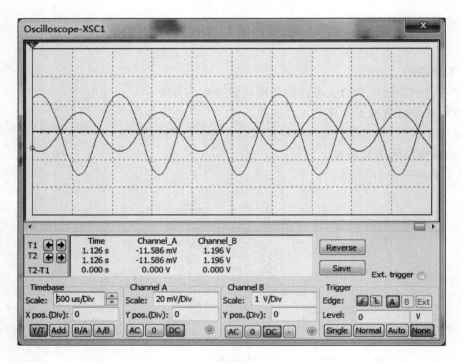

图 4-18　静态工作点仿真结果

图 4-19　输入电压和输出电压仿真波形图

测量场效应管放大电路输入电阻和输出电阻的方法可参照测量晶体管放大电路的仿真测试方法。记录测试结果,并分析数据。

仿真实训 2　U_{GSQ}对共源放大电路电压放大倍数的影响

一、实训目的

1. 掌握场效应管的转移特性的测试方法。

2. 掌握场效应管放大电路静态工作点的调试方法。

3. 根据仿真结果总结出 U_{GSQ} 与共源放大电路电压放大倍数之间的关系。

二、仿真电路和仿真内容

1. 通过直流扫描分析方法(DC Sweep)测量场效应管 2N6659 的转移特性,测量电路及结果如图 4-20 所示。测量结果表明,2N6659 的开启电压 $U_{GS(th)}=1.53$ V,$I_{DO}\approx1.23$ mA。

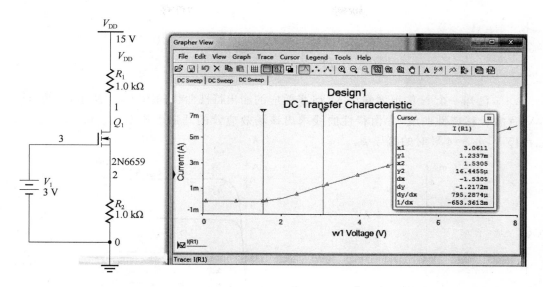

图 4-20 场效应管转移特性的测试

2. 将图 4-17 所示共源放大电路仿真原理图中的电阻 RG1 替换为 400 kΩ 电位器, 观察 RG1 分别等于 100 kΩ、200 kΩ 和 300 kΩ 情况下 U_{GSQ} 和 U_o 的测试结果, 并记录和分析测试数据。

小 结

本章主要介绍了场效应管及其放大电路。

1. 场效应管又叫单极型三极管, 因为它只有一种载流子(多子)参与导电。根据参与导电的载流子不同, 场效应管有 N 沟道和 P 沟道之分; 根据结构的不同, 场效应管分为结型场效应管和绝缘栅型场效应管两大类。结型场效应管和 MOS 场效应管都有 N 沟道和 P 沟道之分, MOS 场效应管还有增强型和耗尽型之分, 所以场效应管共有六种类型。

2. 场效应管的输出特性曲线描述当栅—源电压 u_{GS} 为一常量时, 漏极电流 i_D 与漏—源电压 u_{DS} 之间的函数关系。从输出特性曲线可以看出, 场效应管有三个工作区, 即可变电阻区、恒流区和夹断区。转移特性曲线描述当漏—源电压 u_{DS} 为一常量时, 漏极电流 i_D 与栅—源电压 u_{GS} 之间的函数关系。

3. 场效应管的主要性能参数有开启电压、夹断电压、饱和漏极电流、直流输入电阻、低频跨导等, 极限参数有最大漏极电流、击穿电压、最大耗散功率等。

4. 场效应管放大电路常用的偏置电路主要有两种: 自给偏压电路和分压式自偏压电路。自给偏压电路只能产生负偏压, 所以它仅适用于耗尽型 MOS 管和结型场效应管, 而不能用于增强型 MOS 管。分压式自偏压电路适用于各种类型的场效应管。

5. 场效应管放大电路的分析方法: 静态分析可用图解法和估算法; 动态分析可用图解法和微变等效电路法。后者只适用于低频小信号。场效应管的共源接法、共漏接法与晶体管放大电路的共射接法和共集接法相对应, 但比晶体管放大电路的输入电阻大、噪声系数低、电压放大倍数小, 适于用作放大电路的输入级。

习 题

4.1 已知一个 N 沟道增强型 MOS 场效应的输出特性曲线如图 T4.1 所示,试作出 $u_{DS}=15$ V 时的转移特性曲线,并由特性曲线求出该场效应管的开启电压 $U_{GS(th)}$ 和 I_{DO} 值,以及当 $u_{DS}=15$ V,$u_{GS}=4$ V 时的跨导 g_m。

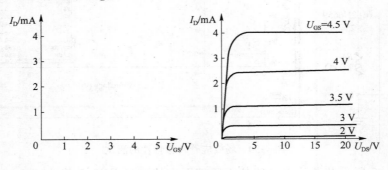

图 T4.1

4.2 已知一个 N 沟道增强型 MOS 场效应管的开启电压 $U_{GS(th)}=+3$ V,$I_{DO}=4$ mA,请示意画出其转移特性曲线。

4.3 已知一个 P 沟道耗尽型 MOS 场效应管的饱和漏极电流 $I_{DSS}=-2.5$ mA,夹断电压 $U_{GS(off)}=4$ V,请示意画出其转移特性曲线。

4.4 已知场效应管的转移特性如图 T4.2 所示,试指出各场效应管的类型,并画出其电路符号。对于耗尽型场效应管,求出其夹断电压 $U_{GS(off)}$、饱和漏极电流 I_{DSS};对于增强型场效应管,求出其开启电压 $U_{GS(th)}$。

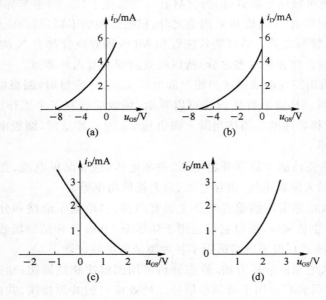

图 T4.2

4.5 已知场效应管的输出特性曲线如图 T4.3 所示,试指出各场效应管的类型,并画出其电路符号。对于耗尽型场效应管，求出其夹断电压 $U_{GS(off)}$、饱和漏极电流 I_{DSS}；对于增强型场效应管，求出其开启电压 $U_{GS(th)}$。

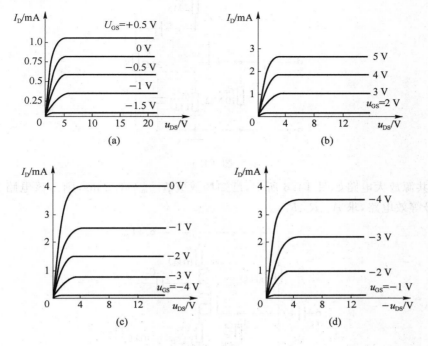

图 T4.3

4.6　场效应管放大电路及场效应管转移特性曲线如图 T4.4 所示，已知 $u_S = (0.1\sin\omega t)\,V$，试画出场效应管放大电路的交流小信号等效电路，并求 u_{GS}、u_{DS} 及 i_D。

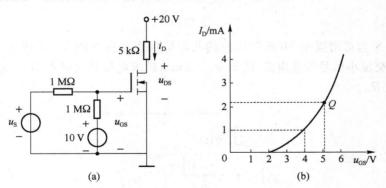

图 T4.4

4.7　试根据图 T4.3 所示的场效应管输出特性曲线，分别作出场效应管在 $u_{DS} = 8\,V$（或者 $u_{DS} = -8\,V$）时的转移特性曲线。

4.8　如图 T4.5 所示的场效应管放大电路中，$u_I = (50\sin\omega t)\,mV$，场效应管的夹断电压 $U_{GS(off)} = -8\,V$、饱和漏极电流 $I_{DSS} = 7\,mA$，试分析：

（1）静态工作点参数 U_{GSQ}、I_{DQ}、U_{DSQ}；

（2）画出场效应管放大电路的交流通路和交流小信号等效电路；

（3）求放大电路的电压放大倍数。

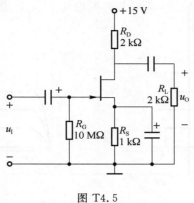

图 T4.5

4.9 共源放大电路如图 T4.6 所示,已知场效应管 $g_m = 1.2$ ms,画出该电路交流通路和交流小信号等效电路,求 A_u、R_I、R_O。

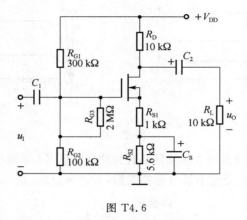

图 T4.6

4.10 由 N 沟道增强型 MOS 管构成的共漏极放大电路如图 T4.7 所示,试画出该电路的交流通路和交流小信号等效电路,已知 $g_m = 2$ ms,试求电压放大倍数 $A_u = u_O/u_I$、输入电阻 R_I 和输出电阻 R_O。

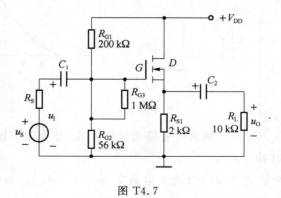

图 T4.7

第 5 章　放大电路的频率特性

教学目标与要求：

- 掌握放大电路频率特性的概念；单管共射放大电路频率特性的分析方法以及波特图的画法；含有一个时间常数的单管共射放大电路中 f_L、f_H 及通频带的估算方法。
- 熟悉晶体管混合参数 π 模型的画法及各参数的含义；多级放大电路频率特性的分析方法、波特图的特点；多级放大电路的波特图与组成它的各级放大电路波特图之间的关系。
- 了解频率失真的含义；晶体管频率参数的含义。

5.1　频率响应的概念

在前面章节所讨论的放大电路的分析中，所用的晶体管和场效应管的等效模型均没有考虑极间电容的作用，即认为它们对信号频率呈现的电抗为无穷大，因而，只适用于对低频信号的分析。实际应用中，有时必须考虑容抗与频率之间的关系，也就是需要研究放大电路的电压放大倍数与频率的关系，即所谓放大电路的频率响应。

5.1.1　放大电路的频率响应

1. 幅频特性和相频特性

在放大电路中，由于电抗元件（如电容、电感线圈等）及晶体管极间电容的存在，当输入信号的频率变化（过高或过低）时，其电抗值必然随信号频率而变，进而影响输出信号的幅度和相位的变化，使电路电压放大倍数的数值产生变化，而且还将产生超前或滞后的相移，这说明电压放大倍数是输入信号频率的函数，这种函数关系称为频率特性或频率响应。一般，放大电路的电压放大倍数 $\dot{A}$ 和相位差 φ 与信号频率 f 的函数关系，可表示为：

$$\dot{A}_u = |\dot{A}_u|(f)\angle\varphi(f) \tag{5-1}$$

式（5-1）中：$|\dot{A}_u|(f)$ 表示放大电路电压放大倍数的幅值与频率的关系，称为幅频特性；$\angle\varphi(f)$ 表示放大电路输出电压与输入电压之间的相位差与频率的关系，称为相频特性；幅频特性和相频特性总称为放大电路的频率特性，它们综合起来反映了放大电路对不同频率信号的适应能力。图 5-1(a)、(b)所示分别为某一单管共射放大电路的幅频特性和相频特性，图中

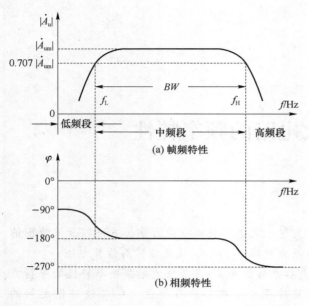

图 5-1　某一单管共射放大电路的频率特性

$\dot{A}_{um}$ 为中频电压放大倍数。

2. 上限截止频率、下限截止频率及通频带

一个放大电路的电压放大倍数既然是频率的函数,那么它必然随信号频率的变化而变化。由图 5-1(a)所示的幅频特性曲线可看出,在宽广的中频范围内,电压放大倍数的幅值基本不变,相角 φ 大致等于 $-180°$;而当频率升高或降低时,电压放大倍数的幅值都将减小,同时还产生超前或滞后的附加相位移。

通常将电压放大倍数的幅值下降到 $0.707|\dot{A}_{um}|$(即 $|\dot{A}_{um}|/\sqrt{2}$)时,所对应的低频频率和高频频率分别称为放大电路的下限截止频率和上限截止频率,分别用 f_L 和 f_H 表示。频率小于 f_L 的部分称为放大电路的低频段,频率大于 f_H 的部分称为放大电路的高频段,而 f_L 与 f_H 之间的部分称为中频段,也称为放大电路的通频带,用 BW 表示,显然 $BW = f_H - f_L$。通频带的宽度表征放大电路对不同频率输入信号的适应能力,是放大电路的主要性能指标之一。

3. 频率失真

放大电路的通频带一般由输入信号的频带来确定,为了不失真地放大信号,要求放大电路的通频带应大于信号的频带。如果放大电路的通频带小于信号的频带,由于信号低频段或高频段的放大倍数下降过多,放大后的信号不能重现原来的形状,也就是输出信号产生了失真,这种失真称为放大电路的频率失真。在图 5-1 中,与中频段相比,在低频段和高频段 $|\dot{A}_u|(f)$ 均出现下降趋势的现象,称为幅频失真;$\angle\varphi(f)$ 出现相移变化的现象称为相频失真;幅频失真和相频失真总称为频率失真,由于它是由线性的电抗元件引起的,在输出信号中并不产生新的频率成分,故这种失真是一种线性失真。

频率失真与非线性失真(饱和失真和截止失真)相比,虽然从现象来看,同样表现为输出信号不能如实反映输入信号的波形,但是这两种失真产生的根本原因是不同的。前者是由于放大电路的通频带不够宽,因而对不同频率的信号响应不同产生的,而后者则是由于放大电路中放大器件的非线性而产生的。

5.1.2　对数频率特性曲线——波特图

在分析和研究放大电路的频率响应时,输入信号的频率范围一般非常宽,小到几赫兹大到上百兆赫兹以上,甚至更宽;而放大电路的放大倍数可以从几倍到上百倍。而在实际作图时,需要等间距的在坐标轴上进行取值,对于如此宽的变化范围,在同一坐标系中很难这样等刻度地去实现,这点由图 5-1 也可看出。为了缩短坐标,在画频率特性曲线时常采用对数坐标表示,称为对数频率特性或者波特图。

波特图由对数幅频特性和对数相频特性两部分组成。在绘制波特图时,坐标轴的取法一般如下。

对于横坐标频率轴的取法是:采用对数刻度,记作 $\lg f$,每一个 10 倍频率范围在横轴上所占长度称为 10 倍频程(记为 dec)例如从 1~10 Hz,从 10 Hz~100 Hz 等。

对于纵坐标轴的取法是:幅频特性采用电压放大倍数幅值的对数 $20\lg|\dot{A}_u|$(即电压增益)表示,单位是分贝(dB);相频特性 φ 仍采用线性刻度表示。

显然波特图的主要优点是:

(1) 拓宽视野,将较宽的频率变化范围在较窄的对数坐标平面表示;

(2) 将低频段与高频段的特性都表示出来,而且作图方便,尤其对于多级放大电路更是如此。因为多级放大电路的放大倍数是各级放大倍数的乘积,因此作图时只需将各级对数增益相加即可。

(3) 将电压放大倍数的乘、除运算转换成加、减运算。

表 5-1 中列出了几组具体数值,来说明电压放大倍数 $\dot{A}_u$ 与电压增益 $20\lg|\dot{A}_u|$ 之间的关系。

表 5-1　电压放大倍数与电压增益之间的关系

$|\dot{A}_u|$	0.01	0.1	0.2	0.707	1	$\sqrt{2}$	2	3	10	100
$\lg|\dot{A}_u|$	−2	−1	−0.699	−0.149	0	0.150	0.301	0.477	1	2
$20\lg|\dot{A}_u|$/dB	−40	−20	−14	−3	0	3	6	9.5	20	40

由表中可以看出,$|\dot{A}_u|$ 每增大 10 倍,相应的电压增益将增加 20 dB;$|\dot{A}_u|$ 每增大 1 倍,相应的电压增益将增加 6 dB。另外,当 $\dot{A}_u=1$ 时,$20\lg|\dot{A}_u|=0$;当 $\dot{A}_u>1$ 时,$20\lg|\dot{A}_u|>0$;当 $\dot{A}_u<1$ 时,$20\lg|\dot{A}_u|<0$。

5.2　单级放大器的高频响应

5.2.1　晶体三极管高频等效模型

在放大电路中,由于电抗元件及晶体管极间电容的存在,当输入信号的频率变化时,电路电压放大倍数的数值将产生变化,而且还将产生超前或滞后的相移。如果考虑晶体管的极间电容,而且电路中接有电抗性元件,如耦合电容等,则单管共射放大电路可画成如图 5-2 所示。

在中频段,各种容抗的影响均可忽略不计,所以电压放大倍数基本上不随信号频率而变化。在低频段,耦合电容的容抗将增大,信号在其上的压降也增大,所以电压放大倍数将降低。在高频段,耦合电容容抗减小,其作用可以忽略,但是晶体管的极间电容并联在电路中,将对电路分流,故电压放大倍数也将降低。

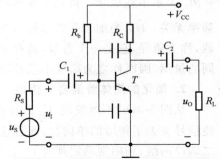

图 5-2　考虑极间电容时的单管
共射放大电路

根据以上分析可知,单管共射放大电路的频率特性示意图如图 5-1 所示。但是,这只是大致的定性分析,为了得到定量的结果,就需要一种在高频信号作用下,考虑极间电容的物理模型,这就是晶体管的高频等效模型,也称混合 π 模型。

1. 完整的晶体管混合 π 模型

高频时,考虑极间电容后,晶体管内部结构示意图如图 5-3(a)所示,注意图中的 b′、c′、e′ 分别为基区内的等效基极、集电区内的等效集电极、发射区内的等效发射极,是为了分析方便而虚拟的,与 b、c、e 是不同的。下面就图中的各参数作一简要的说明。

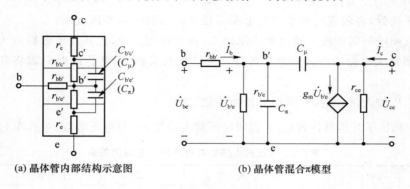

(a) 晶体管内部结构示意图　　　(b) 晶体管混合π模型

图 5-3　晶体管内部结构示意图及混合 π 模型

基区参数:$r_{bb'}$ 为基区体电阻,不同类型的晶体管,$r_{bb'}$ 的值相差很大,一般半导体器件手册中会给出 $r_{bb'}$ 的值,约在 $50\sim300\ \Omega$。

集电结参数:r_C 为集电区体电阻;$r_{b'c'}$ 为集电结的反偏结电阻,由于集电结工作时处于反偏,故 $r_{b'c'}$ 的值很大;$C_{b'c'}(C_\mu)$ 为集电结的等效电容,约在 $2\sim10\ pF$ 范围内。

发射结参数:r_e 为发射区体电阻;$r_{b'e'}$ 为发射结正向电阻,虽然发射结工作时处于正向偏置,正向电阻 $r_{b'e'}$ 很小,但在共射极接法时,$r_{b'e'}$ 应从大电流的 I_e 电路折合到小电流的 I_b 电路,折合之后的数值会增加到千欧数量级;$C_{b'e'}(C\pi)$ 为发射结的等效电容,对于小功率管,约在几十到几百 pF 范围。

从晶体管的制作工艺来看,一般 r_C、r_e 的数值较小,常常忽略不计;而在高频情况下,$r_{b'c'}$ 数值远大于与它并联的结电容 C_μ 的容抗,故 $r_{b'c'}$ 也可忽略不计;这样可将晶体管等效成图 5-3(b) 所示的混合 π 模型。其中 $r_{b'e}=r_{b'e'}+r_e\approx r_{b'e'}$。

由于 C_μ 和 $C\pi$ 的存在,使得基极电流 $\dot{I}_b$ 不仅流过 $r_{b'e}$,还流过结电容 C_μ 和 $C\pi$,这样 $\dot{I}_c=\beta\dot{I}_b$ 关系不在成立。根据半导体物理的分析,集电极的受控电流 $\dot{I}_C$ 等于 $g_m\dot{U}_{b'e}$,且与信号频率无关。$\dot{U}_{b'e}$ 为加于等效基极 b′ 和发射级 e 之间的电压,g_m 为混合 π 模型引入的一个新参数,称为跨导,它是一个常数,具有电导的量纲。由于该模型的形状像 π,且各元件参数具有不同的量纲,因而称之为高频小信号混合参数 π 模型。

2. 简化的晶体管混合 π 模型

从图 5-3(b)不难发现,C_μ 跨接在 b′ 和 c 之间,将输入、输出回路直接联系起来,这样不仅使信号失去了传输的单向性,而且还给电路的求解带来了复杂性。为此,把电容 C_μ 看作一个二端口网络,利用密勒定理将 C_μ 分开,使其分别等效为输入回路 b′、e 之间的电容和输出回路 c、e 之间的电容。假设 C_μ 折合到 b′、e 之间的电容为 C'_μ,折合到 c、e 之间的电容为 C''_μ,这样得到的电路称为单向化的等效电路,这种单向化是靠等效变换实现的。等效变换过程如

图 5-4 所示。

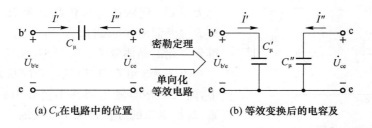

(a) C_μ 在电路中的位置　　　　　　　　(b) 等效变换后的电容及

图 5-4　晶体管混合 π 模型的简化

在图 5-4(a)所示电路中，从 b′、e 两端向右看，流进 C_μ 的电流为：

$$\dot{I}' = \frac{\dot{U}_{b'e} - \dot{U}_{ce}}{X_{C_\mu}} = \frac{\dot{U}_{b'e}\left[1 - \dot{A}\right]}{X_{C_\mu}} \left(\dot{A} = \frac{\dot{U}_{ce}}{\dot{U}_{b'e}}\right) \tag{5-2}$$

为了保证等效变换，要求流过 C'_μ 的电流仍为 $\dot{I}'$，而由图 5-4(b)可看出它的端电压为 $\dot{U}_{b'e}$，因此 C'_μ 的容抗为：

$$X_{C'_\mu} = \frac{\dot{U}_{b'e}}{\dot{I}'} = \frac{\dot{U}_{b'e}}{\dfrac{\dot{U}_{b'e}\left[1 - \dot{A}\right]}{X_{C_\mu}}} = \frac{X_{C_\mu}}{1 - \dot{A}} \tag{5-3}$$

也即：$\dfrac{1}{j\omega C'_\mu} = \dfrac{1}{1 - \dot{A}} \cdot \dfrac{1}{j\omega C_\mu}$，因此

$$C'_\mu = (1 - \dot{A}) C_\mu \tag{5-4}$$

同理，在图 5-4(a)所示电路中，从 c、e 两端向左看，流进 C_μ 的电流为：

$$\dot{I}'' = \frac{\dot{U}_{ce} - \dot{U}_{b'e}}{X_{C_\mu}} = \frac{\dot{U}_{ce}\left[1 - \left(\dfrac{1}{\dot{A}}\right)\right]}{X_{C_\mu}} = \frac{\dot{A} - 1}{\dot{A}} \cdot \frac{\dot{U}_{ce}}{X_{C_\mu}} \tag{5-5}$$

故 C''_μ 的容抗为：

$$X_{C''_\mu} = \frac{\dot{U}_{ce}}{\dot{I}''} = \frac{\dot{U}_{ce}}{\dfrac{\dot{U}_{ce}}{X_{C_\mu}} \cdot \dfrac{\dot{A} - 1}{\dot{A}}} = \frac{\dot{A}}{\dot{A} - 1} X_{C_\mu} \tag{5-6}$$

也即：$\dfrac{1}{j\omega C''_\mu} = \dfrac{\dot{A}}{\dot{A} - 1} \cdot \dfrac{1}{j\omega C_\mu}$，因此

$$C''_\mu = \left(1 - \frac{1}{\dot{A}}\right) C_\mu \tag{5-7}$$

由上述分析可知，将 C_μ 折算到输入回路后电容扩大(容抗减小)为 $(1 - \dot{A})C_\mu$，折算后的电容称之为密勒电容，由于 $|\dot{A}| \geqslant 1$，因而 $C'_\mu \geqslant C_\mu$；C_μ 折算到输出回路的电容为 $\left(1 - \dfrac{1}{\dot{A}}\right)C_\mu$，几乎不变。密勒电容的物理实质可以这样来解释，小信号 $\dot{U}_{b'e}$ 产生了一个大的输出电压 $\dot{U}_{ce} = \dot{A}\dot{U}_{b'e}$，这样电容 C'_μ 两端的电压为 $(1 - \dot{A})\dot{U}_{b'e}$，致使通过 C'_μ 的电流亦更大，这叫作密勒效应。

这样由图 5-4(b)所示电路可看出，输入回路 b′、e 之间的总电容为 $C'_\pi = C_\pi + C'_\mu = C_\pi +$

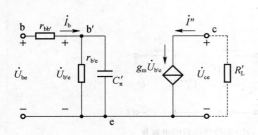

图 5-5　简化的晶体管混合 π 模型

$(1-\dot{A})C_\mu$，显然 $C'_\pi \geqslant C''_\mu$，而且一般情况下 C''_μ 的容抗远大于 c、e 间所接的总负载电阻 R'_L，r_{ce} 也远大于负载 R'_L，因而对于负载而言，可认为 C''_μ、r_{ce} 开路；最终得到简化的晶体管混合 π 模型，如图 5-5 所示。

由图 5-5 可看出，简化之后的晶体管混合 π 模型中，输入回路与输出回路不再在电路中直接发生联系，这给电路的分析带来了很大的方便。

3. 晶体管混合 π 模型的主要参数

实际上，晶体管混合 π 模型中的元件参数与我们熟知的晶体管低频小信号模型之间是有确定关系的。在低频时，可不考虑极间电容的作用，这样图 5-5 所示混合 π 模型可变为图 5-6(a)，而晶体管的低频小信号电路模型如图 5-6(b) 所示。

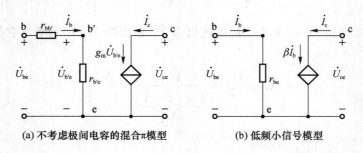

(a) 不考虑极间电容的混合π模型　　　　(b) 低频小信号模型

图 5-6　混合 π 模型与低频小信号模型之间的关系

比较图 5-6 所示的两个电路，可得出以下近似关系。

(1) $r_{be} = r_{bb'} + r_{b'e}$，而在 h 参数模型中 $r_{be} = r_{bb'} + (1+\beta)\dfrac{U_T}{I_{EQ}}$，故

$$r_{b'e} = (1+\beta)\frac{U_T}{I_{EQ}} \tag{5-8}$$

其中 U_T 为温度电压当量，在常温下 $(T=300\ \text{K})U_T \approx 26\ \text{mV}$，$r_{bb'}$ 一般可通过查阅半导体器件手册得到。

(2) $\beta \dot{I}_b = g_m U_{b'e} = g_m \dot{I}_b r_{b'e}$，则

$$g_m = \frac{\beta}{r_{b'e}} = \frac{\beta}{(1+\beta)\dfrac{U_T}{I_{EQ}}} \approx \frac{I_{EQ}}{U_T} \tag{5-9}$$

可见 g_m 和 $r_{b'e}$ 均与电路的 Q 点有关。

混合 π 模型中还包括两个电容 C_μ 和 C_π，C_μ 在分析估算时可近似为电容 C_{ob}，而 C_{ob} 是晶体管为共基接法且发射极开路时 c～b 间的结电容，一般可从手册中查到；而 C_π 可根据特征频率 f_T，利用 $C_\pi = \dfrac{g_m}{2\pi f_T}$ 求得。f_T 亦可从手册中查到。

5.2.2　单级共发射极放大电路的高频响应

利用晶体管的高频等效模型，可以分析放大电路的频率响应。在输入高频信号情况下，考虑耦合电容和结电容影响，分析其频率响应，需画出放大电路从低频到高频的全频段小信号模型，然后将频率分成低频段、中频段和高频段进行分析，从而得到整个频率范围内的频率特性。

下面以图 5-7 所示的单管共射放大电路为例,来分析它的低频、中频和高频特性的表达式。为了分析问题的方便,在这里我们将电容 C_2 和负载 R_L 看成是下一级输入端的耦合电容和输入电阻,所以在分析本级电路时,暂不考虑在内。

1. 中频源电压放大倍数

在中频段,耦合电容容抗很小,可视为短路;而结电容因容抗很大而视为开路,故可不考虑它们的影响,这样得到图 5-7 所示单管共射放大电路的中频微变等效电路,如图 5-8 所示。

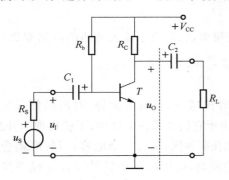

图 5-7 单管共射放大电路　　　　　图 5-8 单管共射放大电路的中频等效电

由图 5-8 可得,输入电阻:$R_I = R_b /\!/ (r_{bb'} + r_{b'e}) = R_b /\!/ r_{be}$,输入电压:$\dot{U}_I = \dfrac{R_I}{R_I + R_S} U_S$,电压:

$\dot{U}_{b'e} = \dfrac{r_{b'e}}{r_{be}} \cdot \dot{U}_I$,输出电压:$\dot{U}_O = (-g_m \dot{U}_{b'e}) \cdot R_C$,则空载时的中频源电压放大倍数为:

$$\dot{A}_{usm} = \frac{\dot{U}_O}{\dot{U}_S} = \frac{\dot{U}_O}{\dot{U}_{b'e}} \cdot \frac{\dot{U}_{b'e}}{\dot{U}_I} \cdot \frac{\dot{U}_I}{\dot{U}_S} = (-g_m R_C) \cdot \frac{r_{b'e}}{r_{be}} \cdot \frac{R_I}{R_I + R_S} \tag{5-10}$$

2. 低频源电压放大倍数

在低频段,因信号频率降低,晶体管结电容容抗很大,仍可看作开路;而耦合电容随频率降低容抗变大,由于它们串联在电路中,不能再视为短路;因此在低频区,仅考虑耦合电容,而忽略结电容的影响。其低频等效电路如图 5-9 所示:显然电容 C_1 与输入电阻 R_I 构成一个 RC 高通电路。

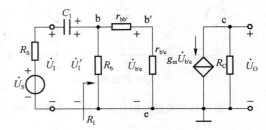

图 5-9 单管共射放大电路的低频等效

由图 5-9 可得,输入电阻:$R_I = R_b /\!/ (r_{bb'} +$

$r_{b'e}) = R_b /\!/ r_{be}$,电压:$\dot{U}_{b'e} = \dfrac{r_{b'e}}{r_{be}} \cdot \dot{U}'_I$,输出电压:$\dot{U}_O = (-g_m \dot{U}_{b'e}) \cdot R_C$,电压:$\dot{U}' = \dfrac{R_I}{R_I + R_S + \dfrac{1}{j\omega C_1}}$

U_S,则低频段的源电压放大倍数为:

$$\dot{A}_{usL} = \frac{\dot{U}_O}{\dot{U}_S} = \frac{\dot{U}_O}{\dot{U}_{b'e}} \cdot \frac{\dot{U}_{b'e}}{\dot{U}'_I} \cdot \frac{\dot{U}'_I}{\dot{U}_S} = (-g_m R_C) \cdot \frac{r_{b'e}}{r_{be}} \cdot \frac{R_I}{R_I + R_S + \dfrac{1}{j\omega C_1}}$$

$$= (-g_m R_C) \cdot \frac{r_{b'e}}{r_{be}} \cdot \frac{R_I}{R_I + R_S} \cdot \frac{1}{\left(1 + \dfrac{1}{j\omega (R_I + R_S) C_1}\right)} \tag{5-11}$$

与式(5-10)中频源电压放大倍数 $\dot{A}_{usm}$ 比较,可得:

$$\dot{A}_{usL}=\dot{A}_{usm}\cdot\cfrac{1}{\left(1+\cfrac{1}{j\omega(R_I+R_S)C_1}\right)} \tag{5-12}$$

令 $\omega_L=2\pi f_L=\cfrac{1}{(R_I+R_S)C_1}$，则

$$\dot{A}_{usL}=\dot{A}_{usm}\cdot\cfrac{1}{\left(1+\cfrac{f_L}{jf}\right)} \tag{5-13}$$

式中 $f_L=\cfrac{1}{2\pi(R_I+R_S)C_1}$ 为放大电路的下限截止频率,它取决于输入回路的时间常数 τ_L,它等于从电容 C_1 两端向外看的等效总电阻乘以 C_1 即 $\tau_L=(R_I+R_S)\cdot C_1$。

3. 高频源电压放大倍数

在高频段,因信号频率升高,电路中的耦合电容容抗减小,可视为短路,对高频信号无影响;而晶体管结电容的容抗随信号频率的升高而降低,由于它们并联在电路中,不能再视为开路。

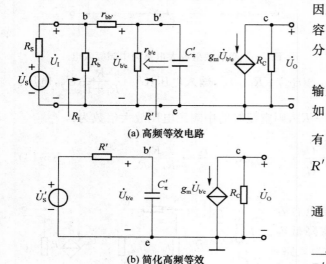

(a) 高频等效电路

(b) 简化高频等效

图 5-10 单管共射放大电路的高频等效电路

因此在高频区,仅考虑结电容,而忽略耦合电容的影响,运用高频小信号混合 π 模型进行分析,其高频等效电路如图 5-10(a)所示。

利用戴维南定理,从 C'_π 两端向左看,将输入回路简化则可得到高频简化等效电路,如图 5-10(b)所示,这样只有输入回路中含有电容元件。其中 $\dot{U}'_S=\cfrac{R_I}{R_I+R_S}\cdot\cfrac{r_{b'e}}{r_{be}}\cdot U_S$, $R'=r_{b'e}//[r_{bb'}+(R_b//R_S)]$。

显然电容 C'_π 与电阻 R' 构成一个 RC 低通电路。可得:$\dot{U}_O=(-g_m\dot{U}_{b'e})\cdot R_C$, $\dot{U}_{b'e}=\cfrac{\cfrac{1}{j\omega C'_\pi}}{R'+\cfrac{1}{j\omega C'_\pi}}\cdot\dot{U}'_S=\cfrac{1}{1+j\omega R'C'_\pi}\cdot\dot{U}'_S$,则高频区源电压放大倍数为:

$$\dot{A}_{usH}=\cfrac{\dot{U}_O}{\dot{U}_S}=\cfrac{\dot{U}_O}{\dot{U}_{b'e}}\cdot\cfrac{\dot{U}_{b'e}}{\dot{U}'_S}\cdot\cfrac{\dot{U}'_S}{\dot{U}_S}=(-g_mR_C)\cdot\cfrac{1}{1+j\omega R'C'_\pi}\cdot\cfrac{R_I}{R_I+R_S}\cdot\cfrac{r_{b'e}}{r_{be}} \tag{5-14}$$

与式(5-10)中频电压放大倍数 $\dot{A}_{usm}$ 比较,可得:

$$\dot{A}_{usH}=\dot{A}_{usm}\cdot\cfrac{1}{1+j\omega R'C'_\pi} \tag{5-15}$$

令 $\omega_H=2\pi f_H=\cfrac{1}{R'C'_\pi}$,则

$$\dot{A}_{usH}=\dot{A}_{usm}\cdot\cfrac{1}{\left(1+j\cfrac{f}{f_H}\right)} \tag{5-16}$$

式(5-16)中, $f_H=\cfrac{1}{2\pi R'C'_\pi}$ 为放大电路的上限截止频率,它取决于输入回路的时间常数 $\tau_H=R'\cdot C'_\pi$。

4. 单管共射放大电路的波特图

通过上面的分析可知,晶体管的结电容影响放大电路的高频特性,耦合电容影响放大电路的低频特性,若综合考虑它们的影响,则对于频率从零到无穷大的输入电压,源电压放大倍数的表达式应为:

$$\dot{A}_{\text{us}}=\dot{A}_{\text{usm}}\cdot\frac{1}{\left(1+\dfrac{f_{\text{L}}}{\text{j}f}\right)\left(1+\text{j}\dfrac{f}{f_{\text{H}}}\right)}=\dot{A}_{\text{usm}}\cdot\frac{\text{j}\dfrac{f}{f_{\text{L}}}}{\left(1+\text{j}\dfrac{f}{f_{\text{L}}}\right)\left(1+\text{j}\dfrac{f}{f_{\text{H}}}\right)} \tag{5-17}$$

当 $f_{\text{L}}\ll f\ll f_{\text{H}}$ 时,$\dfrac{f_{\text{L}}}{f}$ 趋于零,$\dfrac{f}{f_{\text{H}}}$ 也趋于零,因而式(5-17)近似为 $\dot{A}_{\text{us}}\approx\dot{A}_{\text{usm}}$,即 $\dot{A}_{\text{us}}$ 为中频源电压放大倍数,其表达式为式(5-10)。

当 f 接近 f_{L} 时,必有 $f\ll f_{\text{H}}$,$\dfrac{f}{f_{\text{H}}}$ 趋于零,因而式(5-17)近似为 $\dot{A}_{\text{us}}\approx\dot{A}_{\text{usL}}$,即 $\dot{A}_{\text{us}}$ 为低频源电压放大倍数,其表达式为式(5-13)。

当 f 接近 f_{H} 时,必有 $f\gg f_{\text{L}}$,$\dfrac{f_{\text{L}}}{f}$ 趋于零,因而式(5-17)近似为 $\dot{A}_{\text{us}}\approx\dot{A}_{\text{usH}}$,即 $\dot{A}_{\text{us}}$ 为高频源电压放大倍数,其表达式为式(5-16)。

由以上分析可知,式(5-17)可以全面表示任何频段的电压放大倍数,而且上限频率和下限频率均可表示为 $\dfrac{1}{2\pi\tau}$,τ 分别是结电容 C_{π}' 和耦合电容 C_1 所在回路的时间常数,其值为从电容两端向外看的总等效电阻与相应的电容之积。

根据式(5-17)可画出图 5-7 所示单管共射放大电路的波特图,如图 5-11 所示。

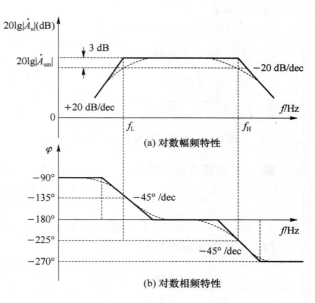

图 5-11　单管共射放大电路的波特图

例 5-1　已知某放大电路源电压放大倍数的复数表达式为:

$$\dot{A}_{\text{us}}=-\frac{0.5f^2}{\left(1+\dfrac{\text{j}f}{2}\right)\left(1+\dfrac{\text{j}f}{100}\right)\left(1+\dfrac{\text{j}f}{10^5}\right)}$$

频率单位为赫兹。试求:(1)中频电压放大倍数;(2)画出 $\dot{A}_{\text{us}}$ 幅频特性波特图;(3)求下限截止频率和上限截止频率。

解:(1)将已知的 $\dot{A}_{\text{us}}$ 表达式,改写成与式(5-17)相似的形式可得:

$$\dot{A}_{\text{us}}=-\frac{\dot{A}_{\text{usm}}\left(\dfrac{\text{j}f}{2}\right)\left(\dfrac{\text{j}f}{100}\right)}{\left(1+\dfrac{\text{j}f}{2}\right)\left(1+\dfrac{\text{j}f}{100}\right)\left(1+\dfrac{\text{j}f}{10^5}\right)}$$

对比两式可知，$\dot{A}_{usm}\left(\dfrac{\mathrm{j}f}{2}\right)\left(\dfrac{\mathrm{j}f}{100}\right)=0.5f^2$，则的 $\dot{A}_{usm}=-100$。

(2) 由 $\dot{A}_{us}$ 表达式可知，低频段有两个转折点，分别为 $f=100$ Hz 和 $f=2$ Hz，故斜率分别为 20 dB/dec，40 dB/dec；高频段有一个转折点 $f=10^5$ Hz，斜率为 -20 dB/dec。由此可得 $\dot{A}_{us}$ 幅频特性波特图如图 5-12 所示。

(3) 通过上面的分析可得 $f_L=100$ Hz，$f_H=10^5$ Hz。

例 5-2　在图 5-13 所示共射放大电路中，已知晶体管的 $U_{BEQ}=0.6$ V，$\beta=50$，$C_\mu=4$ pF，$f_T=150$ MHz。电路参数为 $R_S=2$ kΩ，$R_C=2$ kΩ，$R_b=220$ Ω，$R_L=10$ kΩ，$C_1=0.1$ μF，$V_{CC}=5$ V。试估算中频源电压放大倍数、上限截止频率、下限截止频率和通频带，并画出波特图。设电容 C_2 的容量足够大，在通频带范围内可认为交流短路。

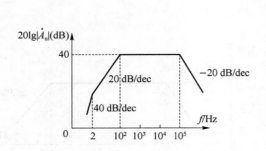

图 5-12　例 5-1 幅频特性波特图

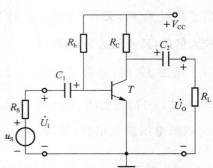

图 5-13　例 5-2 电路图

解：(1) 估算静态工作点：

$$I_{BQ}=\frac{V_{CC}-U_{BEQ}}{R_b}=\left(\frac{5-0.6}{220}\right)\text{ mA}=0.02\text{ mA}$$

$$I_{CQ}\approx\beta I_{BQ}=(50\times0.02)\text{ mA}=1\text{ mA}\approx I_{EQ}$$

(2) 计算中频源电压放大倍数：

$$r_{b'e}=(1+\beta)\frac{26}{I_{EQ}}=\left(\frac{51\times26}{1}\right)\Omega=1\,326\ \Omega\approx1.3\text{ kΩ}$$

$$r_{be}=r_{bb'}+r_{b'e}=(300+1\,326)\ \Omega=1\,626\ \Omega\approx1.6\text{ kΩ}$$

$$R_I=R_b\ //\ r_{be}\approx r_{be}=1.6\text{ kΩ}$$

$$R'_L=R_C\ //\ R_L=\left(\frac{2\times10}{2+10}\right)\text{ kΩ}=1.67\text{ kΩ}$$

$$g_m\approx\frac{I_{EQ}}{26}=\left(\frac{1}{26}\right)\text{S}=38.5\text{ mS}$$

则　$\dot{A}_{usm}=(-g_mR'_L)\cdot\dfrac{r_{b'e}}{r_{be}}\cdot\dfrac{R_I}{R_I+R_S}=-(38.5\times1.67)\times\dfrac{1.3}{1.6}\times\dfrac{1.6}{1.6+2}\approx-23.2$

(3) 计算下限频率：

$$f_L=\frac{1}{2\pi(R_S+R_I)C_1}=\left[\frac{1}{2\pi\times(2+1.6)\times10^3\times0.1\times10^{-6}}\right]\text{ Hz}=442\text{ Hz}$$

(4) 计算上限频率：

$$C_\pi\approx\frac{g_m}{2\pi f_T}=\left(\frac{38.5\times10^{-3}}{2\pi\times150\times10^6}\right)\text{ F}=41\text{ pF}$$

$$\dot{A} = \frac{\dot{U}_{ce}}{\dot{U}_{b'e}} = \frac{(-g_m \dot{U}_{b'e}) \times R'_L}{\dot{U}_{b'e}} = -g_m R'_L$$

$$C'_\pi = C_\pi + (1 - \dot{A})C_\mu = [41 + (1 + 38.5 \times 1.67) \times 4] \text{ pF} = 302 \text{ pF}$$

$$R'_S = R_b /\!/ R_S \approx R_S = 2 \text{ k}\Omega$$

$$R' = r_{b'e} /\!/ [r_{bb'} + (R_b /\!/ R_S)] = \frac{1.3 \times (0.3 + 2)}{1.3 + (0.3 + 2)} \text{ k}\Omega = 0.83 \text{ k}\Omega$$

则

$$f_H = \frac{1}{2\pi R'C'} = \left[\frac{1}{2\pi \times 0.83 \times 10^3 \times 302 \times 10^{-12}}\right] \text{ Hz} = 0.63 \text{ MHz}$$

（5）计算通频带：

$$BW = f_H - f_L \approx f_H = 0.63 \text{ MHz}$$

（6）画波特图：

$$20\lg |\dot{A}_{usm}| = (20\lg 23.2) \text{ dB} = 27.3 \text{ dB}$$

已知 $f_L = 442 \text{ Hz} = 0.442 \text{ kHz}$，$f_H = 0.63 \text{ MHz} = 630 \text{ kHz}$，可画出折线化的幅频特性曲线和相频特性曲线如图 5-14 所示。

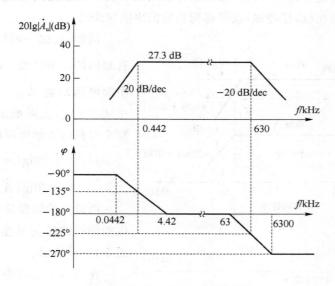

图 5-14 例 5-2 电路的波特图

5.3 多级放大电路的频率响应

5.3.1 多级放大电路频率响应的定性分析

多级放大电路总的电压放大倍数等于各级放大电路电压放大倍数的乘积，设一个 n 级放大电路各级的电压放大倍数分别为 $\dot{A}_{u1}$、$\dot{A}_{u2}$、$\cdots$、$\dot{A}_{un}$，则该多级放大电路总的电压放大倍数为：

$$\dot{A}_u = \dot{A}_{u1} \cdot \dot{A}_{u2} \cdots \dot{A}_{un} = \prod_{k=1}^{n} \dot{A}_{uk} \qquad (5\text{-}18)$$

因此,在分析多级放大电路的频率特性时,可以将每一级放大电路的频率特性单独分析,并考虑后级的输入电阻作为前级的负载,然后将各级放大电路的幅频特性和相频特性分别综合,即可得到多级放大电路的频率特性。

由式(5-18)可知,多级放大电路的对数幅频特性和对数相频特性分别为:

$$20\lg|\dot{A}_u| = 20\lg|\dot{A}_{u1}| + 20\lg|\dot{A}_{u2}| + \cdots + 20\lg|\dot{A}_{un}| = \sum_{k=1}^{n} 20\lg|\dot{A}_{uk}| \qquad (5\text{-}19a)$$

$$\varphi = \varphi_1 + \varphi_2 + \cdots + \varphi_n = \sum_{k=1}^{n} \varphi_k \qquad (5\text{-}19b)$$

以上表达式中的 $\dot{A}_{uk}$ 和 φ_k 分别是第 k 级放大电路的电压放大倍数和相位移。

式(5-19a)和式(5-19b)表明,多级放大电路的电压增益等于其各级电压增益的代数和;而多级放大电路总的相位移也等于其各级相位移的代数和。因此,在绘制多级放大电路总的频率特性曲线时,只要把各放大级的对数幅频特性曲线和相频特性曲线在同一横坐标上对应的纵坐标(电压增益和相位)相叠加,就可得到总的频率响应曲线。

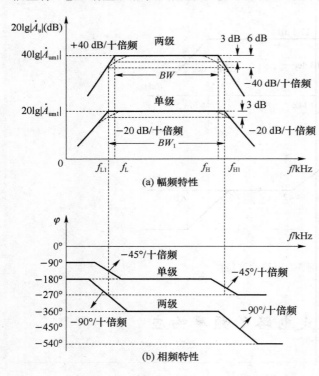

图 5-15　两级放大电路的波特图

例如,已知一两级放大电路,每级具有相同的频率特性,$\dot{A}_{u1} = \dot{A}_{u2}$,即它们的中频电压增益 $\dot{A}_{um1} = \dot{A}_{um2}$,下限截止频率 $f_{L1} = f_{L2}$,上限截止频率 $f_{H1} = f_{H2}$,故整个电路的中频电压增益为:

$$20\lg|\dot{A}_u| = 20\lg|\dot{A}_{um1}| + 20\lg|\dot{A}_{um2}|$$
$$= 40\lg|\dot{A}_{um1}|$$

两级总的幅频特性曲线就是将单级幅频特性曲线的纵坐标值加大 1 倍,如图 5-15(a)所示。

在图 5-15(a)中,总的中频增益为 $40\lg|\dot{A}_{um1}|$;在单级下降 3 dB 的频率点 f_{L1} 和 f_{H1} 处,两级将下降 3 dB×2 = 6 dB。可见,两级放大电路的下限和上限截止频率 f_L 和 f_H 不能再取 f_{L1} 和 f_{H1},而应按照上、下限截止频率的定义:两级放大电路的下限和上限截止频率 (f_L, f_H) 为电压增益比 $40\lg|\dot{A}_{um1}|$ 下降 3 dB 所对应的频率点,显然下限截止频率 $f_L > f_{L1}$,上限截止频率 $f_H < f_{H1}$。因此两级放大电路总的通频带比单级的要窄。此外,在图 5-15(a)中还可以看到,在低频区和高频区时,折线的斜率由单级的 ±20 dB/十倍频变为 ±40 dB/十倍频。

两级放大电路总的相频特性曲线也是将单级相频特性曲线的纵坐标值加大 1 倍,如图 5-15(b)所示。在图 5-15(b)中,中频区的相角由 $-180°$ 增至 $(-180°)×2=-360°$,低频区和高频区的最大相移分别增至 $(-90°)×2=-180°$ 和 $(-270°)×2=-540°$。此外,在低频区和高频区时,折线的斜率由单级的 $-45°$/十倍频变为 $-90°$/十倍频。

从两级放大电路的频率特性曲线可以推之,若将 n 级放大电路级联起来,虽然总的电压放大倍数提高了,但通频带变窄了。

5.3.2　多级放大电路截止频率的估算

根据理论证明,多级放大电路总的下限截止频率 f_L 和上限截止频率 f_H 与组成它的各级放大电路的下限截止频率 f_{Lk} 和上限截止频率 f_{Hk} 之间,存在以下近似关系:

$$f_L \approx 1.1 \sqrt{f_{L1}^2 + f_{L2}^2 + \cdots + f_{Ln}^2} \approx 1.1 \sqrt{\sum_{k=1}^{n} f_{Lk}^2} \qquad (5-20)$$

$$\frac{1}{f_H} \approx 1.1 \sqrt{\frac{1}{f_{H1}^2} + \frac{1}{f_{H2}^2} + \cdots + \frac{1}{f_{Hn}^2}} \approx 1.1 \sqrt{\sum_{k=1}^{n} \frac{1}{f_{Hk}^2}} \qquad (5-21)$$

在实际的多级放大电路中,若其中第 k 级的下限截止频率 f_{Lk} 远高于其他各级的下限截止频率,则可认为整个电路的下限截止频率 $f_L \approx f_{Lk}$;同理,若第 m 级的上限截止频率 f_{Hm} 远低于其他各级的上限截止频率,则可近似认为总的 $f_H = f_{Hm}$。因此式(5-20)和(5-21)多用于各级截止频率相差不多的情况。

例 5-3　已知某一放大电路的对数幅频特性如图 5-16 所示。试求:

(1) 电路由几级阻容耦合电路组成,每级的下限和上限截止频率是多少?

(2) 电路总的中频电压增益、下限和上限截止频率是多少?

(3) 写出电路的电压放大倍数 A_u 的表达式?

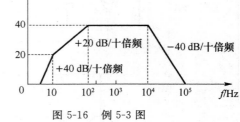

图 5-16　例 5-3 图

解:(1) 由图 5-15 可知,单级放大电路在 f_L 和 f_H 处各有一个 $+20$ dB/dec 和 -20 dB/dec 的转折。而在图 5-16 中,低频段在 10 Hz 和 10^2 Hz 处各有一个转折,且曲线斜率为 $+20$ dB/dec 和 $+40$ dB/dec$=+20$ dB/dec$×2$,说明影响低频特性的应有两个电容;高频段似乎只有一个转折,但实际上是在 $f_H=10^4$ Hz 处有两个相同的 -20 dB/dec 的转折叠加。可见,该放大电路由两级阻容耦合放大电路组成,即第一级的 $f_{L1}=10$ Hz,$f_{H1}=10^4$ Hz;第二级的 $f_{L2}=10^2$ Hz,$f_{H2}=10^4$ Hz。

(2) 由图知,电路总的中频电压增益 $20\lg|\dot{A}_{um}|=40$ dB($|\dot{A}_{um}|=100$);

总的下限截止频率:因 $f_{L1}=10$ Hz,$f_{L2}=10^2$ Hz 两者相差 10 倍,故取较大者为电路的下限截止频率,即 $f_L=10^2$ Hz;

总的上限截止频率:因 $f_{H1}=f_{H2}$,故用式(5-21)近似计算处 f_H,即

$$\frac{1}{f_H} \approx 1.1 \sqrt{\frac{1}{f_{H1}^2} + \frac{1}{f_{H2}^2}} = 1.1 \sqrt{\frac{2}{10^8}} = \frac{1.55}{10^4}, f_H = 6.4×10^3 \text{ Hz}。$$

（3）因$|\dot{A}_{um}|=100$，故电路的电压放大倍数表达式为：

$$\dot{A}_{u}(jf)=\frac{\pm 100}{\left(1+\dfrac{10}{jf}\right)\left(1+\dfrac{10^{2}}{jf}\right)\left(1+j\dfrac{f}{10^{4}}\right)^{2}}$$

（放大电路的电压放大倍数可能为"＋"，也可能为"－"）。

仿 真 实 训

静态工作点稳定电路频率响应的 Multisim 仿真分析

一、实训目的

1. 掌握放大电路频率响应的仿真测量方法；

2. 熟悉虚拟仪器波特图示仪的使用方法。

二、仿真电路和仿真内容

测量放大电路频率响应常用的有两种方法：扫描分析法和波特图示仪测量法。下面以稳定静态工作点的共射放大电路（仿真电路图如图 5-17 所示）为例，说明放大电路频率响应的测量方法。

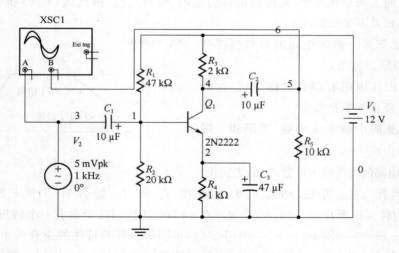

图 5-17 共射放大电路仿真原理图

1. 扫描分析法

由菜单 Simulate/Analyses/AC Analysis，弹出 AC Analysis（交流分析）对话框，如图 5-18（a）所示，选项卡 Frequency Parameters 中设置 Start frequency（起始频率，本例设为 1 Hz）、Stop frequency（终止频率，本例设为 10 GHz）、Sweep type（扫描方式，本例设为 Decade，十倍频扫描）、Number of points per decade（每十倍频的采样点数，默认为 10）、Vertical scale（纵坐标刻度，默认是 Logarithmic，即对数形式，本例选择 Linear，即线性坐标，更便于读出其电压放大倍数）。在 Output 选项卡中选择节点 5 的电压 V[5]为分析变量，按下 Simulate（仿真）按钮，得到图 5-18（b）所示的频谱图，包括幅频特性和相频特性两个图。

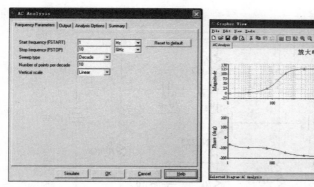

| (a) 交流分析对话框 | (b) 被分析节点的幅频特性和相频特性 |

图 5-18 扫描分析法测量放大电路频率特性

在幅频特性波形图的左侧，有个红色的三角块指示，表明当前激活图形是幅频特性，为了详细获取数值信息，按下工具栏的 Show/Hide Cursors 按钮，则显示出测量标尺和数据窗口，移动测试标尺，则可以读取详细数值，如图 5-19(a)和(b)所示。同理，可激活相频特性图形，进行相应测量。

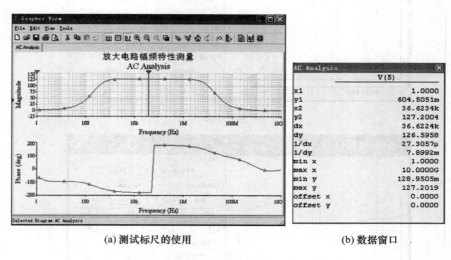

| (a) 测试标尺的使用 | (b) 数据窗口 |

图 5-19 用测试标尺读取幅频特性详细数值

2. 波特图示仪测量法

波特图示仪(Bode Plotter)也称为扫频仪，用于测量电路的频率响应(幅频特性、相频特性)，将波特图示仪连接至输入端和被测节点，如图 5-20(a)所示，双击波特图示仪，获得频率响应特性，图 5-20(b)是幅频特性，图 5-20(c)是相频特性。

波特仪的面板设置：

(1) Mode：模式选择，单击 Magnitude 获得幅频响应曲线，选择 Phase 获得相频响应曲线；

(2) 水平和垂直坐标：单击 Log 选择对数刻度，单击 Lin 选择线性刻度；

(3) 起始范围：F 文本框内填写终了值及单位，I 文本框内填写起始值及单位。

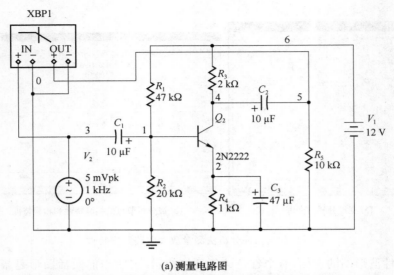

(a) 测量电路图

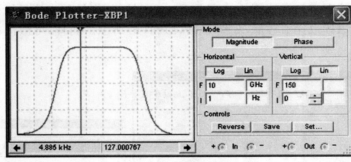

(b) 幅频特性

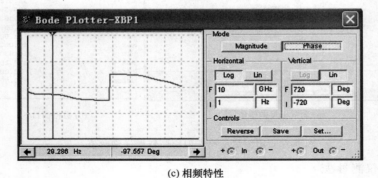

(c) 相频特性

图 5-20　波特图示仪法测量频率响应

小　　结

　　本章主要阐述了有关放大电路频率特性的基本概念；详细讨论了晶体管的高频混合参数 π 模型等效电路；深入讨论了单管共射放大电路的频率特性与放大电路中晶体管参数及其他

元件参数的关系;定性分析了多级放大电路的频率特性。

1. 频率响应(频率特性)是衡量放大电路对不同频率输入信号适应能力的一项重要技术指标。对于阻容耦合单管共射放大电路:低频段电压放大倍数下降的主要原因是:输入信号在耦合电容上产生压降,使得耦合电容所在回路为高通电路,并且还产生 $0°\sim90°$ 之间超前的附加相位移;高频段,应运用晶体管的高频等效模型进行分析,电压放大倍数下降主要是由于极间电容对电路中的电流产生分流,使极间电容所在回路为低通电路引起的,并且还产生 $0°\sim-90°$ 之间滞后的附加相位移。

2. 决定放大电路的下限截止频率 f_L 和上限截止频率 f_H 的因素是电容所在回路的时间常数 τ,$f_L=\dfrac{1}{2\pi\tau_L}$,$f_H=\dfrac{1}{2\pi\tau_H}$。通频带等于 f_H 与 f_L 之差即:$BW=f_H-f_L$。

3. 频率特性曲线的画法常用折线波特图法。若已知阻容耦合单管共射放大电路的 f_L、f_H 和中频电压放大倍数 $\dot{A}_{usm}$,便可画出其波特图,并可写出适于频率从零到无穷大情况下的放大倍数 $\dot{A}_u$ 的表达式。当 $f=f_L$ 或 $f=f_H$ 时,增益下降 3 dB,附加相移为 $+45°$ 或 $-45°$。

4. 为了描述晶体管对高频信号的放大能力,引出了三个频率参数,它们是共射截止频率 f_β、特征频率 f_T 和共基截止频率 f_α;三者之间存在以下关系 $f_\beta<f_T<f_\alpha$。这些参数也是选用晶体管的重要依据。

5. 多级放大电路的波特图是已考虑了前后级相互影响的各级波特图的代数和,因此可通过将各级幅频特性和相频特性分别进行叠加而得到。若各级的上、下限截止频率相差较大,则可近似认为各上限截止频率中最低的上限频率为整个电路的上限截止频率,各下限截止频率中最高的下限频率为整个电路的下限截止频率;若各级的下限截止频率(或上限截止频率)相近,则可根据公式求解整个电路的下限截止频率(或上限截止频率)。

习　题

5.1 在图 5-2 所示单管共射放大电路中,假设分别改变下列各项参数,试分析放大电路的中频电压放大倍数 $|\dot{A}_{um}|$、下限截止频率 f_L 和上限截止频率 f_H 将如何变化。

(1) 增大耦合电容 C_1;

(2) 增大基极电阻 R_b;

(3) 增大集电极电阻 R_C;

(4) 增大共射电流放大系数 β;

(5) 增大晶体管极间电容 C_π 和 C_μ。

5.2 已知一个晶体管在低频时的共射电流放大系数 $\beta_0=100$,特征频率 $f_T=80$ MHz;试求:

(1) 当频率为多大时,晶体管的 $|\bar{\beta}|\approx70$;

(2) 当静态电流 $I_{EQ}=2$ mA 时,晶体管的跨导 g_m 是多少?

(3) 此时晶体管的发射结电容 C_π' 是多少?

5.3 已知一高频晶体管,在 $I_C=1.5$ mA 时,测出其低频 h 参数为:$r_{be}=1.1$ kΩ,$\beta_0=50$,特征频率 $f_T=100$ MHz,$C_\mu=3$ pF,试求混合 π 模型参数 g_m、$r_{bb'}$、$r_{b'e}$、$C\pi$。

5.4 共射放大电路如图 T5.1 所示,已知 $r_{bb'}=100\ \Omega, r_{b'e}=900\ \Omega, g_m=0.04\ S, C'_\pi=500\ pF$。并且 $R_S=1\ k\Omega, C_1=2\ \mu F, R_b=337\ k\Omega, R_C=6\ k\Omega, C_2=5\mu F, R_L=3\ k\Omega$。试求:

(1) 画出包括外电路在内的简化混合 π 等效电路;

(2) 中频电压放大倍数 $\dot{A}_{usm}$、上限截止频率 f_H 和下限截止频率 f_L(可做合理的简化);

(3) 画出波特图。

5.5 共射放大电路如图 T5.2 所示,已知 $r_{bb'}=100\ \Omega, \beta=100, f_T=150\ MHz, C_\mu=4\ pF$。并且 $R_S=300\ \Omega, R_{b1}=56\ k\Omega, R_{b2}=16\ k\Omega\ R_C=6\ k\Omega, R_e=3\ k\Omega, R_L=12\ k\Omega, C_1=C_2=10\ \mu F, C_e=30\ \mu F, V_{cc}=18\ V$。试求:

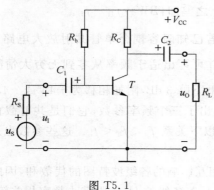

图 T5.1

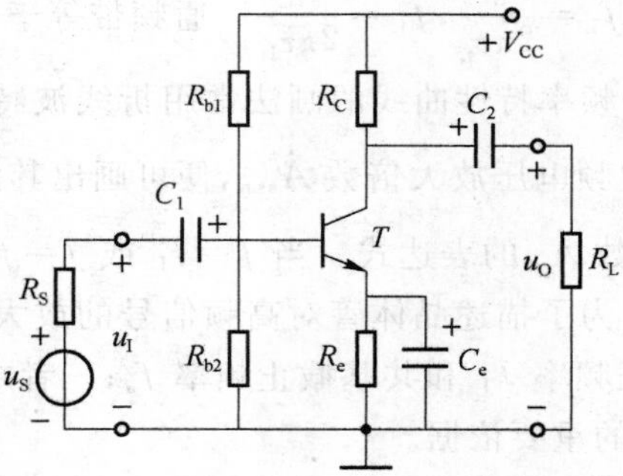

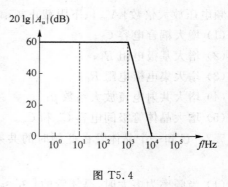

图 T5.2

(1) 电路的静态工作点;

(2) 画出包括外电路在内的简化混合 π 等效电路,并求 R_I、R_O、A_{um}、A_{ums}、f_H、f_L;

(3) 画出波特图。

5.6 某放大电路的对数幅频特性曲线如图 T5.3 所示。试求:

(1) 中频电压放大倍数、上限和下限截止频率及通频带;

(2) 当输入信号的频率 $f=f_L$ 或 $f=f_H$ 时,该电路的电压增益;

(3) 写出电路的电压放大倍数表达式。

5.7 已知某电路的幅频特性如图 T5.4 所示,试问:

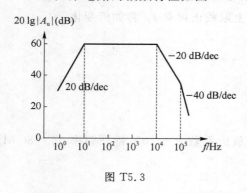

图 T5.3

图 T5.4

(1) 该电路由几级放大电路组成以及电路的耦合方式;

(2) 当 $f=10^3\ Hz$ 时,附加相移为多少? 当 $f=10^4\ Hz$ 时,附加相移又约为多少?

(3) 写出电路电压放大倍数的表达式。

5.8 已知某电路的电压放大倍数为:

$$\dot{A}_u = \frac{-10\mathrm{j}f}{\left(1+\mathrm{j}\,\dfrac{f}{10}\right)\left(1+\mathrm{j}\,\dfrac{f}{10^5}\right)}$$

试求解：

（1）$\dot{A}_{um}$、f_L、f_H；

（2）画出波特图。

5.9　已知某两级共射放大电路的电压放大倍数为：

$$\dot{A}_u = \frac{200\mathrm{j}f}{\left(1+\mathrm{j}\,\dfrac{f}{5}\right)\left(1+\mathrm{j}\,\dfrac{f}{10^4}\right)\left(1+\mathrm{j}\,\dfrac{f}{2.5\times10^5}\right)}$$

试求解：

（1）$\dot{A}_{um}$、f_L、f_H；

（2）画出波特图。

5.10　已知一个两级放大电路各级电压放大倍数分别为：

$$\dot{A}_{u1} = \frac{\dot{U}_{O1}}{\dot{U}_I} = \frac{-25\mathrm{j}f}{\left(1+\mathrm{j}\,\dfrac{f}{4}\right)\left(1+\mathrm{j}\,\dfrac{f}{10^5}\right)}$$

$$\dot{A}_{u2} = \frac{\dot{U}_O}{\dot{U}_{I2}} = \frac{-2\mathrm{j}f}{\left(1+\mathrm{j}\,\dfrac{f}{50}\right)\left(1+\mathrm{j}\,\dfrac{f}{10^5}\right)}$$

试求：

（1）写出该电路电压放大倍数的表达式；

（2）求出该电路的 f_L 和 f_H 各约为多少；

（3）画出该电路的波特图。

第 6 章　集成运算放大电路

教学目标与要求：

- 掌握电流源电路的特点及典型的电流源电路；理想运放模型及线性运用时的重要特性；集成运放基本运算电路。
- 熟悉集成运放的一般结构形式；常用集成运放的管脚分配及功能。
- 了解集成运放的封装形式；集成运放在使用中的注意事项。
- 理解差动放大电路的构成、放大差模信号抑制共模信号的工作原理及分析方法。

6.1　集成运算放大电路概述

运算放大器（operational amplifier）简称为运放，是一种高增益直流放大器，最初因用在模拟计算机中进行各种数学运算而得名，如果将整个运算放大器制成在一个小硅片上，就成为集成运算放大器（integrated operational amplifier）。由于集成运放具有性能稳定、可靠性高、寿命长、体积小、重量轻、耗电量少等优点得到了广泛应用。可完成放大、振荡、调制、解调及模拟信号的各种运算和脉冲信号的产生等。

6.1.1　集成运放的组成及各部分的作用

集成运放电路的典型结构如图 6-1 所示。由图 6-1 可见，集成运放电路由输入级、中间级、输出级和偏置电路四部分组成。

1. 输入级

集成运放的输入级又称为前置级，它通常是由一个高性能的双端输入差动放大器组成。一般要求该放大器的输入电阻高，差模电压放大倍数大，共模抑制比大，静态电流小。集成运放输入级性能的好坏，直接影响集成运放的性能参数。

2. 中间级

中间级是整个集成运放的主放大器，它性能的好坏，直接影响集成运放的放大倍数，在集成运放中，通常采用复合管的共发射极电路作为中间级电路。

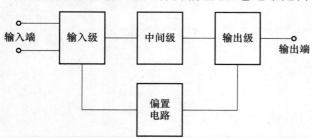

图 6-1　集成运放典型结构框图

3. 输出级

输出级电路直接影响集成运放输出

信号的动态范围和带负载的能力,为了提高集成运放输出信号的动态范围和带负载的能力,输出级通常采用互补对称的输出电路。

4. 偏置电路

偏置电路的作用是向各放大级提供合适的偏置电流,确定各级静态工作点。各个放大级对偏置电流的要求各不相同。对于输入级,通常要求提供一个比较小的偏置电流,而且应该非常稳定,以便提高集成运放的输入电阻,降低输入偏置电流、输入失调电流及其温漂等。通常采用恒流源电路,为集成运放内部的各级电路,提供合适又稳定的静态工作点电流。

集成运放的电路符号如图 6-2 所示,其中 6-2(a)图为集成运放的国际标准符号,图 6-2(b)为集成运放的习惯通用画法符号。由图可见,集成运放有两个输入端"u−"和"u+",一个输出端,两个输入端分别称为反向输入端和同向输入端,通常也用字母"n"和"p"来表示。信号从反向输入端输入时,输出信号与输入信号反向;信号从同向输入端输入时,输出信号与输入信号同向。在运放的符号中,左边的"−"为反向输入端,"+"为同向输入端,右边的"+"号为输出端,符号中的"∞"表示理想运放的开环差模电压放大倍数为无穷大。

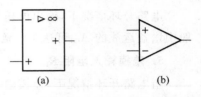

图 6-2　集成运放电路符号

6.1.2　集成运放的电压传输特性

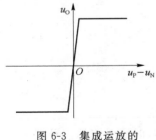

图 6-3　集成运放的
电压传输特

集成运算放大器的输出电压 u_O 与输入电压(即同相输入端与反相输入端之间的差值电压)之间的关系曲线称为电压传输特性,即

$$u_O = f(u_I) = f(u_P - u_N) \tag{6-1}$$

对于正、负电源供电的集成运放,电压传输特性如图 6-3 所示。从图示曲线可以看出,集成运放有线性放大区域(即线性区)和饱和区域(即非线性区)两部分。在线性区,曲线的斜率为电压放大倍数;在非线性区,输出电压只有两种可能的情况,即 $+U_{oM}$ 或 $-U_{oM}$。

6.1.3　集成运放的性能指标

在衡量集成运放的性能时,常用下列参数来描述:

1. 输入失调电压 U_{IO} 及其温漂 $\dfrac{dU_{IO}}{dT}$

输入电压为零时,为了使放大器输出电压为零,在输入端外加的补偿电压。一般为毫伏级。它表征电路输入部分不对称的程度,U_{IO} 越小,运放性能越好。$\dfrac{dU_{IO}}{dT}$ 是 U_{IO} 的温度系数,是衡量温漂的重要参数,其值越小,表明运放的温漂越小。

2. 输入失调电流 I_{IO} 及其温漂 $\dfrac{dI_{IO}}{dT}$

输入电压为零时，为了使放大器输出电压为零，在输入端外加的补偿电流。其值为两个输入端静态基极电流之差。$\dfrac{dI_{IO}}{dT}$ 是 I_{IO} 的温度系数。显然，I_{IO} 和 $\dfrac{dI_{IO}}{dT}$ 越小，运放的质量越好。

3. 输入偏置电流 I_{IB}

输入电压为零时，两个输入端静态基极电流的平均值。一般为微安数量级，I_{IB} 越小，信号源内阻对集成运放静态工作点的影响也就越小。

4. 开环电压放大倍数 A_{Od}

电路开环情况下，输出电压与输入差模电压之比。A_{Od} 越大，集成运放运算精度越高。一般中增益运放的 A_{Od} 可达 105 倍。

5. 差模输入电阻 R_I

指电路开环情况下，差模输入电压与输入电流之比。R_I 越大，运放性能越好。一般在几百千欧至几兆欧。

6. 开环输出电阻 R_O

电路开环情况下，输出电压与输出电流之比。R_O 越小，运放性能越好。一般在几百欧左右。

7. 共模抑制比 K_{CMR}

电路开环情况下，差模放大倍数与共模放大倍数之比。K_{CMR} 越大，运放性能越好。它也常用分贝表示，其数值为 $20\lg K_{CMR}$，一般在 80 dB 以上。

8. 输出电压峰-峰值 U_{OPP}

放大器在空载情况下，最大不失真电压的峰-峰值。

9. 静态功耗 P_D

电路输入端短路、输出端开路时所消耗的功率。

10. 开环频宽（—3 dB 带宽）f_H

开环电压放大倍数随信号频率升高而下降，f_H 是当 A_{Od} 下降 3 dB 时所对应的信号频率。

11. 单位增益带宽 f_C

f_C 是使 A_{Od} 下降到 0 dB（即 $A_{Od}=1$，失去电压放大能力）时的信号频率，与晶体管的特征频率相类似。

12. 最大共模输入电压 U_{ICmax}

U_{ICmax} 为输入级能正常工作的情况下允许输入的最大共模信号。当共模输入电压大于此值时，集成运放便不能对差模信号进行放大。因此，实际使用时，要特别注意输入信号中共模信号部分的大小。

13. 最大差模输入电压 U_{Idmax}

当集成运放所加差模信号大到一定程度时，输入级至少有一个 PN 结承受反向电压，U_{Idmax} 是不至于使 PN 结反向击穿所允许的最大差模输入电压。当输入电压大于此值时，输入级将损坏。

14. 转换速率 SR

它表示集成运放对信号变化速度的适应能力,是衡量运放在大幅值信号作用时工作速度的参数,常用每微秒输出电压变化多少伏来表示。当输入信号变化斜率的绝对值小于 SR 时,输出电压才能按线性规律变化。信号幅值越大,频率越高,要求集成运放的 SR 也就越大。

以上参数可根据集成运放的型号,从产品说明书等有关资料中查阅。

6.1.4　集成运放的分类

集成运放有多种不同的分类方法,通常可分为如下几类。

1. 通用型运放

通用型运放就是以通用为目的而设计的。这类器件的主要特点是价格低廉、产品量大面广,其性能指标能适合于一般性使用。例 μA741(单运放)、LM358(双运放)、LM324(四运放)及以场效应管为输入级的 LF356 都属于此种。它们是目前应用最为广泛的集成运算放大器。

2. 高阻型运放

这类集成运放的特点是差模输入电阻非常高($1\text{ G}\Omega\sim1\text{ T}\Omega$),输入偏置电流非常小(几皮安到几十皮安)。实现这些指标的主要措施是利用场效应管高输入阻抗的特点,用场效应管组成运算放大器的差分输入级。用 FET 作输入级,不仅输入阻抗高,输入偏置电流低,而且具有高速、宽带和低噪声等优点,但输入失调电压较大。此类运放常见的有 LF355、LF347(四运放)及更高输入阻抗的 CA3130、CA3140 等。

3. 低温漂型运放

在精密仪器、弱信号检测等自动控制仪表中,总是希望运算放大器的失调电压要小且不随温度的变化而变化。低温漂型运算放大器就是为此而设计的。目前常用的高精度、低温漂运算放大器有 OP07、OP27、AD508 及由 MOSFET 组成的斩波稳零型低漂移器件 ICL7650 等。

4. 高速型运放

在快速 A/D 和 D/A 转换器、视频放大器中,要求集成运放的转换速率 SR 一定要高,单位增益带宽 f_C 一定要足够大,像通用型集成运放是不能适合于高速应用的场合的。高速型运算放大器主要特点是具有高的转换速率和宽的频率响应。常见的运放有 LM318、μA715等,其转换速率 $SR=50\sim70\text{ V/ms}$,单位增益带宽 $f_C>20\text{ MHz}$。

5. 低功耗型运放

由于电子电路集成化的最大优点是能使复杂电路小型轻便,所以随着便携式仪器应用范围的扩大,必须使用低电源电压供电、低功率消耗的运算放大器相适用。常用的运算放大器有TL-022C、TL-060C 等,其工作电压为 $\pm2\text{ V}\sim\pm18\text{ V}$,消耗电流为 $50\sim250\text{ }\mu A$。目前有的产品功耗已达 μW 级,例如 ICL7600 的供电电源为 1.5 V,功耗为 10 mW,可采用单节电池供电。

6. 高压大功率型运放

运算放大器的输出电压主要受供电电源的限制。在普通的运算放大器中,输出电压的最大值一般仅几十伏,输出电流仅几十毫安。若要提高输出电压或增大输出电流,集成运放外部必须要加辅助电路。高压大电流集成运算放大器外部不需附加任何电路,即可输出高电压和大电流。例如 D41 集成运放的电源电压可达 $\pm150\text{ V}$,μA791 集成运放的输出电流可达 1 A。

6.2　差分放大电路

集成运放的输入级对于它的许多指标诸如输入电阻、共模输入电压、差模输入电压和共模抑制比等,起着决定性的作用,因此是提高集成运放质量的关键。为了发挥集成电路内部元件参数匹配较好、易于补偿的优点,输入级大都采用差分放大电路的形式。差分放大电路是构成多级直接耦合放大电路的基本单元电路,常见的形式有三种:基本形式、长尾式和恒流源式。

6.2.1　差分放大电路的工作原理

将两个电路结构、参数均相同的单管放大电路组合在一起,就成为差分放大电路的基本形式,如图 6-4 所示。输入电压分别相同的两部分加到两管的基极,输出电压等于两管的集电极电压之差。

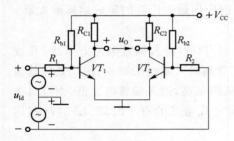

图 6-4　差分放大电路的基本形式

假设 VT_1、VT_2 的特性完全相同,相应的电阻也完全一致,则当输入电压等于零时,$U_{CQ1} = U_{CQ2}$,即 $U_O = 0$。如果温度升高使 I_{CQ1} 增大,U_{CQ1} 降低,则由于电路结构对称,I_{CQ2} 也将增大,U_{CQ2} 也将降低,而且两管变化的幅度相等,结果 T_1 和 T_2 输出端的零点漂移将互相抵消。

1. 电压放大倍数

当外加一个输入电压时,由于电路结构对称,VT_1、VT_2 基极得到的输入电压将大小相等,但极性相反。这样的输入电压称为差模输入电压,用 u_{Id} 表示。

假设每一边单管放大电路的电压放大倍数为 A_{u1},则 VT_1、VT_2 的集电极输出电压的变化量分别为

$$\Delta u_{C_1} = \frac{1}{2} A_{u1} \Delta u_{Id}$$

$$\Delta u_{C_2} = -\frac{1}{2} A_{u1} \Delta u_{Id}$$

则放大电路输出电压的变化量为

$$\Delta u_O = \Delta u_{C1} - \Delta u_{C2} = A_{u1} \Delta u_{Id}$$

所以差分放大电路的差模电压放大倍数为

$$A_d = \frac{\Delta u_O}{\Delta u_{Id}} = A_{u1} \tag{6-2}$$

式(6-2)表明,差分放大电路的差模电压放大倍数和单管放大电路的电压放大倍数相同。可以看出,差分放大电路的特点是,多用一个放大管后,虽然电压放大倍数没有增加,但是换来了对零漂的抑制。

但是从抑制零漂的效果来看,基本形式的差分放大电路并不理想。其原因是电路两侧的管子特性和元件参数不可能完全相同。因此两个三极管输出端的温漂也不可能完全抵消。为了衡量对零漂的抑制效果,需要提出一个技术指标,这就是共模抑制比。

2．共模抑制比

差分放大电路的输入电压有两种形式，一种是差模输入电压 u_{Id}，即两个差放管的输入电压大小相等，但极性相反，如图 6-4 所示。另一种是共模输入电压，即两个差放管的输入电压大小相等，且极性相同，用 u_{IC} 表示，如图 6-5 所示。

如果温度变化，两个差放管的电流将按相同的方向一起增大或减小，相当于给放大电路加上一个共模输入信号。所以可以认为，差模输入信号反映了有效的信号。而共模输入信号可以反映由于温度变化等原因而产生的漂移信号或其他干扰信号。

放大电路对差模输入电压的放大倍数称为差模电压放大倍数，用 A_d 表示，即

$$A_d = \frac{\Delta u_O}{\Delta u_{Id}} \qquad (6-3)$$

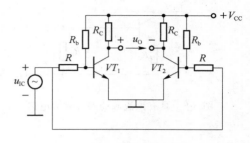

图 6-5　共模输入电压

而放大电路对共模输入电压的放大倍数为共模电压放大倍数，用 A_C 表示，即

$$A_C = \frac{\Delta u_O}{\Delta u_{Ic}} \qquad (6-4)$$

通常希望差分放大电路的差模电压放大倍数越大越好，而共模电压放大倍数越小越好。

差分放大电路的共模抑制比用符号 K_{CMR} 表示，它的定义为差模电压放大倍数与共模电压放大倍数之比，一般用对数表示，单位为分贝。即

$$K_{CMR} = 20 \lg \left| \frac{A_d}{A_c} \right| \qquad (6-5)$$

共模抑制比描述差分放大电路对零漂的抑制能力。K_{CMR} 越大，说明抑制零漂的能力越强。在理想情况下，差分放大电路两侧的参数完全对称，两管输出端的温漂完全抵消，则共模电压放大倍数 $A_C = 0$，共模抑制比 $K_{CMR} = \infty$。

对于基本形式的差分放大电路来说，由于内部参数不可能绝对匹配，所以输出电压 U_O 仍然存在温度漂移，共模抑制比很低。而且，从每个三极管的集电极对地电压来看，其温度漂移与单管放大电路相同，丝毫没有改善。因此，在实际工作中一般不采用这种基本形式的差分放大电路。

6.2.2　具有恒流源的差分放大电路

在三极管输出特性的恒流区，当集电极电压有一个较大的变化量 Δu_{CE} 时，集电极电流 i_C 基本不变。此时三极管 c、e 之间的等效电阻 $r_{ce} = \dfrac{\Delta u_{CE}}{\Delta i_C}$ 的值很大。用恒流三极管充当一个阻值很大的长尾电阻 R_e，既可在不用大电阻的条件下有效地抑制零漂，又适合集成电路制造工艺中用三极管代替大电阻的特点，因此这种方法在集成运放中被广泛采用。

1．电路组成

恒流源式差分放大电路如图 6-6 所示。由图可见，恒流管 T_3 的基极电位由电阻 R_{b1}、R_{b2} 分压后得到，可认为基本不受温度变化的影响，则当温度变化时 T_3 的发射极电位和发射极电流也基本保持稳定，而两个放大管的集电极电流 i_{C1}、i_{C2} 将不会因温度的变化而同时增大或减小，可见，接入恒流三极管后，抑制了共模信号的变化。

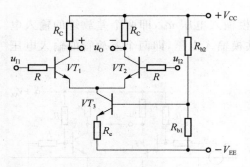

图 6-6　具有恒流源的差分放大电路

有时,为了简化起见,常常不把恒流源式差分放大电路中恒流管 T_3 的具体电路画出,而采用一个简化的恒流源符号来表示。

2. 静态分析

估算恒流源式差分放大电路的静态工作点时,通常可从确定恒流三极管的电流开始。由图 6-6 可知,当忽略 T_3 的基流时,R_{b1} 上的电压为

$$U_{R_b} = \frac{R_{b1}}{R_{b1} + R_{b2}}(V_{CC} + V_{EE}) \tag{6-6}$$

则恒流管 T_3 的静态电流为

$$I_{CQ3} \approx I_{EQ3} = \frac{U_R - U_{BEQ3}}{R_e} \tag{6-7}$$

于是可得到两个放大管的静态电流和电压为

$$I_{CQ1} = I_{CQ2} \approx \frac{1}{2} I_{CQ3} \tag{6-8}$$

$$U_{CQ1} = U_{CQ2} = V_{CC} - I_{CQ1} R_C \tag{6-9}$$

$$I_{BQ1} = I_{BQ2} \approx \frac{I_{CQ1}}{\beta_1} \tag{6-10}$$

$$U_{BQ1} = U_{BQ2} = -I_{BQ1} R \tag{6-11}$$

3. 动态分析

具有恒流源的差分放大电路的交流通路如图 6-7 所示。图中 R_L 为接在两个三极管集电极之间的负载电阻。当输入差模信号时,一管集电极电位降低,另一管集电极电位升高,可以认这 R_L 中点处的电位保持不变,也就是说,在 $R_L/2$ 处相当于交流接地。

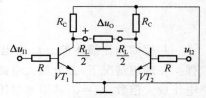

图 6-7　具有恒流源的差放的交流通路

根据交流通路可得

$$\Delta i_{B1} = \frac{\Delta u_{I1}}{R + r_{be}}$$

$$\Delta i_{C1} = \beta \Delta i_{B1}$$

则

$$\Delta u_{C1} = -\Delta i_{C1}\left(R_C /\!/ \frac{R_L}{2}\right) = -\frac{\beta\left(R_C /\!/ \frac{R_L}{2}\right)}{R + r_{be}} \Delta u_{I1}$$

同理

$$\Delta u_{C2} = -\Delta i_{C2}\left(R_C /\!/ \frac{R_L}{2}\right) = -\frac{\beta\left(R_C /\!/ \frac{R_L}{2}\right)}{R + r_{be}} \Delta u_{I1}$$

输出电压为

$$\Delta u_O = \Delta u_{C1} - \Delta u_{C2} = -\frac{\beta\left(R_C /\!/ \frac{R_L}{2}\right)}{R + r_{be}}(\Delta u_{I1} - \Delta u_{I2})$$

则差模电压放大倍数为

$$A_d = \frac{\Delta u_O}{\Delta u_{I1} - \Delta u_{I2}} = -\frac{\beta\left(R_C /\!/ \frac{R_L}{2}\right)}{R + r_{be}} \tag{6-12}$$

从两管输入端向里看,差模输入电阻为

$$R_{\mathrm{id}} = 2(R + r_{\mathrm{be}}) \tag{6-13}$$

两管集电极之间的输出电阻为

$$R_{\mathrm{O}} = 2R_{\mathrm{C}} \tag{6-14}$$

6.2.3　差分放大电路的差模传输特性

无论是基本差分放大电路,还是长尾放大电路,当输入的差模电压的数值在一定的范围内由零逐渐增大时,输出电压 u_{od} 的数值也会线性增大,但 u_{od} 与 u_{id} 相位相反。但当 u_{id} 绝对值过大,使管子超过动态范围时,则 $|u_{\mathrm{id}}|$ 再继续增大,$|u_{\mathrm{od}}|$ 不会再增大。因此,电路的电压传输特性如图 6-8 所示。

6.2.4　差分放大电路的输入、输出方式

差分放大电路有两个放大三极管,它们的基极和集电极分别是放大电路的两个输入端和两个输出端。差分放大电路的输入、输出端可以有四种不同的接法,即差分输入、双端输出,差分输入、单端输出,单端输入、双端输出和单端输入、单端输出。下面分别进行介绍。

1. 差分输入、双端输出

电路如图 6-9 所示。根据前面的分析,由式(6-12)、式(6-13)和式(6-14)可知差分输入、双端输出时的差模电压放大倍数为

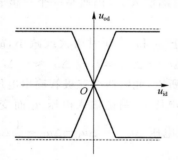

图 6-8　差放的差模传输特性

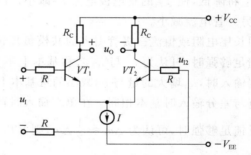

图 6-9　差分输入、双端输出

$$A_d = -\frac{\beta\left(R_{\mathrm{C}} /\!/ \dfrac{R_{\mathrm{L}}}{2}\right)}{R + r_{\mathrm{be}}} \tag{6-15}$$

差模输入电阻和输出电阻分别为:

$$R_{\mathrm{id}} = 2(R + r_{\mathrm{be}}) \tag{6-16}$$

$$R_{\mathrm{O}} = 2R_{\mathrm{C}} \tag{6-17}$$

2. 差分输入、单端输出

电路如图 6-10 所示。由于只从三极管 VT_1 的集电极输出,而另一管 VT_2 集电极的电压变化没有输出,所以 Δu_{O} 约为双端输出时的一半,即

$$A_d = -\frac{1}{2}\frac{\beta(R_{\mathrm{C}} /\!/ R_{\mathrm{L}})}{R + r_{\mathrm{be}}} \tag{6-18}$$

如改从 VT_2 集电极输出,则输出电压将与输入电压同相。

差模输入电阻和输出电阻分别为:

$$R_{id} = 2(R + r_{be}) \tag{6-19}$$

$$R_O = 2R_C \tag{6-20}$$

这种接法常用于将差分信号转换为单端信号,以便与后面的放大级实现共地。

3. 单端输入、双端输出

在单端输入的情况下,输入电压只加在某一个三极管的基极与公共端之间,另一管的基极接地,如图 6-11 所示。现在来分析一下单端输入时两个三极管的工作情况。

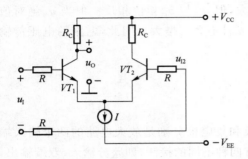

图 6-10　差分输入、单端输出

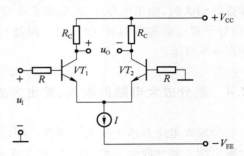

图 6-11　单端输入、双端输出

在图 6-11 中,设某个瞬时输入电压极性为正,则 VT_1 的集电极电流 i_{C1} 将增大,流过长尾电阻 R_e 或恒流管的电流也随之增大,于是发射极电位 u_E 升高,但 VT_2 基极回路的电压 $u_{BE2} = u_{B2} - u_E$ 将降低,使 T_2 的集电极电流 i_{C2} 减小,可见,在单端输入时,仍然是一个三极管的电流增大,另一管电流减小。

因长尾电阻或恒流三极管引入的共模负反馈将阻止 i_{C1} 和 i_{C2} 同时增大或减小,故当共模负反馈足够强时,可认为 i_{C1} 与 i_{C2} 之和基本上不变,即 $\Delta i_{C1} + \Delta i_{C2} \approx 0$,或 $\Delta i_{C1} \approx -\Delta i_{C2}$。说明在单端输入时,$i_{C1}$ 增大的量与 i_{C2} 减小的量基本上相等,所以,此时两个三极管输出电压的变化情况将与差分输入时基本相同。在单端输入时,发射极电压 u_E 将随输入电压 u_I 而变化,当共模负反馈足够强时,可认为 $\Delta u_E \approx \frac{1}{2}\Delta u_I$,则 VT_1 的输入电压 $\Delta u_{BE1} = \Delta u_I - \Delta u_E \approx \frac{1}{2}\Delta u_I$,$T_2$ 的输入电压 $\Delta u_{BE2} = 0 - \Delta u_E \approx -\frac{1}{2}\Delta u_I$。由此可知,$\Delta u_{BE1}$ 与 Δu_{BE2} 大小近似相等而极相反,即两个三极管仍然基本上工作在差分状态。所以,单端输入、双端输出时的差模电压放大倍数为

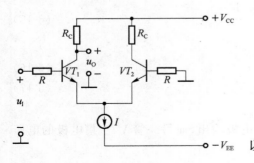

图 6-12　单端输入、单端输出

$$A_d = -\frac{\beta\left(R_C \,/\!/\, \dfrac{R_L}{2}\right)}{R + r_{be}} \tag{6-21}$$

差模输入电阻和输出电阻分别为:

$$R_{id} \approx 2(R + r_{be}) \tag{6-22}$$

$$R_O = 2R_C \tag{6-23}$$

这种接法主要用于将单端信号转换为双端输出,以便作为下一级的差分输入信号。

4. 单端输入、单端输出

电路如图 6-12 所示。由于从单端输出,所以其差

模电压放大倍数约为双端输出时的一半。

$$A_d = -\frac{1}{2}\frac{\beta\left(R_C /\!/ \frac{R_L}{2}\right)}{R + r_{be}} \tag{6-24}$$

如果改从 VT_2 的集电极输出，则以上 A_d 的表达式中没有负号，即输出电压与输入电压同相。

差模输入电阻和输出电阻为：

$$R_{id} \approx 2(R + r_{be}) \tag{6-25}$$

$$R_O = R_C \tag{6-26}$$

这种接法的特点是在单端输入和单端输出的情况下，比一般的单管放大电路具有较强的抑制零漂的能力。另外，通过从不同的三极管集电极输出，可使输出电压与输入电压成为反相或同相关系。

总之，根据以上对差分放大电路输入、输出端四种不同接法的分析，可以得出以下几点结论。

（1）双端输出时，差模电压放大倍数基本上与单管放大电路的电压放大倍数相同；单端输出时，A_d 约为双端输出时的一半。

（2）双端输出时，输出电阻 $R_O = 2R_C$；单端输出时，$R_O = R_C$。

（3）双端输出时，因为两管集电极电压的温漂互相抵消，所以在理想情况下共模抑制比 $K_{CMR} = \infty$；单端输出时，由于通过长尾电阻或恒流三极管引入了很强的共模负反馈，因此仍能得到较高的共模抑制比，当然不如双端输出时高。

（4）单端输出时，可以选择从不同的三极管输出，而使输出电压与输入电压反相或同相。

（5）单端输入时，由于引入了很强的共模负反馈，两个三极管仍基本上工作在差分状态。

（6）单端输入时，从一个三极管到公共端之间的差模输入电阻 $R_{id} \approx 2(R + r_{be})$。

6.3　集成运放中的电流源电路

在模拟集成电路中，广泛采用动态输出电阻很高的各种电流源。现介绍几种基本电流源电路。

6.3.1　镜像电流源

镜像电流源电路如图 6-13 所示。图中电源 V_{CC} 通过电阻 R 和 VT_1 产生一个基准电流 I_{REF}，可得：

$$I_{REF} = \frac{V_{CC} - U_{BE1}}{R} \tag{6-27}$$

然后在 T_2 的集电极得到相应的 I_{C2}，作为提供给某个放大级的偏置电流。由于 $U_{BE1} = U_{BE2}$，而 VT_1 和 VT_2 是做在同一硅片上两个相邻的三极管，它们的工艺、结构和参数都比较一致，因此可以认为

$$I_{B1} = I_{B2} = I_B$$

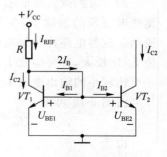

图 6-13　镜像电流源

$$I_{C1} = I_{C2} = I_C$$

则

$$I_{C2} = I_{C1} = I_{REF} - 2I_B = I_{REF} - 2\frac{I_{C2}}{\beta}$$

所以

$$I_{C2} = I_{REF}\frac{1}{1+\dfrac{2}{\beta}} \tag{6-28}$$

当满足条件 $\beta \gg 2$ 时，上式可简化为

$$I_{C2} \approx I_{REF} = \frac{V_{CC} - U_{BE1}}{R} \tag{6-29}$$

由于输出恒流 I_{C2} 和基准电流 I_{REF} 相等，它们之间如同是镜像的关系，所以这种恒流源电路称为镜像电流源。镜像电流源的优点是结构简单，而且具有一定的温度补偿作用。

6.3.2 比例电流源

在镜像电流源的基础上，在 VT_1、VT_2 的发射极分别接入两个电阻 R_1 和 R_2，即可组成比例电流源，如图 6-14 所示。

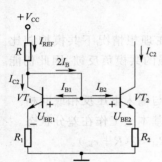

图 6-14 比例电流源

由图可得

$$U_{BE1} + I_{E1}R_1 = U_{BE2} + I_{E2}R_2$$

由于 VT_1 和 VT_2 是做在同一硅片上的两个相邻的三极管，因此可以认为 $U_{BE1} = U_{BE2}$，则

$$I_{E1}R_1 \approx I_{E2}R_2$$

如果两管的基极电流可以忽略，由上式可得

$$I_{C2} \approx \frac{R_1}{R_2}I_{C1} \approx \frac{R_1}{R_2}I_{REF} \tag{6-30}$$

可见两个三极管的集电极电流之比近似与发射极电阻的阻值成反比，故称为比例电流源。以上两种电流源的共同缺点是，当直流电源 V_{CC} 变化时，输出电流 I_{C2} 几乎按同样的规律波动。因此不适用于直流电源在大范围内变化的集成运放。此外，若输入级要求微安级的偏置电流，则所用电阻将达兆欧级，在集成电路中无法实现。

6.3.3 微电流源

为了得到微安级的输出电流，同时又希望电阻值不太大，可以在镜像电流源的基础上，在 VT_2 的发射级接入一个电阻 R_e，如图 6-15 所示。这种电路称为微电流源。引入 R_e 后，将使 $U_{BE1} > U_{BE2}$，此时即使 I_{C1} 比较大，有可能使 $I_{C2} \ll I_{C1}$，即在 R_e 阻值不太大的情况下，得到一个比较小的输出电流 I_{C2}。

由图 6-15 可得

$$U_{BE1} - U_{BE2} = I_{E2}R_e \approx I_{C2}R_e$$

由于

$$I_C = I_S(e^{\frac{U_{BE}}{U_T}} - 1) \approx I_S e^{\frac{U_{BE}}{U_T}}$$

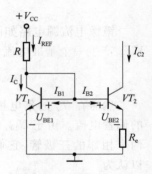

图 6-15 微电流源电路

则

$$U_{\text{BE1}} - U_{\text{BE2}} \approx U_T \left(\ln \frac{I_{\text{C1}}}{I_{\text{S1}}} - \ln \frac{I_{\text{C2}}}{I_{\text{S2}}} \right) \approx I_{\text{C2}} R_{\text{e}}$$

设

$$I_{\text{S1}} \approx I_{\text{S2}}$$

即得

$$U_T \ln \frac{I_{\text{C1}}}{I_{\text{C2}}} \approx I_{\text{C2}} R_{\text{e}} \tag{6-31}$$

式(6-31)说明,当 I_{C1} 和 I_{C2} 已知时,可求出 R_{e}。

仿 真 实 训

差分放大电路的仿真测试

一、实训目的

1. 掌握差分放大电路的调零、静态工作点分析方法。

2. 掌握差分放大电路共模增益和差模增益的仿真测试方法。

二、仿真电路和仿真内容

1. 仿真电路

图 6-16 是差分放大电路的仿真电路,是由两个相同的共射放大电路组成的,当开关 $J1$ 拨向左侧时,构成了一个典型的差动放大电路,调零电位器 R_{w} 用来调节 $Q1$、$Q2$ 管的静态工作点,使得输入信号为 0 时,双端输出电压(即电阻 R_{L} 上的电压)为 0。

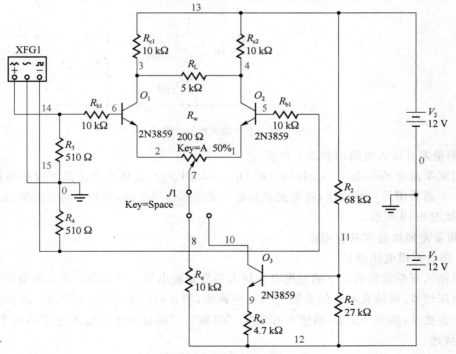

图 6-16　差分放大电路仿真电路图

当开关 $J1$ 拨向右侧时,构成了一个具有恒流源的差动放大电路,用恒流源代替射极电阻 R_e,可以进一步提高抑制共模信号的能力。

差动放大电路需要一正一负两个电压源,实际中不存在负的电压源,将正极接地,则电压源的负极可以提供负的电压,因此,按照图中的接法可以提供正负电压源。

差动放大电路有两个输入端和两个输出端,因此电路组态有双入双出、双入单出、单入双出、单入单出 4 种。凡是双端输出,差模电压放大倍数与单管情况下相同。凡是单端输出,差模电压放大倍数为单管情况下的一半。

2. 差分放大电路的调零

调零是指差分放大电路输入端不接入信号,调整电路参数使两个输出端达到等电位。如图 6-17 所示,调整电位器 R_w,使节点 3 和节点 4 的电压相同,这时可认为左右两侧的电路已经对称,调零工作完成。图中的电压读数也是两个三极管的集电极静态工作电压。

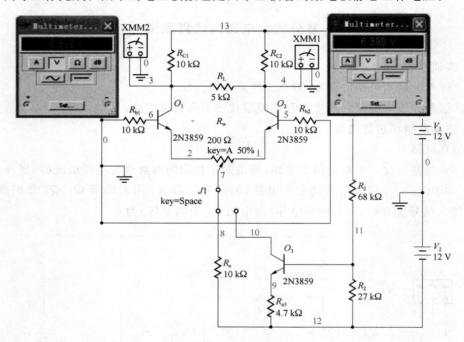

图 6-17　差分放大电路的调零

3. 测量差分放大电路的静态工作点

采用菜单命令 Simulate/Analysis/DC Operating Point,选择节点仿真可以获得静态工作点指标。下面采用另一种方法,将电流表和电压表接入仿真电路,获得更直观的静态工作点测量结果,如图 6-18 所示。

4. 测量差模增益和共模增益

(1) 测量差模电压增益

双端输入双端输出情况下的差模电压放大倍数是输出端电压差除以输入端电压差。为获得较大电压增益,将仿真电路的参数进行一些调整,测量电路如图 6-19 所示。函数发生器设置为输出正弦波,频率 1 kHz,幅值 5 mV,"＋"端和"－"端接入差动放大电路的两个输入端,COM 端接地。

用电压表测量输入端的电压差,注意双击电压表,将测量模式(Mode)改为交流(AC)模

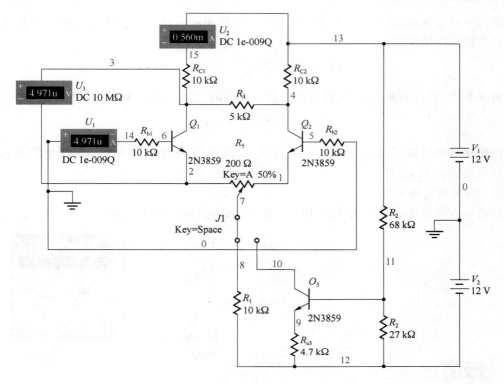

图 6-18　差动放大电路的静态工作点测量

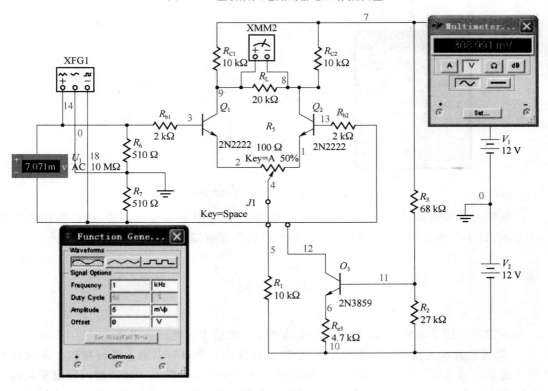

图 6-19　双入双出差分放大电路的差模增益测量

式。由图中测量数据,输入端电压差为 $7.071\,\mathrm{mV}$,输出端电压差为 $308.991\,\mathrm{mV}$,双入双出模式时的差模电压增益为:

$$A_{\mathrm{ud}} = \frac{308.991}{7.071} \approx 43.7$$

当开关 $J1$ 拨向右侧时,以恒流源代替发射极电阻,则差模电压增益增加到:

$$A_{\mathrm{ud}} = \frac{316.654}{7.071} \approx 44.8$$

由仿真结果可知,负载电阻 R_{L} 对增益值影响很大,此外,调零电阻 R_{w}、基极电阻 R_{b1}、R_{b2}、集电极电阻 R_{C1}、R_{C2} 均有影响。

(2) 测量共模电压增益

将两输入端短接,COM 端接地,构成共模输入方式,如图 6-20 所示。

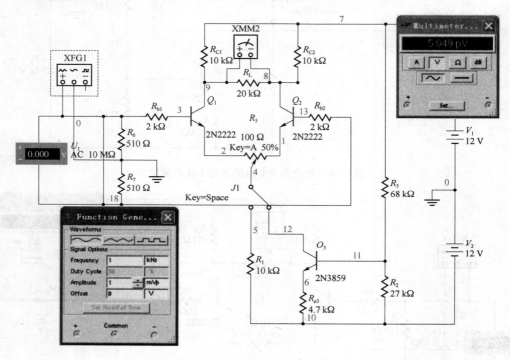

图 6-20　双入双出差分放大电路的共模增益测量

调整输入信号频率为 $1\,\mathrm{kHz}$,幅值为 $1\,\mathrm{mV}$,在负载电阻两端接万用表,测得输出电压为 $6\,\mathrm{pV}$ 左右,几乎为零。可见,差动放大电路对共模信号有很强的抑制效果。

小　　结

本章主要介绍了集成运放、差分放大电路和集成运放中的电流源电路。

1. 集成运算放大器是采用集成工艺制成的,内部是一个具有高增益的直接耦合多级放大电路。通常由输入级、中间级、输出级和偏置电路四部分组成。集成运放的输入级通常是由一个高性能的双端输入差动放大器组成。中间级通常采用复合管的共发射极电路。输出级通常采用互补对称的输出电路。偏置电路的作用是向各放大级提供合适的偏置电流,确定各级静态工作点。通常采用恒流源电路,为集成运放内部的各级电路提供合适又稳定的静态工作点电流。

2. 常用输入失调电压及其温漂、输入失调电流及其温漂、开环电压放大倍数、差模输入电阻、共模抑制比、单位增益带宽、转换速率等参数来衡量集成运放的性能。

3. 集成运放通常可分为通用型、高阻型、低温漂型、高速型、低功耗型、高压大功率型等几种不同的类型。

4. 差分放大电路是构成多级直接耦合放大电路的基本单元电路,常见的形式有三种:基本形式、长尾式和恒流源式。

5. 差分放大电路的输入电压有两种形式,一种是差模输入电压,即两个差放管的输入电压大小相等,但极性相反。另一种是共模输入电压,即两个差放管的输入电压大小相等,且极性相同。通常希望差分放大电路的差模电压放大倍数越大越好,而共模电压放大倍数越小越好。

6. 共模抑制比 K_{CMR} 描述差分放大电路对零漂的抑制能力。K_{CMR} 越大,说明抑制零漂的能力越强。

7. 差分放大电路的输入、输出端可以有四种不同的接法,即差分输入、双端输出,差分输入、单端输出,单端输入、双端输出和单端输入、单端输出。

8. 在模拟集成电路中,广泛采用动态输出电阻很高的各种电流源。常用的基本电流源电路有镜像电流源、比例电流源、微电流源等。

习　题

6.1　通用型集成运放一般由几部分组成?每一部分常采用哪种基本电路?通常对每一部分的性能要求分别是什么?

6.2　已知一个集成运放的开环差模增益 A_{od} 为 100 dB,最大输出电压峰—峰值 $U_{opp} = \pm 14$ V,分别计算差模输入电压 u_{Id} 为 10 μV、100 μV、1 mV、1 V 和 -10 μV、-100 μV、-1 mV、-1 V 时的输出电压 u_O。

6.3　电路如图 T6.1 所示,假设电路参数理想对称,$\beta_1 = \beta_2 = \beta$,$r_{be1} = r_{be2} = r_{be}$。

(1)写出 R_W 的滑动端在中点时 A_d 的表达式;

(2)写出 R_W 的滑动端在最右端时 A_d 的表达式,比较两个结果有什么不同。

6.4　电路如 T6.2 所示,T_1 管和 T_2 管的 β 均为 40,r_{be} 均为 3 kΩ。试问:若输入直流信号 $u_{I1} = 20$ mV,$u_{I2} = 10$ mV,则电路的共模输入电压 u_{IC} 是多少?差模输入电压 u_{Id} 是多少?输出动态电压 $\triangle u_O$ 是多少?

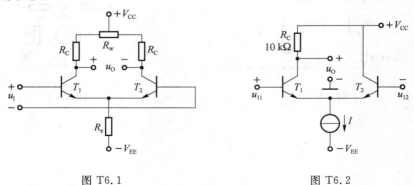

图 T6.1　　　　　　　　　　　　图 T6.2

6.5　具有集电极调零电位器 R_p 的差分放大电路如图 T6.3 所示。已知 $\beta=50$，$V_{BE1}=V_{BE2}=0.7$ V，当 R_p 置于中点位置时，求电路的静态工作点。

6.6　如图 T6.4 所示为一个单端输出的差分放大电路。指出 1、2 两端哪个是同相输入端，哪个是反相输入端，并求该电路的共模抑制比 K_{CMR}。已知：$V_{CC}=12$ V，$-V_{EE}=-6$ V，$R_B=10$ kΩ，$R_E=6.2$ kΩ，$R_C=5.1$ kΩ，晶体管的 $\beta_1=\beta_2=50$，$r_{bb_1'}=r_{bb_2'}=300$ Ω，$V_{BE1}=V_{BE2}=0.7$ V。

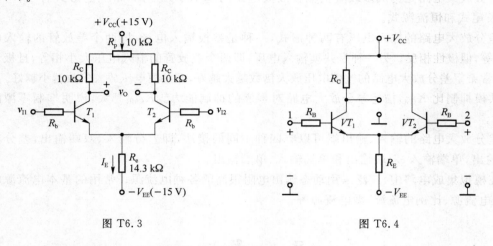

图 T6.3　　　　　　　　　　　　　　图 T6.4

6.7　电路如图 T6.5 所示，设晶体管参数为 $r_{bb'}=100$，$\beta=100$，

（1）求电路的静态工作点；

（2）求差模电压放大倍数 A_{vd}；

（3）当 v_I 为一直流电压 16 mV 时，分别计算 VT_1、VT_2 集电极对地的直流电压。

6.8　电路如图 T6.6 所示。试求单端输出时的差模电压放大倍数、共模电压放大倍数、共模抑制比和共模输入电阻。

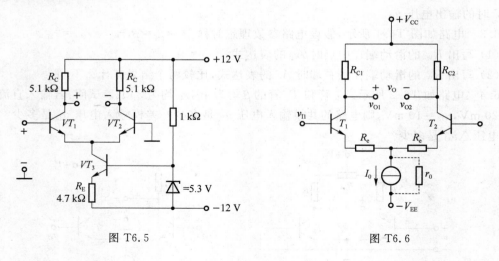

图 T6.5　　　　　　　　　　　　　　图 T6.6

第7章 负反馈放大电路

教学目标与要求：

- 了解反馈的概念，理解电路中引入反馈的作用和意义
- 理解正反馈和负反馈，理解什么是直流反馈和交流反馈
- 掌握电路中有无引入反馈、正反馈和负反馈、直流反馈和交流反馈的判断方法
- 理解交流负反馈的四种基本组态，并会判断电路中引入的相应组态
- 掌握负反馈放大电路的一般表达式
- 理解什么是深度负反馈，在深度负反馈条件下，如何估算放大倍数？
- 理解自激振荡的现象和产生原因，掌握电路中是否产生自激振荡的判断方法，了解消除自激振荡的方法

7.1 反馈的概念及判断方法

通常情况下，没有反馈的放大电路的性能往往不够理想，在许多情况下不能满足需要。引入反馈后，电路可根据输出信号的变化控制基本放大电路的净输入信号的大小，从而自动调节放大电路的放大过程，以改善放大电路的性能。例如，当反馈放大电路的输出电压偏离正常值而增大时，反馈网络能自动减小放大电路的净输入信号，抑制输出电压的增大。所以，反馈能稳定输出电压。根据同样的道理，负反馈也能稳定输出电流。本章重点介绍负反馈对放大电路性能的影响。

7.1.1 反馈的基本概念

将放大电路输出端的电压或电流，通过一定的方式，返回到放大器的输入端，与输入信号叠加，对输入端产生作用，这就称为反馈。引入反馈后，整个系统构成了一个闭环系统。反馈放大电路的方框图如图 7-1 所示。根据反馈放大器各部分电路的主要功能，可将其分为基本放大电路和反馈网络两部分，前者的主要功能是放大信号，后者的主要功能是传输反馈信号。具有反馈的放大器称为闭环放大电路。基本放大电路的输入信号称为净输入量，它不仅和输入量有关，还与反馈量有关。

判断一个放大电路中是否存在反馈，主要看输出信号是否能够通过某种方式作用回输入端，即电路中是否存在反馈网络，若有，则存在反馈，否则就不存在反馈。

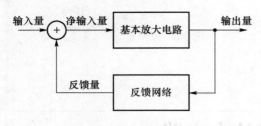

图 7-1　反馈放大电路的方框图

根据反馈结果的不同,反馈可分为正反馈和负反馈两种。判断反馈类型可以从两个角度来看:从输入端角度看,凡反馈的结果使净输入量减小的为负反馈,否则为正反馈;从输出端角度看,凡反馈的结果使输出量的变化减小的为负反馈,否则为正反馈。

按照反馈网络所在的通路不同,反馈可分为直流反馈和交流反馈。直流通路中存在的反馈称为直流反馈,交流通路中存在的反馈称为交流反馈。如果反馈量既有直流量,又有交流量,则称为交直流反馈。直流反馈主要用于稳定放大电路的静态工作点,这在前面第 3 章介绍的典型静态工作点稳定电路中已有简单介绍;交流反馈主要用于改善放大电路的动态性能,本章主要讨论交流反馈。

7.1.2　反馈的判断方法

1. 有无反馈的判断

根据反馈的概念可以判断电路中是否存在反馈。若放大电路中存在将输出回路与输入回路相连接的通路,并且能影响放大电路的净输入量,表明电路中引入了反馈,否则电路中就不存在反馈。

例 7-1　判断图 7-2 中所示电路是否引入反馈。

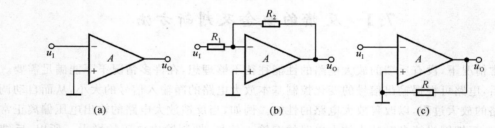

图 7-2　例 7-1 图

解:首先观察电路,寻找有无能将输出回路和输入回路连接的通路。在图 7-2(a)图中,集成运放的输出端与同相输入端、反相输入端之间均无通路相连,所以电路中没有引入反馈。在 7-2(b)图所示电路中,电阻 R_2 将集成运放的输出端与反相输入端相连,导致集成运放的净输入量不仅与输入信号有关,还与输出信号有关,故电路中引入了反馈。在 7-2(c)图所示电路中,虽然电阻 R 跨接在集成运放的输出端与同相输入端之间,但由于同相输入端接地,R 仅仅是集成运放的负载,输出电压没有作用回集成运放的输入端,因此电路中没有引入反馈。

2. 直流反馈和交流反馈的判断

判断直流反馈和交流反馈的方法就是"看通路",即看反馈是存在于直流通路还是交流通路。

例 7-2　设以下电路中所有电容对交流信号均可视为短路,判断图 7-3 中各电路中存在的交流或直流反馈。

解:图 7-3(a)所示电路对应的直流通路如图 7-4(a)所示,由图可见,电路中电阻 R_2、R_1 形

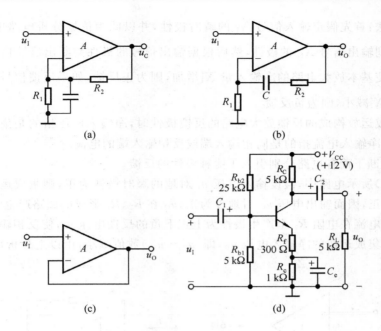

图 7-3　例 7-2 图

成了反馈回路,将输出信号 u_O 引回到集成运放的反相输入端,反馈信号与输入信号 u_1 一起决定了集成运放的净输入电压 u_D,所以电路中引入了直流反馈;其交流通路如图 7-4(b)所示,表面上看,R_2 所在支路将输出信号与集成运放输入端连接起来,实际上,集成运放反相输入端此时接地,电阻 R_2 并没起到反馈的作用,所以没有交流反馈。图 7-3(b)对应的直流通路如图 7-4(c)所示,电路中不存在反馈通路,所以没有引入直流反馈;其交流通路如图 7-4(a)所示,所以引入了交流反馈。图 7-3(c)对应的直流通路和交流通路与原电路相同,输出信号完全作用回输入端,与输入信号一起影响集成运放的净输入量,所以该电路中既有直流反馈,又有交流反馈。在图 7-3(d)所示电路中,直流时旁路电容 C_e 被断开,电阻 R_e 和 R_f 一起作为反馈电阻,并且能影响到晶体管的基极电流或者 b-e 间电压的变化,所以存在直流反馈;考虑交流通路时,旁路电容 C_e 将电阻 R_e 短路,但是电阻 R_f 的反馈作用依然存在,所以该电路也引入了交流反馈,只是该电路的直流、交流反馈通路有所不同。

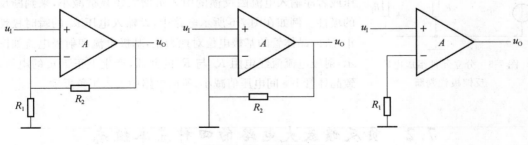

图 7-4　例 7-2　题解图

3. 反馈极性的判断

判断反馈极性的依据就是"看反馈的结果",即净输入量是被增大还是被减小,净输入量被增加的为正反馈,反之为负反馈。判断方法通常采用瞬时极性法。

瞬时极性法:首先假定输入信号 $\dot{X}_1$ 的瞬时极性,并以此为依据分析电路中各电流、电位的极性从而得到输出信号 $\dot{X}_0$ 的极性,然后根据输出信号的极性判断出反馈信号 $\dot{X}_f$ 的极性,如果反馈信号使基本放大电路的净输入量 $\dot{X}'_1$ 增加,则为正反馈,如果反馈信号使基本放大电路的净输入量 $\dot{X}'_1$ 减小,则为负反馈。

在判断集成运放构成的反馈放大电路的反馈极性时,净输入电压指的是集成运放两个输入端的电位差,净输入电流指的是同相输入端或反相输入端的电流。

例 7-3 判断下面各电路分别引入了哪种极性的反馈。

在图 7-5(a)所示电路中,假设输入电压 u_1 对地的瞬时极性为正,则集成运放同相输入端电位 u_+ 对地为正,因而输出电压 u_O 对地也为正,u_O 在 R_2、R_1 形成的回路产生电流,方向如图中虚线所示,该电流在电阻 R_1 上产生极性为上正下负的反馈电压 u_f,使反相输入端对地电位为正,因此导致集成运放的净输入电压 u_D,即($u_+ - u_-$)数值减小,由以上分析可知,电路引入了负反馈。

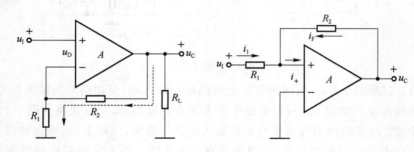

图 7-5 例 7-3 图

在图 7-5(b)所示电路中,假设输入电压 u_1 对地的瞬时极性为正,则 u_1 在同相输入端产生电流如图所示,其流入集成运放同相输入端,电位 u_+ 对地为正,因而输出电压 u_O 对地极性为正,u_O 作用于电阻 R_2,产生电流 i_F,方向如图所示,i_F 导致了集成运放的净输入电流 i_+ 的增加,说明电路中引入了正反馈。

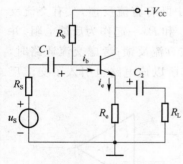

图 7-6 分立元件组成电路
反馈极性判断

对于分立元件电路,可以通过判断输入级放大管的净输入电压或者净输入电流因反馈的引入被增大还是被减小,来判断反馈的极性。例如在图 7-6 所示电路中,设输入电压 u_S 的瞬时极性为正,所以晶体管的基极电位对地为正,基极电流和射极电流如图所示,射极电流流经电阻 R_e 与 R_l 的并联,产生上正下负的电压,导致晶体管 b-e 间电压值减小,所以电路中引入了负反馈。

7.2 负反馈放大电路的四种基本组态

负反馈放大电路的一般特点包括:

1. 交流负反馈使放大电路的输出量与输入量之间具有稳定的比例关系,任何因素引起的输出量的变化均将得到抑制,由于输入量的变化也同样会受到抑制,因此交流负反馈使电路的放大能力下降；

2. 反馈量实质上是对输出量的取样，其数值与输出量成正比；

3. 负反馈的基本作用是将引回的反馈量与输入量相减，从而调整电路的净输入量和输出量。

7.2.1　反馈组态的判断

在负反馈放大电路中，为了达到不同的目的，可以在输出回路与输入回路分别采用不同的连接方式，形成不同类型的负反馈放大电路。

1. 电压反馈和电流反馈的判断

从输出端看，当反馈量取自输出电压时称为电压反馈，当反馈量取自输出电流时称为电流反馈。具体判断方法为：令输出电压为 0，若反馈量随之为 0，则为电压反馈；若反馈量依然存在，则为电流反馈。

在图 7-7(a)所示电路中，如果令输出端电位 u_O 为零，则电路将对应为如图 7-7(b)所示，由图可见，此时反馈回路将不存在，反馈量消失，所以该电路引入的是电压反馈。

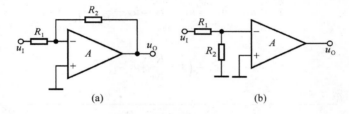

图 7-7　电压反馈和电流反馈的判断

2. 串联反馈和并联反馈的判断

从输入端看，当反馈量与输入量以电压方式相叠加时称为串联反馈，以电流方式相叠加时称为并联反馈。

在图 7-8(a)所示电路中，反馈电压与输入电压在集成运放的输入端叠加，有

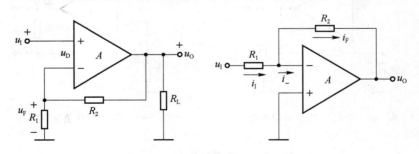

图 7-8　串联反馈和并联反馈的判断

$$u_D = u_I - u_F$$

所以该电路为串联反馈。

在图 7-8(b)所示电路中，反馈电流与输入电流在集成运放输入端叠加，存在

$$i_N = i_I - i_F$$

所以该电路为并联反馈。

7.2.2 四种组态负反馈放大电路

对于负反馈电路来说,从输入端看,反馈可以分为串联反馈和并联反馈;从输出端看,反馈可以分为电压反馈和电流反馈,所以交流负反馈可以分为电压串联负反馈、电流串联负反馈、电压并联负反馈、电流并联负反馈四种组态,或者称为交流负反馈的四种方式。

1. 电压串联负反馈

在图 7-9 中,电路各点电位对地的瞬时极性如图所注,可以判断出该电路引入了负反馈。由图可知,反馈量

$$u_F = \frac{R_1}{R_1 + R_2} u_O$$

表明反馈量取自输出电压 u_O,且正比于 u_O,所以为电压负反馈;在输入端,反馈量与输入电压 u_I 求差后进行放大,所以为串联负反馈。由上述可知,该电路引入了电压串联负反馈。下面对该电路的放大倍数进行分析。

在集成运放的输入端有

$$u_I = u_D + u_{R1} \approx u_D + u_F \approx u_F = \frac{R_1}{R_1 + R_2} \cdot u_O$$

在输出端

$$u_O = \left(1 + \frac{R_2}{R_1}\right) u_I$$

其电压放大倍数

$$A_{uuf} = \frac{\Delta u_O}{\Delta u_I} = 1 + \frac{R_2}{R_1}$$

2. 电流串联负反馈

电路中相关电位及电流的瞬时极性及其电流流向如图 7-10 所示。由图可知,反馈量

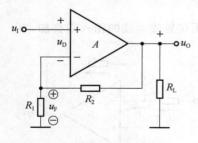
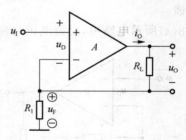

图 7-9 电压串联负反馈电路   图 7-10 电流串联负反馈电路

$$u_F = i_O R_1$$

说明反馈量取自输出电流 i_O,且转换为反馈电压 u_F,并且与输入电压 u_I 求差后放大,所以电路中引入了电流串联负反馈。

在该电路中,

$$i_{R1} \approx \frac{u_I}{R_1} \approx i_O$$

则

$$u_F = i_O R_1$$

因为

$$u_I = u_F$$

所以

$$i_O = \frac{1}{R_1} \cdot u_I$$

电流串联负反馈电路的放大倍数：

$$A_{iuf} = \frac{\Delta i_O}{\Delta u_I} = \frac{1}{R_1}$$

3. 电压并联负反馈

在图 7-11 所示电路中，相关电位及电流的瞬时极性和电流流向如图中所标注。从图 7-11 可知，反馈信号

$$i_F = -\frac{u_O}{R}$$

说明反馈量取自输出电压，且转换为反馈电流，并且与输入电流求差后被放大，所以该电路引入了电压并联负反馈。

在该电路中，集成运放的输入端满足虚短，所以

$$u_- \approx u_+ = 0$$

又因为集成运放反相输入端电流 $i_D \approx 0$，所以

$$i_I \approx i_F = -\frac{u_O}{R}$$

$$u_O \approx -i_I R$$

电流并联负反馈电路的放大倍数

$$A_{uif} = \frac{\Delta u_O}{\Delta i_I} \approx -R$$

4. 电流并联负反馈

在图 7-12 所示电路中，各支路电流的瞬时极性如图中所标注。由图可见，反馈量

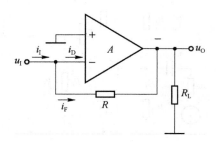

图 7-11　电压并联负反馈电路

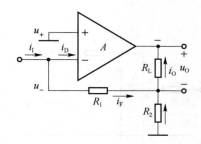

图 7-12　电流并联负反馈电路

$$i_F = -\frac{R_2}{R_1 + R_2} \cdot i_O$$

说明反馈信号取自输出电流，且转换为反馈电流，并且与输入电流求差后被放大，可见电路引入了电流并联负反馈。

在该电路中,集成运放的输入端满足虚短,所以

$$u_- \approx u_+ = 0$$

又因为集成运放反相输入端电流 $i_D \approx 0$,所以

$$i_I \approx i_F = -\frac{R_2}{R_1 + R_2} \cdot i_O$$

故此

$$i_O \approx -\left(1 + \frac{R_1}{R_2}\right) i_I$$

电流并联负反馈电路的放大倍数

$$A_{iif} = \frac{\Delta i_O}{\Delta i_I} \approx -\left(1 + \frac{R_1}{R_2}\right)$$

根据对上面四种组态负反馈的分析可得到如下结论。

1)电压负反馈能够稳定输出电压,电流负反馈能够稳定输出电流。换句话说,放大电路中应引入电压负反馈还是电流负反馈,取决于负载欲得到稳定的电压还是稳定的电流。

2)串联负反馈的输入电流很小,适用于输入信号为恒压源或近似恒压源的情况,而并联负反馈适用于输入信号为恒流源或近似恒流源的情况。换言之,放大电路中应引入串联负反馈还是并联负反馈,取决于输入信号源是恒压源(或近似恒压源)还是恒流源(或近似恒流源)。

例 7-4 判断下面电路是哪种组态的反馈形式。

解: 图 7-13 所示电路中,假设输入电压 u_1 对地瞬时极性为"+",则输出电压 u_O 对地瞬时极性为"−",电路中各电流流向如图中所标注。由图可见,反馈量

$$i_F = -\frac{u_O}{R}$$

说明反馈量取自输出电压,且转换为反馈电流,并且与输入电流求差后被放大,所以该电路引入了电压并联负反馈。

例 7-5 判断下面由分立元件组成的电路是哪种组态的反馈形式。

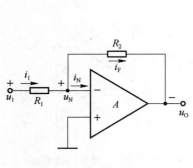

图 7-13　例 7-4 图

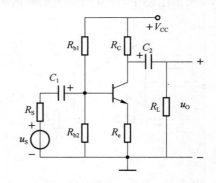

图 7-14　例 7-5 图

解: 在图 7-14 电路中,R_e 实现了电路的负反馈。对于输出端,若负载 R_L 短路,由于输出电流 i_C、i_e 依然存在,因此在 R_e 上产生的反馈电压 u_f 依然存在,因此该电路是电流反馈,容易判断输入端是串联反馈,所以该电路是电流串联负反馈。

7.3 深度负反馈放大倍数的分析

7.3.1 负反馈放大电路的一般表达式

任何负反馈放大电路的方框图都可以用图 7-15 表示。负反馈放大电路的基本放大电路是在断开反馈,且考虑反馈网络的负载效应的情况下所构成的放大电路;反馈网络是由决定反馈量和输出量关系的所有元件所组成的网络。

图中,$\dot{X}_I$、$\dot{X}_O$、$\dot{X}_f$ 分别表示放大器的输入、输出和反馈信号,$\dot{X}_I'$ 为净输入信号,这些信号可以是电压,也可以是电流。图中连线的箭头表示信号的流通方向,近似分析时可认为信号是单向流通的,即输入信号 $\dot{X}_I$ 仅通过基本放大电路传递到输出端,输出信号 $\dot{X}_O$ 仅通过反馈网络引回到输入端。换句话说,$\dot{X}_I$ 不通过反馈网络传递到输出端,$\dot{X}_O$ 也不通过基本放大电路作

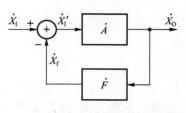

图 7-15 负反馈原理方框图

用回输入端。图中的符号"⊕"表示在输入端叠加,"+"和"−"表示它们与净输入量的叠加关系为

$$\dot{X}_I' = \dot{X}_I - \dot{X}_f$$

定义基本放大电路的放大倍数为输出量与净输入量之比,即

$$\dot{A} = \frac{\dot{X}_O}{\dot{X}_I'} \tag{7-1}$$

反馈系数为反馈量与输出量之比,即

$$\dot{F} = \frac{\dot{X}_f}{\dot{X}_O} \tag{7-2}$$

负反馈放大电路的放大倍数,或者称为闭环放大倍数为输出量与输入量之比,即

$$\dot{A}_f = \frac{\dot{X}_O}{\dot{X}_I} \tag{7-3}$$

由式(7-1)和(7-2)可得

$$\dot{A}\dot{F} = \frac{\dot{X}_f}{\dot{X}_I'} \tag{7-4}$$

称 $\dot{A}\dot{F}$ 为电路的环路放大倍数。

由式(7-1)、(7-2)、(7-4)可得

$$\dot{A}_f = \frac{\dot{X}_O}{\dot{X}_I} = \frac{\dot{X}_O}{\dot{X}_I' + \dot{X}_f} = \frac{\dot{A}\dot{X}_I'}{\dot{X}_I' + \dot{A}\dot{F}\dot{X}_I'} = \frac{\dot{A}}{1 + \dot{A}\dot{F}} \tag{7-5}$$

式(7-5)为负反馈放大电路放大倍数的一般表达式。

由式(7-5)可以看出,引入反馈后电路的放大倍数 $\dot{A}_f$ 与 $1 + \dot{A}\dot{F}$ 的值有关。下面讨论它们

之间的关系。

当 $|1+\dot{A}\dot{F}|>1$ 时,电路引入负反馈,此时 $|\dot{A}_\mathrm{f}|<|\dot{A}|$,说明引入负反馈后,放大电路的放大倍数减小了;

当 $|1+\dot{A}\dot{F}|<1$ 时,此时 $|\dot{A}_\mathrm{f}|>|\dot{A}|$,说明引入反馈后,放大电路的放大倍数增加了,这种反馈为正反馈;

当 $|1+\dot{A}\dot{F}|=0$ 时,$|\dot{A}_\mathrm{f}|\to\infty$,此时即使输入量为零,也会有输出信号,称电路产生了自激振荡。

根据上面的分析可知,当电路引入负反馈时,$|1+\dot{A}\dot{F}|$ 越大,反馈放大电路的放大倍数减小越多。通常将 $|1+\dot{A}\dot{F}|$ 称为反馈深度,它是衡量负反馈程度的一个主要性能指标。

当 $|1+\dot{A}\dot{F}|\gg1$ 时,称电路引入了深度负反馈,此时

$$\dot{A}_\mathrm{f}=\frac{\dot{A}}{1+\dot{A}\dot{F}}\approx\frac{1}{\dot{F}} \tag{7-6}$$

由式(7-6)可知,在深度负反馈条件下,闭环放大倍数主要取决于反馈系数,与基本放大电路放大倍数无关,因为反馈网络通常为无源网络,基本不受环境温度影响,所以闭环放大倍数几乎不受温度影响,电路的稳定性得到了很大的提升。

7.3.2 深度负反馈的实质

前面已经介绍过,若 $|1+\dot{A}\dot{F}|\gg1$,则

$$\dot{A}_\mathrm{f}\approx\frac{1}{\dot{F}}$$

根据 $\dot{A}_\mathrm{f}$ 和 $\dot{F}$ 的定义,

$$\dot{A}_\mathrm{f}=\frac{\dot{X}_\mathrm{O}}{\dot{X}_\mathrm{I}},\dot{F}=\frac{\dot{X}_\mathrm{f}}{\dot{X}_\mathrm{O}},\dot{A}_\mathrm{f}\approx\frac{1}{\dot{F}}=\frac{\dot{X}_\mathrm{O}}{\dot{X}_\mathrm{f}}$$

说明 $\dot{X}_\mathrm{I}\approx\dot{X}_\mathrm{f}$,此时 $\dot{X}_\mathrm{I}'=\dot{X}_\mathrm{I}-\dot{X}_\mathrm{f}\approx0$,也就是说,深度负反馈的实质是在近似分析中忽略净输入量。但对于不同组态的负反馈,可忽略的净输入量有所不同。若电路中引入深度串联负反馈,有:

$$\dot{U}_\mathrm{I}\approx\dot{U}_\mathrm{f} \tag{7-7}$$

认为净输入电压 $\dot{U}_\mathrm{I}'$ 可忽略不计;若电路中引入深度并联负反馈,有:

$$\dot{I}_\mathrm{I}\approx\dot{I}_\mathrm{f} \tag{7-8}$$

认为净输入电流 $\dot{I}_\mathrm{I}'$ 可忽略不计。

7.3.3 基于反馈系数的放大倍数分析

1. 反馈网络的分析

反馈网络连接放大电路的输出回路与输入回路,并且影响着反馈量,确定出放大电路的反

馈网络,便可根据定义求出反馈系数。

图 7-9 所示的电压串联负反馈电路的反馈网络如图 7-16(a)方框中所示,由此可求出反馈系数为

$$\dot{F}_{uu}=\frac{\dot{U}_f}{\dot{U}_O}=\frac{\dfrac{R_1}{R_1+R_2}\dot{U}_O}{\dot{U}_O}=\frac{R_1}{R_1+R_2} \tag{7-9}$$

图 7-10 所示的电流串联负反馈电路的反馈网络如图 7-16(b)方框中所示,由此可求出反馈系数为

$$\dot{F}_{ui}=\frac{\dot{U}_f}{\dot{I}_O}=\frac{\dot{I}_O R}{\dot{I}_O}=R \tag{7-10}$$

图 7-11 所示的电压并联负反馈电路的反馈网络如图 7-16(c)方框中所示,由此可求出反馈系数为

$$\dot{F}_{iu}=\frac{\dot{I}_f}{\dot{U}_O}=\frac{-\dfrac{\dot{U}_O}{R}}{\dot{U}_O}=-\frac{1}{R} \tag{7-11}$$

图 7-16 所示的电流并联负反馈电路的反馈网络如图 7-16(d)方框中所示,由此可求出反馈系数为

$$\dot{F}_{II}=\frac{\dot{I}_f}{\dot{I}_O}=\frac{-\dfrac{R_2}{R_1+R_2}\dot{I}_O}{\dot{I}_O}=-\frac{R_2}{R_1+R_2} \tag{7-12}$$

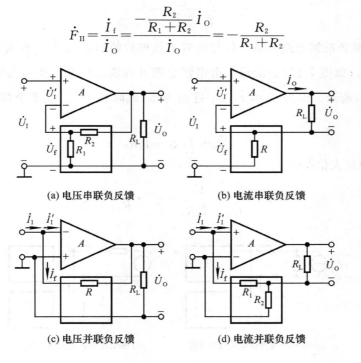

(a) 电压串联负反馈   (b) 电流串联负反馈

(c) 电压并联负反馈   (d) 电流并联负反馈

图 7-16 反馈网络的分析

2. 基于反馈系数的放大倍数分析

（1）电压串联负反馈

电压串联负反馈放大电路的放大倍数即电压放大倍数,根据深度负反馈的特征和式(7-9),可得

$$\dot{A}_{uuf} = \dot{A}_{uf} = \frac{\dot{U}_O}{\dot{U}_I} \approx \frac{\dot{U}_O}{\dot{U}_f} = \frac{1}{\dot{F}_{uu}} = 1 + \frac{R_2}{R_1} \qquad (7\text{-}13)$$

可见,$\dot{A}_{uf}$ 与负载电阻无关,表明引入深度电压负反馈后,电路的输出可近似看作受控的恒压源。

(2)电流串联负反馈

由图 7-15(b)和式(7-10)可知,引入深度电压负反馈后,电流串联负反馈放大电路的放大倍数为

$$\dot{A}_{iuf} = \frac{\dot{I}_O}{\dot{U}_I} \approx \frac{\dot{I}_O}{\dot{U}_f} = \frac{1}{\dot{F}_{ui}} = \frac{1}{R}$$

其输出电压 $\dot{U}_O = \dot{I}_O R_L$,$\dot{U}_O$ 与 $\dot{I}_O$ 随负载的变化呈线性变化,所以电压放大倍数

$$\dot{A}_{uuf} = \dot{A}_{uf} = \frac{\dot{U}_O}{\dot{U}_I} \approx \frac{\dot{I}_O R_L}{\dot{U}_f} = \frac{1}{\dot{F}_{ui}} R_L = \frac{R_L}{R} \qquad (7\text{-}14)$$

(3)电压并联负反馈

由图 7-15(c)和式(7-11)可知,引入深度电压负反馈后,电压并联负反馈放大电路的放大倍数为

$$\dot{A}_{uif} = \frac{\dot{U}_O}{\dot{I}_I} \approx \frac{\dot{U}_O}{\dot{I}_f} = \frac{1}{\dot{F}_{iu}} = -R$$

事实上,并联负反馈电路的输入信号通常不是理想的恒流源 $\dot{I}_I$。在大多数情况下,信号源 $\dot{I}_S$ 有内阻 R_S,如图 7-17(a)所示。由诺顿定理可将该信号源转换为内阻为 R_S 的电压源 $\dot{U}_S$,如图 7-17(b)所示。因为 $\dot{I}_I \approx \dot{I}_f$,$\dot{I}_I'$ 近似为零,此时认为 $\dot{U}_S$ 几乎全部降在内阻 R_S 上,因此

$$\dot{U}_S \approx \dot{I}_I R_S \approx \dot{I}_f R_S$$

所以其电压放大倍数为

$$\dot{A}_{usf} = \frac{\dot{U}_O}{\dot{U}_S} \approx \frac{\dot{U}_O}{\dot{I}_f R_S} = \frac{1}{\dot{F}_{iu}} \cdot \frac{1}{R_S} = -\frac{R}{R_S} \qquad (7\text{-}15)$$

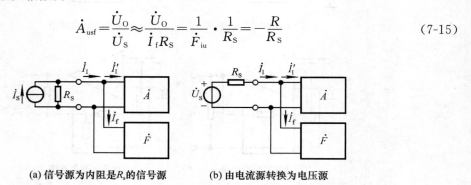

(a)信号源为内阻是 R_s 的信号源　　　　(b)由电流源转换为电压源

图 7-17　并联负反馈电路的信号源

(4)电流并联负反馈

由图 7-15(d)和式(7-12)可知,引入深度电流负反馈后,电流并联负反馈放大电路的放大倍数为

$$\dot{A}_{iif}=\frac{\dot{I}_O}{\dot{I}_I}\approx\frac{\dot{I}_O}{\dot{I}_f}=\frac{1}{\dot{F}_{ii}}=-\left(1+\frac{R_1}{R_2}\right)$$

由图 7-15(d)所示方块图可知,输出电压

$$\dot{U}_O=\dot{I}_O R_L$$

当以 R_S 为内阻的信号源 $\dot{U}_S$ 加到电路输入端时,根据式(7-12)可知,其电压放大倍数为

$$\dot{A}_{usf}=\frac{\dot{U}_O}{\dot{U}_S}\approx\frac{\dot{I}_O R_L}{\dot{I}_f R_S}=\frac{1}{\dot{F}_{ii}}\cdot\frac{R_L}{R_S}=-\left(1+\frac{R_1}{R_2}\right)\cdot\frac{R_L}{R_S} \tag{7-16}$$

当电路引入并联负反馈时,多数情况下近似认为 $\dot{U}_S\approx\dot{I}_f R_S$;当电路引入电流负反馈时,$\dot{U}_O\approx\dot{I}_O R'_L$,$R'_L$ 是电路输出端所接总负载,可能是多个电阻的并联,或者就是负载电阻 R_L。

7.4 负反馈对放大电路性能的影响

放大电路中引入交流负反馈后,其性能在很多方面会得到相应的改善,比如,可以稳定放大倍数,改变输入、输出电阻,展宽频带,减小非线性失真等,下面分别加以说明。

7.4.1 对放大倍数的影响

当放大电路的工作状况随环境温度、元器件参数变化、负载变化、电源电压波动等因素发生改变时,其放大倍数有可能发生变化,引入交流负反馈后,则可以提高放大倍数的稳定性。

当放大电路引入深度负反馈时,$\dot{A}_f\approx\frac{1}{\dot{F}}$,其大小仅取决于反馈网络的反馈系数,与基本放大电路几乎无关,而反馈网络通常由电阻、电容组成,因此引入深度负反馈后,电路放大倍数是比较稳定的。

通常用放大倍数的相对变化量来衡量其稳定性。假设没有引入反馈时,放大倍数的相对变化量为 $\frac{\mathrm{d}A}{A}$,引入反馈后,放大倍数的相对变化量为 $\frac{\mathrm{d}A_f}{A_f}$。因为在中频段,$\dot{A}_f$、$\dot{A}$、$\dot{F}$ 均为实数,所以 $\dot{A}_f$ 的表达式可写成

$$A_f=\frac{A}{1+AF} \tag{7-17}$$

对上式求微分,可得

$$\frac{\mathrm{d}A_f}{\mathrm{d}A}=\frac{1}{(1+AF)^2}$$

即

$$\mathrm{d}A_f=\frac{\mathrm{d}A}{(1+AF)^2} \tag{7-18}$$

用式(7-18)等号两边分别除以式(7-17)等号两边,可得

$$\frac{\mathrm{d}A_f}{A_f}=\frac{1}{1+AF}\cdot\frac{\mathrm{d}A}{A} \tag{7-19}$$

式(7-19)表明,引入负反馈后,闭环放大倍数的相对变化量$\dfrac{\mathrm{d}A_f}{A_f}$是未加反馈时基本放大电路放大倍数相对变化量$\dfrac{\mathrm{d}A}{A}$的$(1+AF)$分之一,比如,当$A$变化10%时,如果$(1+AF)=100$,那么$A_f$仅变化0.1%。可见负反馈放大电路放大倍数的稳定性提高,但是,这是以牺牲放大倍数为代价的。

7.4.2 对输入、输出电阻的影响

1. 对输入电阻的影响

输入电阻是从放大电路输入端看进去的等效电阻,所以负反馈对输入电阻的影响取决于反馈网络与基本放大电路在输入端的连接方式,即决定于电路引入的是串联反馈还是并联反馈。

(1)串联反馈增大输入电阻

在图7-18所示的串联负反馈放大电路方框图的输入端,根据定义,闭环放大电路的输入电阻

$$R_{if}=\frac{U_I}{I_I}=\frac{U_I'+U_f}{I_I}=\frac{U_I'+AFU_I'}{I_I}$$

而基本放大电路的输入电阻为

$$R_I=\frac{U_I'}{I_I}$$

所以

$$R_{if}=(1+AF)R_I \tag{7-20}$$

由式(7-20)可见,引入串联负反馈后,输入电阻将增大到原来的$(1+AF)$倍。

(2)并联负反馈减小输入电阻

在图7-19所示的并联负反馈放大电路方框图的输入端,根据定义,闭环放大电路的输入电阻

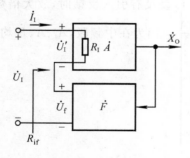
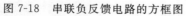

图7-18 串联负反馈电路的方框图

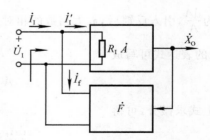

图7-19 并联负反馈电路的方框图

$$R_{if}=\frac{U_I}{I_I}=\frac{U_I}{I_I'+I_f}=\frac{U_I}{I_I'+AFI_I'}$$

而基本放大电路的输入电阻为

$$R_I=\frac{U_I}{I_I'}$$

因此

$$R_{if} = \frac{R_I}{1+AF} \tag{7-21}$$

由式(7-21)可见,引入并联负反馈后,输入电阻将减小到原来的$(1+AF)$分之一倍。

综上所述,串联负反馈增大输入电阻,并联负反馈减小输入电阻。当$(1+AF) \to \infty$时,引入串联负反馈时,$R_{if} \to \infty$;引入并联负反馈时,$R_{if} \to 0$。

2. 对输出电阻的影响

输出电阻是从放大电路输出端看进去的等效电阻,所以负反馈对输出电阻的影响取决于反馈网络与基本放大电路在输出端的连接方式,即决定于电路引入的是电压反馈还是电流反馈。

(1) 电压负反馈减小输出电阻

引入电压负反馈的放大电路具有稳定输出电压的作用,即具有恒压源的特性,而恒压源内阻很小,所以引入电压负反馈的电路必然使其输出电阻减小。可以证明,引入电压反馈的放大电路输出电阻是基本放大电路输出电阻的$(1+AF)$分之一倍。

(2) 电流负反馈增大输出电阻

引入电流负反馈的放大电路具有稳定输出电流的作用,即具有恒流源的特性,而恒流源内阻很大,所以引入电流负反馈的电路必然使其输出电阻增大。可以证明,引入电流反馈的放大电路输出电阻是基本放大电路输出电阻的$(1+AF)$倍。

7.4.3　对通频带的影响

当电路引入负反馈后,各种因素引起的放大倍数的变化都将减小,当然也包括因为信号频率变化而引起的放大倍数的变化,因此其效果是展宽了频带。对此可以定性地解释为,引入负反馈后,对于同样大小的输入信号,在中频段因为输出信号大,故此反馈信号也较大,输入信号被削弱较大;在高频段和低频段,因为输出信号较小,反馈信号也随之减小,因此输入信号被削弱较小,从而使放大电路输出信号的下降程度较小,放大倍数相应地提高,所以在中、高、低不同频段上的放大倍数比较均匀,所以放大电路的通频带相应地被展宽了。下面进行定量分析。

为了使问题简单化,假设反馈网络为纯电阻网络,并且在放大电路波特图的高频段和低频段各只有一个拐点。令基本放大电路的中频放大倍数为$\dot{A}_m$,上限频率为f_H,下限频率为f_L,所以高频段放大倍数的表达式为

$$\dot{A}_h = \frac{\dot{A}_m}{1+j\dfrac{f}{f_H}}$$

引入负反馈后,电路的高频段放大倍数为

$$\dot{A}_{hf} = \frac{\dot{A}_h}{1+\dot{A}_h \dot{F}_h} = \frac{\dfrac{\dot{A}_m}{1+j\dfrac{f}{f_H}}}{1+\dot{A}_h = \dfrac{\dot{A}_m}{1+j\dfrac{f}{f_H}}\dot{F}} = \frac{\dot{A}_m}{1+j\dfrac{f}{f_H}+\dot{A}_m\dot{F}}$$

将分子分母同除以 $1+\dot{A}_{\mathrm{m}}\dot{F}$,得:

$$\dot{A}_{\mathrm{hf}}=\frac{\dfrac{\dot{A}_{\mathrm{m}}}{1+\dot{A}_{\mathrm{m}}\dot{F}}}{1+\mathrm{j}\dfrac{f}{f_{\mathrm{H}}(1+\dot{A}_{\mathrm{m}}\dot{F})}}=\frac{\dot{A}_{\mathrm{mf}}}{1+\mathrm{j}\dfrac{f}{f_{\mathrm{Hf}}}}$$

式中 $\dot{A}_{\mathrm{mf}}$ 为负反馈放大电路的中频放大倍数,f_{Hf} 为其上限频率,所以

$$f_{\mathrm{Hf}}=f_{\mathrm{H}}(1+A_{\mathrm{m}}F)$$

上式说明引入负反馈后,上限频率增大到基本放大电路的 $(1+A_{\mathrm{m}}F)$ 倍。

利用同样的方法,可以得到负反馈放大电路下限频率的表达式为

$$f_{\mathrm{HL}}=\frac{f_{\mathrm{L}}}{1+A_{\mathrm{m}}F}$$

由此可见,引入负反馈后,下限频率减小到基本放大电路的 $(1+A_{\mathrm{m}}F)$ 分之一倍。

通常情况下,因为 $f_{\mathrm{H}}\gg f_{\mathrm{L}}$,$f_{\mathrm{Hf}}\gg f_{\mathrm{Lf}}$,所以基本放大电路及负反馈放大电路的通频带分别可近似表示为

$$f_{\mathrm{bw}}=f_{\mathrm{H}}\gg f_{\mathrm{L}}\approx f_{\mathrm{H}}$$
$$f_{\mathrm{bwf}}=f_{\mathrm{Hf}}\gg f_{\mathrm{Lf}}\approx f_{\mathrm{Hf}} \tag{7-22}$$

由此可见,引入负反馈后使放大电路的通频带展宽到基本放大电路的 $(1+A_{\mathrm{m}}F)$ 倍。

7.4.4　对非线性失真的影响

因为放大电路中的有源器件如晶体管和场效应管的特性是非线性的,所以当静态工作点设置不合适或者输入信号较大时,很容易引起输出波形的非线性失真。引入负反馈,可以有效地减小放大电路的非线性失真。例如下面这种情况。

由于晶体管输入特性的非线性,当放大电路输入级晶体管 b-e 间加正弦波信号电压时,基极电流的变化不是正弦波,即 i_{b} 发生了失真,其正半周幅值大,负半周幅值小,如图 7-20(a)所示,这样必将造成输出电压和输出电流的失真。可以设想,若加在 b-e 之间的电压正半周幅值大于负半周的幅值,则其电流失真会减小,甚至为正弦波,如图 7-20(b)所示。在电路中引入负反馈,将会使净输入信号产生类似上述的变化,因此减小了非线性失真。

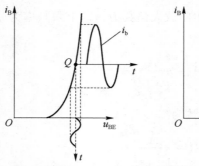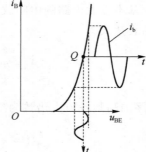

(a) u_{be} 为正弦波时,i_{b} 失真　　　　(b) u_{be} 为非正弦波时,i_{b} 近似为正弦波

图 7-20　消除 i_{b} 失真的方法

下面对负反馈能够减小非线性失真做定性分析,如图 7-21 所示。设输入信号 X_I 为正弦波,经基本放大电路放大后产生正半周幅值大负半周幅值小的非线性失真波形 X_O,在反馈系数 F 为常数的条件下,反馈信号 X_f 也是正半周幅值大负半周幅值小的失真波形,如图 7-21(a)所示。当电路闭环后,由于净输入量 X_I' 为 X_I 和 X_f 之差,所以其正半周幅值小而负半周幅值大,这种净输入信号将使输出信号的正半周减小、负半周增大,使输出波形的正、负半周幅值趋于一致,减小了放大电路的非线性失真。

可以证明,在引入负反馈前后输出量基波幅值相同的情况下,非线性失真减小到基本放大电路的 $1/(1+AF)$。具体证明过程,读者可参阅相关参考文献。

需要特别指出的是,负反馈只能减小由电路内部原因引起的非线性失真,如果输入信号本身是失真的,负反馈对其将不起作用。换句话说,当非线性信号混入输入量或干扰来源于外界时,引入负反馈将无济于事,必须采用其他信号处理方法或屏蔽等措施方可解决。

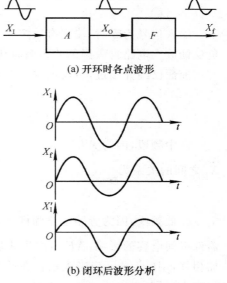

(a) 开环时各点波形

(b) 闭环后波形分析

图 7-21　引入负反馈使非线性失真减小

7.4.5　放大电路中引入负反馈的一般原则

电路中引入负反馈后可以改善放大电路的诸多性能,并且当反馈组态不同时,产生的影响也各不相同。所以在设计放大电路时,应根据需要和目的,引入合适的反馈,这里概括引入负反馈的部分原则。

(1) 稳定 Q 点应引入直流负反馈,改善动态性能应引入交流负反馈;

(2) 根据信号源特点,增大输入电阻应引入串联负反馈,减小输入电阻应引入并联负反馈;

(3) 根据负载需要,需输出稳定电压(即减小输出电阻)的应引入电压负反馈,需输出稳定电流(即增大输出电阻)的应引入电流负反馈;

(4) 从信号转换关系上看,输出电压是输入电压受控源的为电压串联负反馈,输出电压是输入电流受控源的为电压并联负反馈,输出电流是输入电压受控源的为电流串联负反馈,输出电流是输入电流受控源的为电流并联负反馈。

7.5　负反馈放大电路的稳定性

从 7.4 节的分析可知,负反馈对放大电路的诸多性能都有改善,并且反馈越深,改进性能越好。然而有时候却会事与愿违,如果电路的组成不合理,反馈过深,可能会引起电路产生自激振荡而丧失正常的放大能力,而且反馈深度越深,产生自激振荡的可能性越大。本节主要对自激振荡问题进行深入分析。

7.5.1　产生自激振荡的原因和条件

输入信号为零时,输出有一定幅值、一定频率的信号,称这种现象为电路产生了自激振荡。负反馈放大电路自激振荡的频率通常在低频段或高频段。

前面已经介绍过,负反馈放大电路的一般表达式为

$$\dot{A}_f = \frac{\dot{A}}{1+\dot{A}\dot{F}}$$

在中频段,因为 $\dot{A}\dot{F}>0$,$\varphi_A+\varphi_F=2n\pi$($n$ 为整数),因此净输入量 $\dot{X}'_I$、输入量 $\dot{X}_I$ 和反馈量 $\dot{X}_f$ 之间的关系为

$$|\dot{X}'_I| = |\dot{X}_I| - |\dot{X}_f|$$

在低频段,因为旁路电路和耦合电容的影响,$\dot{A}\dot{F}$ 将产生超前相移;在高频段,因为半导体器件极间电容的影响,$\dot{A}\dot{F}$ 将产生滞后相移。我们将在中频段相位基础上产生的相移称为附加相移,用($\varphi'_A+\varphi'_F$)来表示。在低频段或高频段,若存在一个频率 f_0,且当 $f=f_0$ 时附加相移为 $\pm\pi$,则

$$|\dot{X}'_I| = |\dot{X}_I| + |\dot{X}_f| \tag{7-23}$$

因此输出量 $|\dot{X}_O|$ 也随之增大,反馈的结果使放大倍数增加。

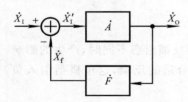

图 7-22　负反馈放大电路的自激振荡

在图 7-22 所示电路中,如果输入信号为零时,由于某种扰动,其中含有频率为 f_0 的信号,使($\varphi'_A+\varphi'_F$)$=\pm\pi$,因此产生了输出信号 $\dot{X}_O$,根据式(7-23),$|\dot{X}_O|$ 将不断增大。其过程如下所示:

$$|\dot{X}_O| \uparrow \rightarrow |\dot{X}_f| \uparrow \rightarrow |\dot{X}'_I| \uparrow \rightarrow |\dot{X}_O| \uparrow\uparrow$$

输出量逐渐增大,直至达到动态平衡,即反馈信号维持着输出信号,输出信号又维持着反馈信号,它们互相依存,此时电路产生了自激振荡。

电路产生自激振荡时,因为 $\dot{X}_O$ 与 $\dot{X}_f$ 相互维持,所以 $\dot{X}_O=\dot{A}\dot{X}'_I=-\dot{A}\dot{F}\dot{X}_O$,即

$$\dot{A}\dot{F} = -1 \tag{7-24}$$

式(7-24)就是负反馈放大电路产生自激振荡的平衡条件,它包括幅值条件和相位条件,即

$$\begin{cases} |\dot{A}\dot{F}| = 1 \\ \varphi_A+\varphi_F = (2n+1)\pi \quad (n \text{ 为整数}) \end{cases}$$

因为电路从起振到动态平衡有一个正反馈过程,输出信号的幅值在每一次反馈后都比原来增大,直到稳幅,因此起振条件为

$$|\dot{A}\dot{F}| > 1 \tag{7-25}$$

7.5.2　负反馈放大电路稳定性的分析

设反馈网络为电阻网络,放大电路为直接耦合形式。则附加相移由放大电路决定,且为滞

后相移,振荡只可能产生在高频段。

对于单管放大电路,当 $f \to \infty$ 时, $\varphi'_A \to -90°$, $|\dot{A}| \to 0$,因没有满足相位条件的频率,故引入负反馈后不可能振荡。对于两级放大电路, $f \to \infty$ 时, $\varphi'_A \to -180°$, $|\dot{A}| \to 0$,因没有满足幅值条件的频率,故引入负反馈后不可能振荡。

对于三级放大电路, $f \to \infty$ 时, $\varphi'_A \to -270°$, $|\dot{A}| \to 0$,对于产生 $-180°$ 附加相移的信号频率,有可能满足起振条件,故引入负反馈后可能振荡。

综上所述,放大电路级数越多,引入负反馈后越容易产生高频振荡。与此类似,如果电路中耦合电容、旁路电容越多,引入负反馈后电路容易产生低频振荡。并且 $(1+AF)$ 越大,即反馈越深,满足幅值条件的可能性就越大,电路产生自激振荡的可能就越大。需要说明的是,电路的自激振荡不会因输入信号的改变而消除,它主要是由电路自身条件决定的,要消除自激振荡,必须破坏产生自激振荡的条件,只有消除了自激振荡,电路才能正常稳定地工作。

7.5.3　负反馈放大电路稳定性的判断

1. 稳定性的判断

已知环路增益的频率特性,可以据此来判断闭环后电路的稳定性,即电路是否产生了自激振荡。使环路增益下降到 0 dB 的频率,记作 f_C ,使 $\varphi_A + \varphi_F = \pm(2n+1)\pi$ 的频率,记作 f_0 。图 7-23 所示为两个电路环路增益的频率特性,从图中可以看出他们均为直接耦合放大电路。

在图 7-23(a)所示曲线中,因为 $f_0 < f_C$,当 $f=f_0$ 时, $20\lg |\dot{A}\dot{F}| > 0$ dB,即 $|\dot{A}\dot{F}| > 1$,满足式(7-24)所示的起振条件,所以放大电路将产生自激振荡,即电路不稳定,振荡频率为 f_0 。

在图 7-23(b)所示曲线中,因为 $f_0 > f_C$,当 $f=f_0$ 时, $20\lg |\dot{A}\dot{F}| < 0$ dB,即 $|\dot{A}\dot{F}| < 1$,不满足式(7-25)所示的起振条件,所以放大电路将不会产生自激振荡,即电路是稳定的。

综上所述,在已知环路增益频率特性的条件下,判断负反馈放大电路是否稳定的方法如下:

(1) f_0 如果不存在,则电路稳定;

(2) 如果存在 f_0 ,且 $f_0 < f_C$,那么电路不稳定,必然产生自激振荡;如果存在 f_0 ,但是 $f_0 > f_C$,那么电路是稳定的,不会产生自激振荡。

2. 稳定裕度

当 $f_0 = f_C$ 时,电路处于临界状态,但是条件稍有变化就可能产生自激振荡。在实际应用中,为使电路具有足够的可靠性,要求电路不但是稳定的,而且还需要留有一定的稳定余量,称为稳定裕度。稳定裕度包括幅值裕度和相位裕度。

定义 $f=f_0$ 时所对应的 $20\lg |\dot{A}\dot{F}|$ 的值为幅值裕度 G_m ,如图 7-23(b)所示幅频特性曲线中所标注, G_m 的表达式为

$$G_m = 20\lg |\dot{A}\dot{F}| \big|_{f=f_0} \tag{7-26}$$

对于稳定的负反馈放大电路来说,其 $G_m < 0$,而且 $|G_m|$ 越大,电路越稳定。一般认为 $G_m \leqslant -10$ dB,电路就具有足够的幅值稳定裕度。

定义 $f=f_C$ 时的 $|\varphi_A + \varphi_F|$ 与 180° 的差值为相位裕度 φ_m ,如图 7-23(b)所示相频特性曲线中所标注,其表达式为

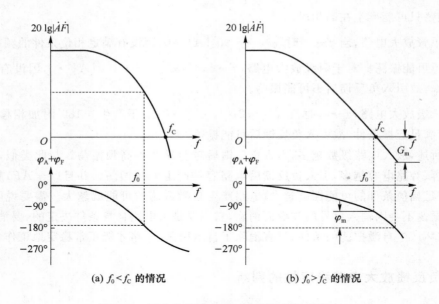

(a) $f_0 < f_C$ 的情况   (b) $f_0 > f_C$ 的情况

图 7-23   两个负反馈电路环路增益的频率特性

$$\varphi_m = 180° - |\varphi_A + \varphi_F|_{f=f_C} \tag{7-27}$$

稳定的负反馈放大电路的 $\varphi_m > 0$，而且 φ_m 越大，电路越稳定。一般认为 $\varphi_m > 45°$，电路就具有足够的相位稳定裕度。

综上所述，只有当 $G_m \leqslant -10 \text{ dB}$ 且 $\varphi_m > 45°$ 时，才认为负反馈放大电路具有可靠的稳定性。

7.5.4   消除自激振荡的方法

从对负反馈放大电路的稳定性分析可知，消除自激振荡的方法就是破坏其产生自激振荡的条件，让产生自激振荡的幅值条件和相位条件不能同时满足。如果 $|\dot{A}\dot{F}| > 1$，那么应采取措施让其相位条件不能满足，即 $|\varphi_A + \varphi_F| \neq 180°$，且应有 $45°$ 的相位裕度；如果 $|\varphi_A + \varphi_F| = 180°$，那么应使其幅值条件不能满足，即 $20\lg |\dot{A}\dot{F}| < 0 \text{ dB}$，且应有 -10 dB 的幅值裕度。消除自激振荡通常采用相位补偿的方法，即在反馈网络中增加一些电抗性的元件，从而改变环路增益 $\dot{A}\dot{F}$ 的频率特性，破坏自激振荡的条件。相位补偿的方法有很多，常见的有滞后补偿和超前补偿，下面主要介绍相位滞后补偿方法。

1. 简单滞后补偿

假设某负反馈放大电路为三级直接耦合放大电路，其环路增益幅频特性如图 7-24 中虚线所示。在电路中找出产生 f_{H1} 的那级电路，加补偿电路，如图 7-25（a）所示，其高频等效电路如图 7-25（b）所示。R_{O1} 为前级输出电阻，R_{I2} 为后级输入电阻，C_{I2}

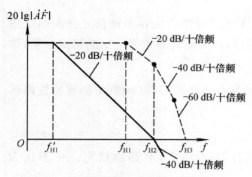

图 7-24   简单滞后补偿前后基本放大
电路的幅频特性

为后级输入电容,因此加补偿电容前的上限频率为

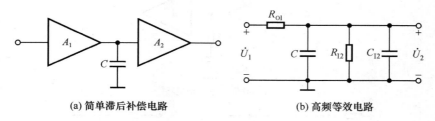

(a) 简单滞后补偿电路　　　　　(b) 高频等效电路

图 7-25　放大电路中的简单滞后补偿

$$f_{H1} = \frac{1}{2\pi(R_{O1} /\!/ R_{I2})C_{I2}}$$

加补偿电容 C 后的上限频率

$$f_{H1}' = \frac{1}{2\pi(R_{O1} /\!/ R_{I2})(C_{I2}+C)}$$

如果补偿后,使 $f = f_{H2}$ 时,即 $20\lg |\dot{A}\dot{F}| = 0$ dB,且 $f_{H2} \geqslant 10 f_{H1}'$,如图 7-24 中实线所示,则表明 $f = f_C$ 时,$(\varphi_A + \varphi_F)$ 趋于 $-135°$,即 $f_0 > f_C$,并具有 $45°$ 的相位裕度,因此电路肯定不会产生自激振荡。

由图 7-24 可以看出,经过滞后补偿后,电路的通频带变窄了,所以滞后补偿法是以频带变窄为代价来消除自激振荡的。

2. 密勒补偿

为减小补偿电容的容量,可利用密勒效应,将补偿电容跨接在放大电路的输入端和输出端,如图 7-26 所示。假设图 7-26 所示电路中 $A_2 = 100$,$C = 20$ pF,则相当于在图 7-25 电路中补偿电容 $C = (20×100)$ pF $= 2\,000$ pF。

3. RC 滞后补偿

简单滞后补偿方法顾然可以消除自激振荡,但以频带变窄为代价,采用 RC 滞后补偿不仅可以消除自激振荡,还能改善带宽的损失。RC 滞后补偿是在最低的上限频率所在回路加补偿,具体方法如图 7-27(a)所示,其高频等效电路如图 7-27(b)所示。一般应选择 $R \ll (R_{O1} /\!/ R_{I2})$,$C \gg C_{I2}$,因此简化后电路如图 7-27(c)所示。

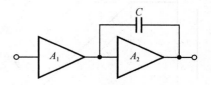

图 7-26　密勒效应补偿电路

其中

$$\dot{U}_{O1}' = \frac{R_{I2}}{R_{O1}+R_{I2}} \cdot \dot{U}_{O1}, R' = R_{O1} /\!/ R_{I2}$$

所以

$$\frac{\dot{U}_{I2}}{\dot{U}_{O1}'} = \frac{R+\dfrac{1}{j\omega C}}{R'+R+\dfrac{1}{j\omega C}} = \frac{1+j\omega RC}{1+j\omega(R+R')C} = \frac{1+j\dfrac{f}{f_{H2}}}{1+j\dfrac{f}{f_{H1}'}} \tag{7-28}$$

其中

$$f_{H1}' = \frac{1}{2\pi(R'+R)C}, f_{H2}' = \frac{1}{2\pi RC}$$

如果补偿前放大电路的环路增益为

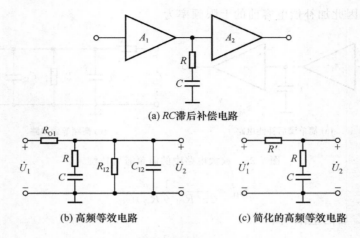

(a) RC 滞后补偿电路

(b) 高频等效电路　　　　　(c) 简化的高频等效电路

图 7-27　负反馈放大电路中的 RC 滞后补偿

$$\dot{A}\dot{F}=\frac{\dot{A}_\mathrm{m}\dot{F}_\mathrm{m}}{\left(1+\mathrm{j}\dfrac{f}{f_\mathrm{H1}}\right)\left(1+\mathrm{j}\dfrac{f}{f_\mathrm{H2}}\right)\left(1+\mathrm{j}\dfrac{f}{f_\mathrm{H3}}\right)} \tag{7-29}$$

如果 RC 的取值使 $f'_\mathrm{H2}=f_\mathrm{H2}$，将式（7-28）代入到式（7-29）可得补偿后放大电路的环路增益为

$$\dot{A}\dot{F}=\frac{\dot{A}_\mathrm{m}\dot{F}_\mathrm{m}}{\left(1+\mathrm{j}\dfrac{f}{f'_\mathrm{H1}}\right)\left(1+\mathrm{j}\dfrac{f}{f_\mathrm{H3}}\right)} \tag{7-30}$$

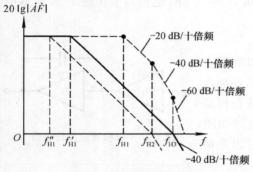

图 7-28　RC 滞后补偿前后基本放大电路的幅频特性

式（7-30）说明补偿后环路增益幅频特性曲线中只有两个拐点，所以电路不可能产生自激振荡。

图 7-28 为放大电路补偿前后的幅频特性曲线对比图，右边虚线为没有加补偿的幅频特性，左边虚线是加简单电容补偿后的幅频特性，实线是加 RC 滞后补偿的幅频特性。由图可见，滞后补偿法消振均以频带变窄为代价，RC 滞后补偿较简单电容补偿使频带的变化小些。

为使消振后频带变化更小，可考虑采用超前补偿的方法。关于超前相位补偿，读者可自行参阅相关参考资料内容。

仿 真 实 训

仿真实训 1　负反馈对静态工作点稳定性影响的 Multisim 仿真测试

一、实训目的

放大电路引入直流负反馈可以稳定放大电路的静态工作点。通过该实训练习，可加深理解直流负反馈对放大电路静态工作点的影响。

二、仿真电路和仿真内容

首先在 Multisim 电路窗口创建图 7-29 左图所示电路,该电路由电阻 R4 构成直流负反馈电路。

在 Multisim 电路菜单项中选择 simulate\analyses\temperature sweep,在弹出的对话框中,Analysis Parameters 页采用默认设置,Output variables 页中选定输出节点 2 作为分析节点,单击 Simulate 按钮,仿真结果如图 7-29 右图所示。

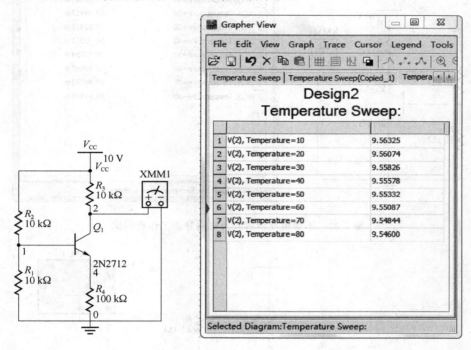

图 7-29　带负反馈的静态工作点稳定电路

将图 7-29 中的反馈电阻 R4 去掉,即电路中不含直流负反馈,按上述操作步骤进行仿真,结果如图 7-30 右图所示。

比较图 7-29 和图 7-30 所测得结果,可以看到,在直流负反馈存在情况下,电路的静态工作点基本不随电路温度的变化而变化,即起到了稳定静态点的作用;而不带负反馈的放大电路其静态工作点随温度变化较大。

仿真实训 2　负反馈对放大倍数稳定性影响的 Multisim 仿真测试

一、实训目的

负反馈放大电路按输出的取样方式可以分为电压反馈和电流反馈,按输入的比较方式可以分为并联反馈和串联反馈。当电路中引入负反馈后,可以改变放大电路的放大倍数,并可以有效减小电路的非线性失真。通过该实训练习,可加深理解负反馈对放大电路性能的影响。

二、仿真电路和仿真内容

首先在 Multisim 电路窗口创建图 7-31 所示电路,该电路由电阻 R7 构成电压并联负反馈。

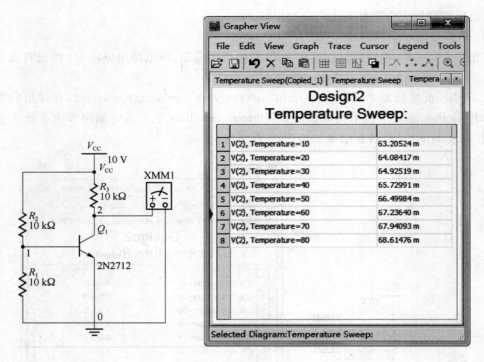

图 7-30　不带负反馈的放大电路静态工作点测试

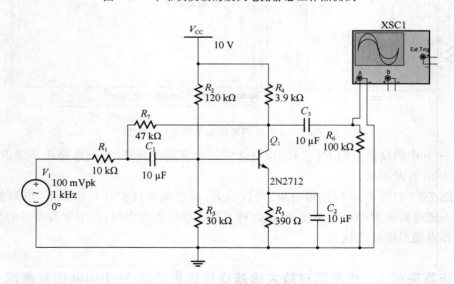

图 7-31　电压并联负反馈放大电路

1. 观测负反馈对放大电路输出波形的影响

将输入正弦信号 V1 参数设置为：频率 1 kHz，幅值 100 mV；在输出负载 R6 两端接入一个示波器，适当设置面板上的参数，测得有反馈时的输出波形如图 7-32（a）所示；然后，双击电阻 R7，设置 R7 为开路状态，即断开电压并联负反馈，从示波器测得输出波形如图 7-32（b）所示。由输出波形可以看出，没有负反馈时，输出波形幅度较大，但出现了明显的失真；而引入负反馈后，输出没有了失真，但幅度减小了。

2. 观测负反馈对电路放大倍数的影响

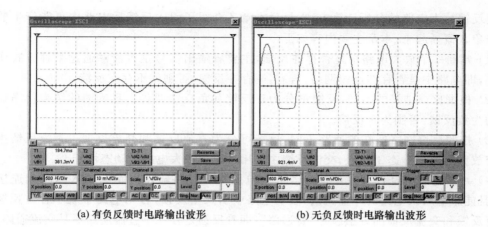

(a) 有负反馈时电路输出波形　　　　　(b) 无负反馈时电路输出波形

图 7-32　电路输出波形

在 Multisim 电路菜单项中选择 options\sheet properties\circuit\net names,把 show all 勾上,显示电路节点。启动 Simulate 菜单中 Analysis 下的 AC Analysis 命令,在弹出的对话框中,Frequency Parameters 页采用默认设置,Output variables 页中选定输出节点 6 作为分析节点,单击 Simulate 按钮,仿真结果如图 7-33(a)所示。

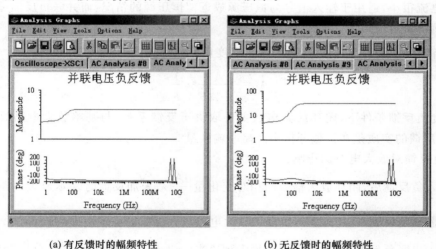

(a) 有反馈时的幅频特性　　　　　(b) 无反馈时的幅频特性

图 7-33　输出信号幅频特性

然后,双击电阻 R7,设置 R7 为开路状态,重新测试,测得无反馈时的幅频特性仿真结果如图 7-33(b)所示。比较图 7-33(a)和图 7-33(b)可以看出,有负反馈时放大倍数降低了,但频带得到了扩展。

小　　结

放大电路中的反馈是模拟电子技术的重要内容之一。本章从反馈的概念出发,主要介绍了反馈的类型、反馈的判断、各种组态负反馈电路的特点、负反馈对放大电路性能的影响以及深度负反馈放大电路的分析计算方法,最后本章还介绍了引入反馈后电路中可能产生的自激振荡现象。概括起来,本章主要内容如下。

(1) 判断一个放大电路中是否存在反馈,主要看输出信号是否能够通过某种方式作用回输入端,即电路中是否存在反馈网络,若有,则存在反馈,否则就不存在反馈。

(2) 根据反馈结果的不同,反馈可分为正反馈和负反馈两种。凡反馈的结果使净输入量减小的为负反馈,否则为正反馈。

(3) 按照反馈网络所在的通路不同,反馈可分为直流反馈和交流反馈。直流反馈主要用于稳定放大电路的静态工作点,交流反馈主要用于改善放大电路的动态性能。

(4) 判断电路中是否存在反馈。若放大电路中存在将输出回路与输入回路相连接的通路,并且能影响放大电路的净输入量,表明电路中引入了反馈,否则电路中就不存在反馈。判断直流反馈和交流反馈的方法就是"看通路",即看反馈是存在于直流通路还是交流通路。

(5) 判断反馈极性的依据就是"看反馈的结果",通常采用瞬时极性法。对于分立元件电路,可以通过判断输入级放大管的净输入电压或者净输入电流因反馈的引入被增大还是被减小,来判断反馈的极性。

(6) 交流负反馈可以分为电压串联负反馈、电流串联负反馈、电压并联负反馈、电流并联负反馈四种组态。电压负反馈能够稳定输出电压,电流负反馈能够稳定输出电流。串联负反馈的输入电流很小,适用于输入信号为恒压源或近似恒压源的情况,而并联负反馈适用于输入信号为恒流源或近似恒流源的情况。

(7) 当 $|1+\dot{A}\dot{F}| \gg 1$ 时,称电路引入了深度负反馈,此时

$$\dot{A}_f = \frac{\dot{A}}{1+\dot{A}\dot{F}} \approx \frac{1}{\dot{F}}$$

在深度负反馈条件下,闭环放大倍数主要取决于反馈系数,与基本放大电路放大倍数无关,深度负反馈的实质是在近似分析中忽略净输入量。

(8) 负反馈对放大电路的影响:

1) 引入负反馈后,闭环放大倍数的相对变化量 $\dfrac{dA_f}{A_f}$ 是未加反馈时基本放大电路放大倍数相对变化量 $\dfrac{dA}{A}$ 的 $(1+AF)$ 分之一,负反馈放大电路放大倍数的稳定性提高;

2) 引入串联负反馈后,输入电阻将增大到原来的 $(1+AF)$ 倍,引入并联负反馈后,输入电阻将减小到原来的 $(1+AF)$ 分之一倍;引入电压反馈的放大电路输出电阻是基本放大电路输出电阻的 $(1+AF)$ 分之一倍,引入电流反馈的放大电路输出电阻是基本放大电路输出电阻的 $(1+AF)$ 倍;

3) 引入负反馈后使放大电路的通频带展宽到基本放大电路的 $(1+A_mF)$ 倍;

4) 在引入负反馈前后输出量基波幅值相同的情况下,非线性失真减小到基本放大电路的 $1/(1+AF)$。

(9) 放大电路中引入负反馈的一般原则为:

1) 稳定 Q 点应引入直流负反馈,改善动态性能应引入交流负反馈;

2) 根据信号源特点,增大输入电阻应引入串联负反馈,减小输入电阻应引入并联负反馈;

3) 根据负载需要,需输出稳定电压(即减小输出电阻)的应引入电压负反馈,需输出稳定电流(即增大输出电阻)的应引入电流负反馈;

4) 从信号转换关系上看,输出电压是输入电压受控源的为电压串联负反馈,输出电压是输入电流受控源的为电压并联负反馈,输出电流是输入电压受控源的为电流串联负反馈,输出电流是输入电流受控源的为电流并联负反馈。

(10) 输入信号为零时,输出有一定幅值、一定频率的信号,这种现象称电路产生了自激振荡。负反馈放大电路自激振荡的频率通常在低频段或高频段。负反馈放大电路产生自激振荡的平衡条件为 $\dot{A}\dot{F}=-1$,起振条件为 $|\dot{A}\dot{F}|>1$。

消除自激振荡通常采用相位补偿的方法。

习　题

7.1　在括号内填入"√"或"×",表明下列说法是否正确。

(1) 若放大电路的放大倍数为负,则引入的反馈一定是负反馈。（　　　）

(2) 负反馈放大电路的放大倍数与组成它的基本放大电路的放大倍数量纲相同。（　　　）

(3) 若放大电路引入负反馈,则负载电阻变化时,输出电压基本不变。（　　　）

(4) 阻容耦合放大电路的耦合电容、旁路电容越多,引入负反馈后,越容易产生低频振荡。（　　　）

(5) 既然电流负反馈稳定输出电流,那么必然稳定输出电压。（　　　）

7.2　选择合适的答案填入空内。

(1) 对于放大电路,所谓开环是指（　　　）。

A. 无信号源　　　　B. 无反馈通路　　　　C. 无电源　　　　D. 无负载

而所谓闭环是指（　　　）。

A. 考虑信号源内阻　B. 存在反馈通路　　　C. 接入电源　　　D. 接入负载

(2) 在输入量不变的情况下,若引入反馈后（　　　）,则说明引入的反馈是负反馈。

A. 输入电阻增大　　B. 输出量增大　　　　C. 净输入量增大　D. 净输入量减小

(3) 直流负反馈是指（　　　）。

A. 直接耦合放大电路中所引入的负反馈　　B. 只有放大直流信号时才有的负反馈

C. 在直流通路中的负反馈

(4) 交流负反馈是指＿＿＿＿＿。

A. 阻容耦合放大电路中所引入的负反馈　　B. 只有放大交流信号时才有的负反馈

C. 在交流通路中的负反馈

(5) 为了实现下列目的,应引入

A. 直流负反馈　　　　　　　　　　　　　B. 交流负反馈

① 为了稳定静态工作点,应引入（　　　）;

② 为了稳定放大倍数,应引入（　　　）;

③ 为了改变输入电阻和输出电阻,应引入（　　　）;

④ 为了抑制温漂,应引入（　　　）;

⑤ 为了展宽频带,应引入（　　　）。

(6) 交流负反馈有以下几种情况:

A. 电压　　　　　　B. 电流　　　　　　　C. 串联　　　　　D. 并联

① 为了稳定放大电路的输出电压,应引入（　　　）负反馈;

② 为了稳定放大电路的输出电流，应引入(　　　)负反馈；

③ 为了增大放大电路的输入电阻，应引入(　　　)负反馈；

④ 为了减小放大电路的输入电阻，应引入(　　　)负反馈；

⑤ 为了增大放大电路的输出电阻，应引入(　　　)负反馈；

⑥ 为了减小放大电路的输出电阻，应引入(　　　)负反馈。

(7) 已知交流负反馈有四种组态：

A. 电压串联负反馈　　　　　　　　　　　B. 电压并联负反馈

C. 电流串联负反馈　　　　　　　　　　　D. 电流并联负反馈

① 欲得到电流－电压转换电路，应在放大电路中引入(　　　)；

② 欲将电压信号转换成与之成比例的电流信号，应在放大电路中引入(　　　)；

③ 欲减小电路从信号源索取的电流，增大带负载能力，应在放大电路中引入(　　　)；

④ 欲从信号源获得更大的电流，并稳定输出电流，应在放大电路中引入(　　　)。

7.3　判断图 T7.1 所示各电路中是否引入了反馈，是直流反馈还是交流反是正反馈还是负反馈。设图中所有电容对交流信号均可视为短路。

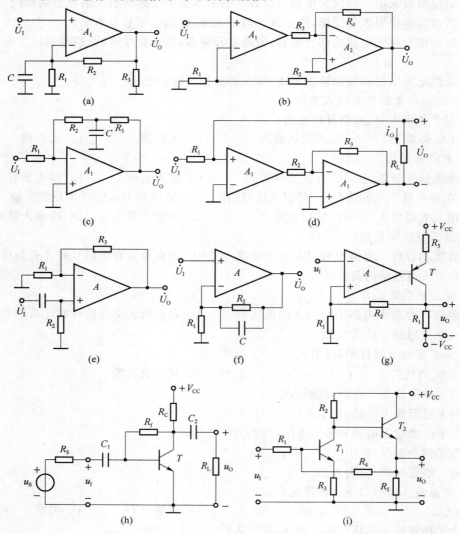

图 T7.1

7.4　分别判断图 T7.1(d)～(i)所示各电路中引入了哪种组态的交流负反馈,并计算它们的反馈系数。

7.5　估算图 T7.1(d)～(i)所示各电路在深度负反馈条件下的电压放大倍数。

7.6　判断图 T7.2 所示各电路中是否引入了反馈;若引入了反馈,则判断是正反馈还是负反馈;若引入了交流负反馈,则判断是哪种组态的负反馈,并求出反馈系数和深度负反馈条件下的电压放大倍数 $\dot{A}_{uf}$ 或 $\dot{A}_{usf}$。设图中所有电容对交流信号均可视为短路。

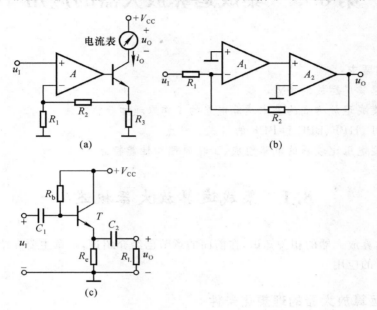

图 T7.2

7.7　已知一个负反馈放大电路的 $A = 10^5$, $F = 2 \times 10^{-3}$。

(1) A_f 为多少?

(2) 若 A 的相对变化率为 20%,则 A_f 的相对变化率为多少?

7.8　已知一个电压串联负反馈放大电路的电压放大倍数 $A_{uf} = 20$,其基本放大电路的电压放大倍数 A_u 的相对变化率为 10%,A_{uf} 的相对变化率小于 0.1%,试问 F 和 A_u 各为多少?

7.9　已知一个负反馈放大电路的基本放大电路的对数幅频特性如图 T7.3 所示,反馈网络由纯电阻组成。试问:若要求电路稳定工作,即不产生自激振荡,则反馈系数的上限值为多少分贝? 简述理由。

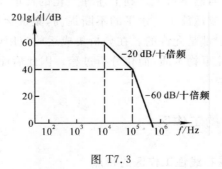

图 T7.3

第 8 章　集成运算放大器的应用

教学目标与要求：
- 理解理想集成运放的特点
- 掌握由集成运放构成的基本运算电路的工作原理和分析方法
- 理解 LPF、HPF、BPF 和 BEF 的组成及特点
- 理解典型电压比较器的电路组成、工作原理和性能特点

8.1　集成运算放大器概述

关于集成运算放大器的相关知识，在前面的章节已经介绍过，本章主要介绍集成运算放大器在不同工作区的应用。

8.1.1　集成运算放大器的理想化条件

在分析集成运放的各种应用电路时，常常将其中的集成运放看成是一个理想运算放大器。所谓理想运放就是将集成运算放大器的各项技术指标理想化，即具有如下参数：

开环差模电压增益 $A_{od} = \infty$；

差模输入电阻 $R_{id} = \infty$；

输出电阻 $R_O = 0$；

共模抑制比 $K_{CMR} = \infty$；

-3 dB 带宽 $f_{BW} = \infty$；

输入失调电压 U_{IO}、失调电流 I_{IO}、输入偏置电流 I_{IB} 以及它们的温漂均为零等。

实际的集成运算放大器当然不可能达到上述理想化的性能指标，理想化后分析电路必将带来一定的误差。但随着集成运放工艺水平的不断提高，集成运放的性能指标越来越接近理想化，这些误差在工程计算中都是允许的。在分析集成运放应用电路的工作原理时，运用理想集成运放的概念，有利于抓住事物本质，简化分析过程。因此后面的运放电路分析时如无特殊说明，都将运放视作是理想的。

8.1.2　集成运算放大器的工作区

1. 理想集成运算放大器在线性工作区的特点

由第四章的知识可知，当工作在线性区时，集成运放的输出电压与两个输入端的电压之间

存在着线性放大关系，即

$$u_O = A_{od}(u_+ - u_-) \tag{8-1}$$

式中 u_O 是集成运放的输出端电压；u_+ 和 u_- 分别是其同相输入端和反相输入端的电压；A_{od} 是其开环差模电压增益。

（1）理想集成运放的差模输入电压等于零

由于集成运放工作在线性区，故输出、输入之间符合式(4-1)所示的关系式。而且，因理想运放的 $A_{od} = \infty$，所以由式(8-1)可得

$$u_+ - u_- = \frac{u_O}{A_{od}} = 0$$

上式表示运放同相输入端与反相输入端两点的电压相等，如同将该两点短路一样。但是该两点实际上并未真正被短路，只是表面上似乎短路了，因而是虚假的短路，所以将这种现象称为"虚短"。

（2）理想集成运放的输入电流等于零

由于理想集成运放的差模输入电阻 $R_{id} = \infty$，因此在其两个输入端均没有电流，即 $i_+ = i_- = 0$。此时，运放的同相输入端和反相输入端的电流都等于零，如同该两点被断开了一样，这种现象称为"虚断"。

"虚短"和"虚断"是理想集成运放工作在线性区时的两个重要结论。这两个重要结论常常作为今后分析许多集成运放应用电路的出发点，因此必须牢牢记住并掌握。

2. 理想集成运算放大器在非线性区的特点

如果运放的工作信号超出了线性放大的范围，则输出电压不会再随着输入电压的增长线性增长，而将进入饱和状态。

（1）理想集成运放输出电压 u_O 的值只有两种可能

理想集成运放输出电压 u_O 分别等于运放的正向最大输出电压 $+U_{OPP}$，或等于其负向最大输出电压 $-U_{OPP}$，如图 8-1 中的粗线所示。

当 $u_+ > u_-$ 时，$u_O = +U_{OPP}$；当 $u_+ < u_-$ 时，$u_O = -U_{OPP}$。

在非线性区内，运放的差模输入电压($u_+ - u_-$)的值可能很大，即 $u_+ \neq u_-$。也就是说，此时，"虚短"现象不复存在。

（2）理想集成运放的输入电流等于零

在非线性区，虽然运放两个输入端的电压不等，即 $u_+ \neq u_-$，但因为理想运放的 $R_{id} = \infty$，故仍可认为此时的输入电流等于零，即

$$i_+ = i_- = 0$$

实际的集成运放的 $A_{od} \neq \infty$，因此当 u_+ 与 u_- 的差值比较小，且能够满足关系 $A_{od}(u_+ - u_-) < |U_{OPP}|$ 时，运放应该仍然工作在线性范围内。实际运放的传输特性如图 8-1 中细线所示。但因集成运放的 A_{od} 值通常很高，所以线性放大的范围是很小的。例如集成运放 F007 的 $U_{OPP} = \pm 12$ V，$A_{od} \approx 6 \times 10^5$，则在线性区内，差模输入电压的范围只有：

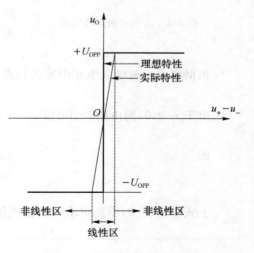

图 8-1　集成运放的电压传输特性

$$u_+ - u_- = \frac{U_{\text{OPP}}}{A_{\text{od}}} = \frac{\pm 12 \text{ V}}{6 \times 10^5} = \pm 20 \ \mu\text{V}$$

如上所述,理想运放工作在线性区或非线性区时,各有不同的特点。因此,在分析各种应用电路的工作原理时,首先必须判断其中的集成运放究竟工作在哪个区域。一般情况下,集成运放工作在线性区时,须在电路中引入深度负反馈,以减小直接加在集成运放两个输入端的净输入电压,从而增加线性工作区间;当集成运放处于开环或正反馈时,一般工作在非线性区。

8.2 集成运算放大器的基本运算电路

集成运算放大器早期主要用于模拟信号的运算,在各种运算电路中,要求电路的输出和输入信号之间实现某种数学运算关系,所以,运算电路中的集成运放必须工作在线性区。在定量分析时,始终将理想集成运放工作在线性区的两个特点,即"虚短"和"虚断"作为基本出发点。本节主要介绍由集成运放构成的各种运算电路,包括比例运算电路、加减运算电路、微分和积分电路、指数和对数运算电路、乘法和除法电路等。

8.2.1 比例运算电路

比例电路是各种运算电路中最基本的一种,是分析其他运算电路的基础。根据输入信号接法的不同,比例运算电路可分为三种形式:反相比例运算电路、同相比例运算电路、差分比例运算电路等。

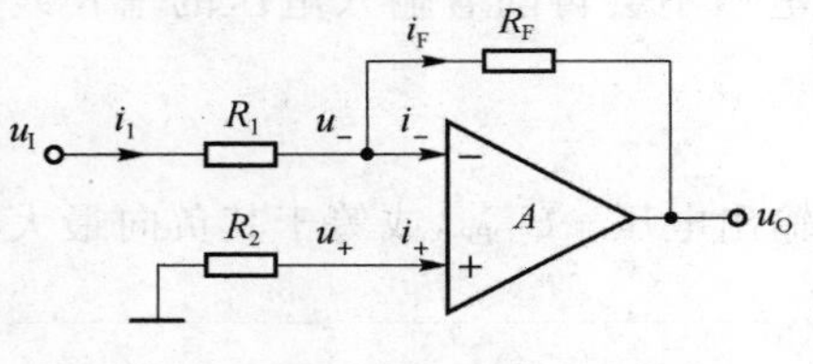

1. 反相比例运算电路

在图 8-2 所示反相比例运算电路中,输入电压 u_1 经电阻 R_1 加到集成运放的反相输入端,其同相输入端经电阻 R_2 接地,输出电压 u_O 经 R_F 接回到反相输入端。通常选择 R_2 的阻值为

图 8-2 反相比例运算电路

$$R_2 = R_1 /\!/ R_F$$

根据集成运放输入电压虚短的特点,可得

$$u_+ = u_- = 0$$

由于 $i_- = 0$,则由图 8-2 可得

$$i_1 = i_F$$

即

$$\frac{u_1 - u_-}{R_1} = \frac{u_- - u_O}{R_F}$$

上式中 $u_- = 0$,由此可求得反相比例运算电路的输出电压为

$$u_O = -\frac{R_F}{R_1} u_I \tag{8-2}$$

电压放大倍数为

$$A_{\text{uf}} = \frac{u_O}{u_I} = -\frac{R_F}{R_1} \tag{8-3}$$

下面分析反相比例运算电路的输入电阻。因为反相输入端是"虚地",显而易见,电路的输入电阻为 $R_{if} = R_1$。

对反相比例运算电路,可以归纳得出以下几点结论。

(1) 反相比例运算电路在理想情况下,其反相输入端的电位等于零,称为"虚地"。因此加在集成运放输入端的共模输入电压很小。

(2) 电压放大倍数,即输出电压与输入电压的幅值成正比,负号表示 u_O 和 u_1 相位相反。也就是说,电路实现了反相比例运算。比值 $|A_{uf}|$ 决定于电阻 R_F 和 R_1 之比,而与集成运放内部各项参数无关。只要 R_F 和 R_1 的阻值比较精确而稳定,就可以得到准确的比例运算关系。比值 $|A_{uf}|$ 可以大于 1,也可以小于或等于 1。

(3) 反相比例运算电路的输入电阻不高,等于 R_1,输出电阻很低。

2. T 型网反相比例运算电路

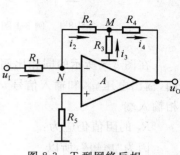

图 8-3　T 型网络反相
比例运算电路

在图 8-3 所示电路中,电阻 R_2、R_3 和 R_4 构成英文字母 T,所以称为 T 型网络电路。

对于节点 N,其电流方程为

$$\frac{u_1}{R_1} = \frac{-u_m}{R_2}$$

节点 M 的电位为:

$$u_m = -\frac{R_2}{R_1} u_I$$

电阻 R_3 和 R_4 的电流分别为

$$i_3 = -\frac{u_m}{R_3} = -\frac{R_2}{R_1 R_3} u_I$$

$$i_4 = i_2 + i_3$$

输出电压为

$$u_O = -i_2 R_2 - i_4 R_4$$

将上述各电流表达式代入,整理可得

$$u_O = -\frac{R_2 + R_4}{R_1} \left(1 + \frac{R_2 /\!/ R_4}{R_3}\right) u_I \tag{8-4}$$

电压放大倍数为

$$A_{uf} = \frac{u_O}{u_I} = -\frac{R_2 + R_4}{R_1} \left(1 + \frac{R_2 /\!/ R_4}{R_3}\right) \tag{8-5}$$

T 型网络电路的输入电阻 $R_{if} = R_1$。若要求比例系数为 -50 且 $R_{if} = 100\ \text{k}\Omega$,则 R_1 应取 $100\ \text{k}\Omega$;如果 R_2 和 R_4 也取 $100\ \text{k}\Omega$,那么 R_3 只要取 $2.08\ \text{k}\Omega$,即可得到 -50 的比例系数。同时由式(8-4)可知,当 $R_3 = \infty$ 时,u_O 与 u_I 的关系如式(8-2)所示。

例 8-1　电路如图 8-4 所示,试求:

(1) 输入电阻;

(2) 比例系数。

解: 由图可知 $R_I = 50\ \text{k}\Omega$,$u_m = -2u_I$。

$$i_{R2} = i_{R4} + i_{R3}$$

即

$$-\frac{u_m}{R_2} = \frac{u_m}{R_4} + \frac{u_m - u_O}{R_3}$$

输出电压
$$u_O = 52u_m = -104u_I$$

3. 同相比例运算电路

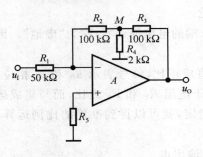

图 8-4　例 8-1 图

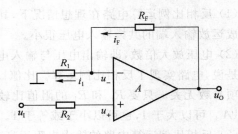

图 8-5　同相比例运算电路

在图 8-5 所示的同相比例运算电路中,输入电压 u_I 经电阻 R_2 加到集成运放的同相输入端,输出电压 u_O 和输入信号 u_I 同相,反相输入端经电阻 R_1 接地,输出电压 u_O 经 R_F 接回到反相输入端。

R_2 的阻值仍应为:
$$R_2 = R_1 /\!/ R_F$$

因为"虚短",所以
$$u_- = u_+ = u_I$$

流经电阻 R_1 的电流为:
$$i_1 = \frac{u_-}{R_1} = \frac{u_I}{R_1}$$

流经电阻 R_F 的电流为:
$$i_F = \frac{u_O - u_-}{R_F} = \frac{u_O - u_I}{R_F}$$

又因为 $i_1 = i_F$,所以可得
$$\frac{u_I}{R_1} = \frac{u_O - u_I}{R_F}$$

整理可得同相比例运算电路的输出电压为
$$u_O = \left(1 + \frac{R_F}{R_1}\right)u_I \tag{8-6}$$

电压放大倍数为:
$$A_{uf} = 1 + \frac{R_F}{R_1} \tag{8-7}$$

由式(8-7)可知,同相比例运算电路的电压放大倍数总是大于或等于 1。

对于同相比例运算电路,可以归纳得出以下几点结论。

(1)由于同相比例运算电路不存在"虚地"现象,在选用集成运放时要考虑其输入端可能具有较高的共模输入电压。

(2)电压放大倍数即输出电压与输入电压的幅值成正比,且相位相同。也就是说,电路实现了同相比例运算。比值 A_{uf} 仅取决于电阻 R_F 和 R_1 之比,而与集成运放内部各项参数无关。只要 R_F 和 R_1 的阻值比较精确而稳定,就可以得到准确的比例运算关系。一般情况下,A_{uf} 值恒大于 1。仅当 $R_F = 0$ 或 $R_1 = \infty$ 时,$A_{uf} = 1$,这种电路称为电压跟随器。

(3)同相比例运算电路的输入电阻很高,输出电阻很低。

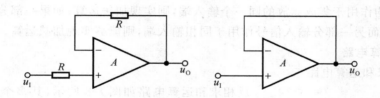

图 8-6　电压跟随器

4. 电压跟随器

在同相比例运算电路中,如果将输出电压的全部反馈到反相输入端,就构成了如图 8-6 所示的电压跟随器。由图 8-6 可知,$u_O = u_N = u_P$,其输出电压与输入电压之间的关系为

$$u_O = u_I$$

因为理想运放的开环差模增益为无穷大,所以电压跟随器具有比射极输出器优良得多的跟随特性。

5. 差分比例运算电路

在图 8-7 中,输入电压 u_1 和 u_1' 分别加在集成运放的反相输入端和同相输入端,输出端通过反馈电阻 R_F 接回到反相输入端。为了保证运放两个输入端对地的电阻平衡,同时为了避免降低共模抑制比,通常要求:

$$R_1 = R_1'$$

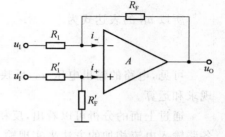

图 8-7　差分比例运算电路

在理想条件下,由于"虚断",$i_+ = i_- = 0$,利用叠加定理可求得反相输入端的电位为

$$u_- = \frac{R_F}{R_1 + R_F} u_1 + \frac{R_1}{R_1 + R_F} u_O$$

而同相输入端的电位为

$$u_+ = \frac{R_F'}{R_1' + R_F'} u_1'$$

因为"虚短",即 $u_+ = u_-$,所以以上两式相等。当满足条件 $R_1 = R_1'$ 和 $R_F = R_F'$ 时,整理上式,可求得差分比例运算电路的输出电压为

$$u_O = -\frac{R_F}{R_1}(u_I - u_1') \tag{8-8}$$

其电压放大倍数为

$$A_{uf} = \frac{u_O}{u_1 - u_1'} = -\frac{R_F}{R_1} \tag{8-9}$$

由式(8-8)可知,电路的输出电压与两个输入电压之差成正比,实现了差分比例运算。其比值 $|A_{uf}|$ 同样决定于电阻 R_F 和 R_1 之比,而与集成运放内部各项参数无关。由以上分析还可以知道:差分比例运算电路中集成运放的反相输入端和同相输入端可能加有较高的共模输入电压,电路中不存在"虚地"现象。

8.2.2　加减运算电路

加减运算电路指的是能够实现多个输入信号按各自不同的比例求和或求差的电路。如果所有输入信号均作用于集成运放的同一个输入端,则实现加法运算;如果一部分输入信号作用于反相输入端,而另一部分输入信号作用于同相输入端,则能够实现加减运算。

1. 求和运算电路

(1) 反相求和运算电路

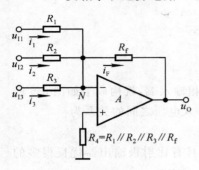

图 8-8 反相求和运算电路

反相求和运算电路如图 8-8 所示,其多个输入信号均作用于集成运放的反相输入端。

为了保证集成运放两个输入端对地的平衡,同相输入端电阻 R_4 的阻值应为

$$R_4 = R_1 /\!/ R_2 /\!/ R_3 /\!/ R_f$$

根据"虚短"和"虚断"的原则,$u_- = u_+ = 0$,节点 N 的电流方程为

$$i_1 + i_2 + i_3 = i_F$$

$$\frac{u_{I1}}{R_1} + \frac{u_{I2}}{R_2} + \frac{u_{I3}}{R_3} = -\frac{u_O}{R_F}$$

所以 u_O 的表达式为

$$u_O = -\left(\frac{R_F}{R_1} u_{I1} + \frac{R_F}{R_2} u_{I2} + \frac{R_F}{R_3} u_{I3} \right) \tag{8-10}$$

可见,电路的输出电压 u_O,反映了输入电压 u_{I1}、u_{I2} 和 u_{I3} 相加所得的结果,即电路能够实现求和运算。

通过上面的分析可以看出,反相输入求和电路的实质是利用"虚地"和"虚断"的特点,通过各路输入电流相加的方法来实现输入电压的相加。对于多输入的电路除了用上述节点电流法求解运算关系外,还可以利用叠加定理,首先分别求出各输入电压单独作用时的输出电压,然后将它们相加,便得到所有信号共同作用时输出电压与输入电压的运算关系。

由反相求和运算电路的分析可知,各信号源为运算电路提供的输入电流各不相同,表明从不同的输入端看进去的等效电阻不同,即输入电阻不同。

(2) 同相求和运算电路

为了实现同相求和,可将各输入电压加在集成运放的同相输入端,但为了保证工作在线性区,要引入一个深负反馈,反馈电阻 R_f 仍需接到反相输入端,同相求和运算电路如图 8-9 所示。

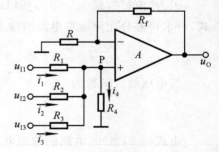

图 8-9 同相求和运算电路

由于"虚断",$i_+ = 0$,故对运放的同相输入端,可列出节点 P 的电流方程:

$$i_1 + i_2 + i_3 = i_F$$

即

$$\frac{u_{I1} - u_+}{R_1} + \frac{u_{I2} - u_+}{R_2} + \frac{u_{I3} - u_+}{R_3} = \frac{u_+}{R_4} \tag{8-11}$$

由式(8-11)可解得

$$u_+ = \frac{R_+}{R_1} u_{I1} + \frac{R_+}{R_2} u_{I2} + \frac{R_+}{R_3} u_{I3}$$

其中

$$R_+ = R_1 /\!/ R_2 /\!/ R_3 /\!/ R_4$$

又由于"虚短",即 $u_- = u_+$,则输出电压为

$$u_O = \left(1 + \frac{R_F}{R}\right)u_- = \left(1 + \frac{R_F}{R}\right)u_+ = \left(1 + \frac{R_F}{R_1}\right)\left(\frac{R_+}{R_1}u_{I1} + \frac{R_+}{R_2}u_{I2} + \frac{R_+}{R_3}u_{I3}\right) \tag{8-12}$$

式(8-12)与式(8-10)形式上相似,但前面没有负号,可见能够实现同相求和运算。式中的 R_+ 与各输入回路的电阻都有关,因此,当调节某一回路的电阻以达到给定的关系时,其他各路输入电压与输出电压之间的比值也将随之变化,常常需要反复调节才能将参数值最后确定,估算和调试的过程比较麻烦。

此外,由于不存在"虚地"现象,集成运放承受的共模输入电压也比较高,正因为上述原因,在实际工作中,同相求和电路的应用不如反相求和电路广泛。

2. 加减运算电路

由前面分析的比例运算电路和求和运算电路可知,输出电压与同相输入端信号电压极性相同,与反相输入端信号电压极性相反,所以当多个信号同时作用于两个输入端时,那么必然可以实现加减运算。

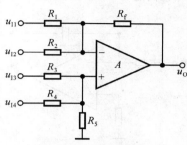

图 8-10　加减运算电路

图 8-10 所示为四个输入端同时作用于反相输入端和同相输入端的加减运算电路,分析该电路时可采用叠加定理。

图 8-11(a)所示为反相求和运算电路,故输出电压为

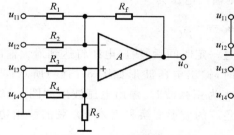 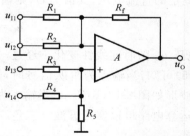

(a) 反相输入端各信号作用时的等效电路　　　(b) 同相输入端各信号作用时的等效电路

图 8-11　利用叠加定理求解加减运算电路

$$u_{O1} = -R_f\left(\frac{u_{I1}}{R_1} + \frac{u_{I2}}{R_2}\right)$$

图 8-12(b)所示为同相求和运算电路,如果 $R_1 /\!/ R_2 /\!/ R_f = R_3 /\!/ R_4 /\!/ R_5$,则输出电压为

$$u_{O2} = R_f\left(\frac{u_{I3}}{R_3} + \frac{u_{I4}}{R_4}\right)$$

所以,所有输入信号同时作用时的输出电压为

$$u_O = u_{O1} + u_{O2} = -R_f\left(\frac{u_{I1}}{R_1} + \frac{u_{I2}}{R_2}\right) + R_f\left(\frac{u_{I3}}{R_3} + \frac{u_{I4}}{R_4}\right)$$
$$= R_f\left(\frac{u_{I3}}{R_3} + \frac{u_{I4}}{R_4} - \frac{u_{I1}}{R_1} - \frac{u_{I2}}{R_2}\right) \tag{8-13}$$

若电路只有两个输入,且参数对称,则

$$u_O = \frac{R_f}{R}(u_{I2} - u_{I1})$$

这与式(8-8)的形式一致,此时电路实现了差分比例运算电路。

8.2.3 积分运算电路和微分运算电路

积分运算和微分运算互为逆运算,是应用比较广泛的模拟信号运算电路。在自动控制系统中,常用积分电路和微分电路作为调节环节,同时它们也是组成模拟计算机的基本单元。此外它们还可以实现波形的产生和变换等。

1. 积分运算电路

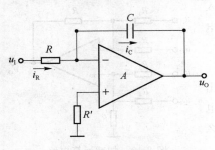

图 8-12   积分运算电路

积分运算电路如图 8-12 所示。根据理想集成运放"虚短"和"虚断"的特点,可知

$$i_R = i_C = \frac{u_I}{R}$$

输出电压与电容上电压的关系为

$$u_O = -u_C$$

而电容上电压等于其电流的积分,所以

$$u_o = -\frac{1}{C}\int i_c \, dt = -\frac{1}{RC}\int u_I \, dt \qquad (8\text{-}14)$$

可见,输出电压与输入电压的积分成正比。

若 u_I 为恒定的直流电压,其值为 U,则输出电压为

$$u_O = -\frac{U}{RC}t \qquad (8\text{-}15)$$

即输出电压 u_O 随时间线性变化。经过一定时间后,输出电压将达到最大输出电压。

由式(8-15)可知,当输入为阶跃信号时,输出电压波形如图 8-13(a)所示;当输入为方波时,输出电压波形如图 8-13(b)所示;当输入为正弦波时,输出电压波形如图 8-13(c)所示。可见,利用积分运算电路可以实现方波—三角波的波形变换和正弦—余弦的移相功能。

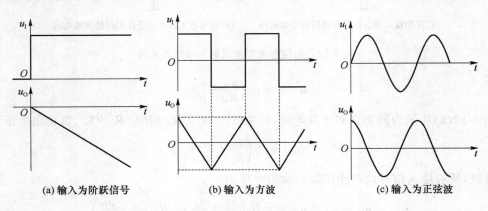

(a) 输入为阶跃信号   (b) 输入为方波   (c) 输入为正弦波

图 8-13   积分运算电路在不同输入情况下的波形

2. 微分运算电路

将积分运算电路中的 R、C 对换位置,即可得微分运算电路,如图 8-14 所示。

根据理想集成运放"虚短"和"虚断"的特点,可知 $u_+ = u_- = 0$,电容两端电压 $u_C = u_I$,所以

$$i_R = i_C = C\frac{du_I}{dt}$$

输出电压

$$u_O = -i_R R = -RC\frac{\mathrm{d}u_I}{\mathrm{d}t} \tag{8-16}$$

由式(8-16)可见,输出电压与输出电压的变化率成比例。

当输入信号为阶跃电压时,输出信号为尖脉冲电压,如图 8-15 所示。需要提出的是,微分电路的稳定性通常较差。

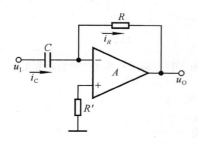

图 8-14　微分运算电路

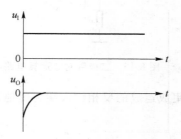

图 8-15　微分运算电路的阶跃响应

8.2.4　对数运算电路和指数运算电路

由第二章的知识可知,PN 结伏安特性具有指数规律,利用这一特性,将二极管或者三极管分别接入集成运放的反馈回路和输入回路,可以实现指数运算和对数运算,进一步利用对数运算、指数运算和加减运算电路相组合,即可实现乘法、除法、乘方和开方等运算。

1. 对数运算电路

（1）采用二极管的对数运算电路

采用二极管构成的对数运算电路如图 8-16 所示。

为保证二极管导通,应满足输入电压 $u_I > 0$。根据第二章的半导体基础知识可知,二极管的正向电流与其端电压的关系为

$$i_D \approx I_S \mathrm{e}^{\frac{u_D}{U_T}}$$

所以

$$u_D \approx U_T \ln\frac{i_D}{I_S}$$

根据理想集成运放"虚短"的特点,可知 $u_+ = u_- = 0$,所以

$$i_D = i_R = \frac{u_I}{R}$$

由上述分析可知,输出电压

$$u_O = -u_D \approx -U_T \ln\frac{u_I}{RI_S} \tag{8-17}$$

由式(8-17)可知,运算关系与 U_T 和 I_S 有关,因而运算精度受温度的影响;而且,二极管在电流较小时内部载流子的复合运动不可忽略,在电流较大时还需要考虑内阻的影响,所以该电路仅在一定的电流范围内才满足指数特性。

（2）利用晶体管的对数运算电路

为了扩大输入电压的动态范围,实用电路中常用晶体管取代二极管。利用晶体管的对数运算电路如图 8-17 所示。

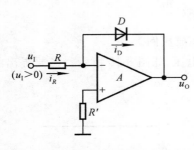

图 8-16 二极管对数运算电路

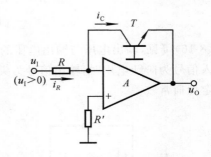

图 8-17 采用晶体管的对数运算电路

由于集成运放的反相输入端为虚地,节点方程为

$$i_C = i_R = \frac{u_I}{R}$$

在忽略晶体管基区体电阻压降且认为晶体管的共基电路放大系数 $\alpha = 1$ 的情况下,若 $u_{BE} \gg U_T$,则

$$i_C = \alpha i_E \approx I_S e^{\frac{u_{BE}}{U_T}}$$

$$u_{BE} \approx U_T \ln \frac{i_C}{I_S}$$

输出电压

$$u_O = -u_{BE} \approx -U_T \ln \frac{u_I}{I_S R} \tag{8-18}$$

式(8-17)与式(8-18)相同。与二极管构成的对数运算电路一样,运算关系仍受温度的影响,而且在输入电压较小和较大情况下,运算精度变差。所以在设计实用的对数运算电路时,通常采用一定的措施,用来抵消 I_S 对运算关系的影响,相关知识读者可参阅相应的参考文献。

2. 指数运算电路

指数运算电路如图 8-18 所示,它是将对数运算电路中的电阻和晶体管互换得到的。

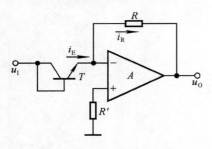

因为理想集成运放"虚短"的特点,即 $u_+ = u_- = 0$,所以

$$u_{BE} = u_I$$

$$i_R = i_E \approx I_S e^{\frac{u_I}{U_T}}$$

输出电压

$$u_O = -i_R R = -I_S e^{\frac{u_I}{U_T}} R \tag{8-19}$$

由式(8-19)可以看出,输出电压与受温度影响较大的 I_S 有关,所以指数运算电路的精度也与温度有关。并且为使晶体管导通,要求 u_I 应大于 0,且只能在发射结导通电压

图 8-18 指数运算电路

范围内,故其变化范围很小。

8.2.5 乘法运算电路和除法运算电路

利用对数和指数运算电路可实现乘法运算电路,其原理如图 8-19 所示。具体电路如图 8-20 所示。

图 8-19 利用对数和指数运算电路实现的乘法运算电路原理方框图

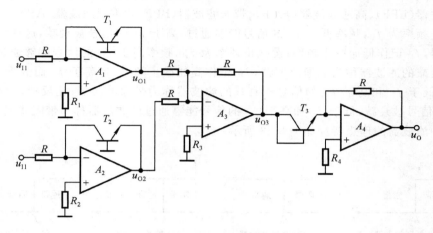

图 8-20 乘法运算电路

在图 8-20 所示电路中

$$u_{O1} \approx -U_T \ln \frac{u_{I1}}{I_S R}$$

$$u_{O2} \approx -U_T \ln \frac{u_{I2}}{I_S R}$$

为了满足指数运算电路输入电压的幅值要求,求和运算电路的系数为 1,所以

$$u_{O3} = -(u_{O1} + u_{O2}) \approx U_T \ln \frac{u_{I1} u_{I2}}{(I_S R)^2}$$

$$u_O \approx -I_S R e^{\frac{u_{O3}}{U_T}} \approx -\frac{u_{I1} u_{I2}}{I_S R} \tag{8-20}$$

如果将图 8-19 和图 8-20 所示电路中的求和运算电路换为求差运算电路,则可以实现除法运算电路。

8.3 有源滤波器

8.3.1 滤波器的基础知识

滤波器主要用来滤除信号中无用的频率成分,其主要功能就是允许某一部分频率的信号能够通过,而另一部分频率的信号受到较大的抑制。例如,有一个较低频率的信号,其中包含一些较高频率成分的干扰,通过一低通滤波器后,可以将高频的干扰信号滤除掉。滤波过程如图 8-21 所示。

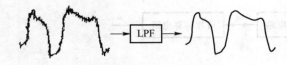

图 8-21　滤波器的滤波功能

在滤波器中,将能够通过的频率范围,或者说信号幅度不衰减或只有较小程度衰减的频率范围称为通频带;将信号受到很大衰减或完全被抑制的频率范围称为阻带。通带和阻带之间的分界频率称为截止频率。

通常,按照滤波器的工作频带进行分类,分为低通滤波器(LPF)、高通滤波器(HPF)、带通滤波器(BPF)和带阻滤波器(APF)。

设截止频率为 f_L,频率低于 f_L 的信号能够通过,高于 f_L 的信号被衰减,这种滤波器称为低通滤波器,f_L 记作低通截止频率;设截止频率为 f_H,频率高于 f_H 的信号能够通过,低于 f_H 的信号被衰减的滤波器称为低通滤波器,f_H 记作高通截止频率;当高于 f_L 而低于 f_H 的信号能够通过,低于 f_L 和高于 f_H 的信号被衰减的滤波器称为带通滤波器;相反地,当高于 f_L 而低于 f_H 的信号被衰减,低于 f_L 和高于 f_H 的信号能够通过的滤波器称为带阻滤波器。

这四种滤波器的理想特性如图 8-22 所示。

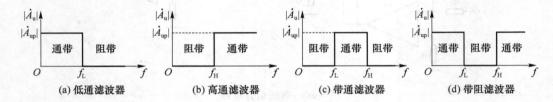

(a) 低通滤波器　(b) 高通滤波器　(c) 带通滤波器　(d) 带阻滤波器

图 8-22　理想滤波器特性

在考虑滤波器的物理实现时,根据滤波器的电子线路采用的元件不同,可以将滤波器分为无源滤波器和有源滤波器两类。无源滤波器主要由电阻、电容和电感组成,不含有源器件,其电路结构比较简单,高频性能较好,多用于高频域。缺点是滤波器性能会随负载的变化而变化,高阶情况下不易调节。简单的无源滤波电路在前面已经介绍过。有源滤波器主要由电阻、电容和有源器件(如集成运放)组成。有源滤波器因为采用了有源放大器,不仅可以补充无源网络中的能量损耗,还可以根据要求提高信号的输出功率。此外由于集成运放具有输入阻抗高、输出阻抗低的特点,多级相连时互相影响较小,可以用低阶滤波器级联的方法构成高阶滤波器,且性能基本不随负载的变化而变化。本章主要介绍有源滤波器。

8.3.2　低通有源滤波器

1. 一阶低通有源滤波器

图 8-23 所示为一简单的反相输入的一阶低通有源滤波器。

令信号频率等于零,可得通带放大倍数

$$\dot{A}_{up}=-\frac{R_2}{R_1}$$

电路传递函数为

$$A_u(s)=\frac{\dot{U}_O(s)}{\dot{U}_I(s)}=-\frac{R_2 /\!/ \frac{1}{sC}}{R_1}=-\frac{R_2}{R_1}\cdot\frac{1}{1+sCR_2}$$

令 $\omega_C=\frac{1}{R_2 C}$,用 $j\omega$ 取代 s,得出频率特性为

$$A(j\omega) = \dot{A}_{up} \frac{1}{1 + j\omega R_2 C} = \dot{A}_{up} \frac{1}{1 + jf/f_C}$$

或者可以直接写为

$$A(f) = \dot{A}_{up} \frac{1}{1 + jf/f_C} \tag{8-21}$$

式中 f_C 为滤波器的截止频率，$f_C = \dfrac{\omega_C}{2\pi} = \dfrac{1}{2\pi R_2 C}$。由式(8-21)可得滤波器的幅频特性和相频特性为

$$\begin{cases} |A(f)| = \dfrac{|A_{up}|}{\sqrt{1 + \left(\dfrac{f}{f_C}\right)^2}} \\ \varphi(f) = -180° - \arctan\left(\dfrac{f}{f_C}\right) \end{cases} \tag{8-22}$$

由式(8-22)可以画出低通滤波器的幅频特性，如图 8-25 所示。并且该式子表明频率特性与频率的一次方有关，所以图 8-24(a)所示电路称为一阶 RC 低通有源滤波器。由图 8-24(b)可见，电路的增益随着频率的增加而不断减小。

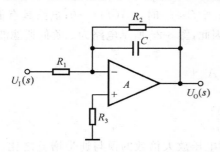

图 8-23　反相输入一阶低通滤波电路

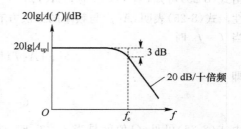

图 8-24　一阶低通滤波器幅频特性

一阶滤波器虽然电路简单，但其滤波效果较差。由前述低通滤波器的特性可知，当 $f > f_C$ 后，滤波器的输出不会立即衰减为零，而是以每十倍频 20 dB 的速率下降。如果要实现幅频特性曲线在高频段以更大的衰减速度下降，就需要采用二阶或更高阶的滤波电路。通常情况下，高阶滤波电路可以由低阶滤波电路级联而成。下面介绍二阶滤波器及其特性。

2. 二阶低通有源滤波器

图 8-25 所示为反相输入简单二阶低通滤波电路。根据基尔霍夫第一定律，对结点 1、2 列方程得：

$$\frac{U_I(s) - U_1(s)}{R_1} = \frac{U_1(s) - U_O(s)}{R_2} + \frac{U_1(s)}{R_3} + \frac{U_1(s)}{1/sC_2}$$

$$\frac{U_1(s)}{R_3} = \frac{-U_O(s)}{1/sC_1}$$

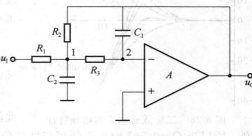

图 8-25　二阶低通滤波电路

将两式整理可得

$$\begin{aligned} \dot{A}_u &= -\frac{R_2}{R_1} \cdot \frac{1}{1 + sC_1 R_3(1 + R_2/R_3 + R_2/R_1) + s^2 R_3 R_2 C_2 C_1} \\ &= -\frac{R_2}{R_1} \frac{\omega_n^2}{s^2 + s\omega_n/Q + \omega_n^2} \end{aligned} \tag{8-23}$$

其中 $\omega_0 = \dfrac{1}{\sqrt{R_3 R_2 C_2 C_1}}$ 为特征角频率；$Q = \dfrac{R_1 \sqrt{R_3 R_2 C_2}}{(R_1 R_3 + R_1 R_2 + R_3 R_2)\sqrt{C_1}}$ 为品质因数。

用 $j\omega$ 取代 s，由式(8-23)得

$$\begin{aligned}
A_u(j\omega) &= -\frac{R_2}{R_1}\frac{\omega_-^2}{\omega_0^2 - \omega^2 + j\omega\omega_0/Q} \\
&= \dot{A}_{up}\frac{1}{\left(1 - \dfrac{\omega^2}{\omega_0^2}\right) + j\dfrac{\omega}{\omega_0 Q}}
\end{aligned} \tag{8-24}$$

式中 $\dot{A}_{up} = -\dfrac{R_2}{R_1}$ 为滤波器的通带增益。

由式(8-24)可得滤波器的幅频特性和相频特性

$$\begin{cases}
|A(f)| = \dfrac{|A_{up}|}{\sqrt{\left(1 - \dfrac{f^2}{f_0^2}\right)^2 + \dfrac{f^2}{f_0^2 Q^2}}} \\[4mm]
\varphi(f) = -180° - \arctan\left(\dfrac{f/(Qf_0)}{1 - f^2/f_0^2}\right)
\end{cases} \tag{8-25}$$

由式(8-25)可知，当 $f \ll f_0$ 时，$|A(f)| \to |A_{up}|$；当 $f \gg f_0$ 时，$|A(f)| \to 0$；电路具有低通滤波特性。式(8-25)表明，$A(f)$ 与频率的二次方有关，因此，图 8-25 所示电路为二阶低通滤波器。

当 $f = f_0$ 时

$$|A(f)| = Q|A_{up}|$$

即

$$Q = \frac{|A(f)|}{|A_{up}|} \tag{8-26}$$

由式(8-26)可见，Q 值就是当 $f = f_0$ 时，滤波器电压放大倍数的模与通带增益之比。滤波器的特性不仅和频率有关，还与电路的品质因数 Q 有关。根据式(8-25)画出的 Q 值不同时的幅频特性如图 8-26 所示。由图可见，电路的 Q 值对幅频特性在 $f = f_0$ 附近的影响较大。

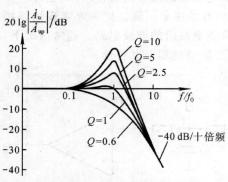

图 8-26　二阶低通电路的幅频特性

当 $Q > 0.707$ 时，滤波器的幅频特性由峰值，峰值的大小与 Q 值有关，Q 值越大，尖峰越高。当 $Q \to \infty$ 时，电路将产生自激振荡。这种幅频特性有起伏的滤波器叫作切比雪夫滤波器。此种类型滤波器虽然在通带内有起伏，但在过渡带衰减速度很快。

当 $Q \leqslant 0.707$ 时，幅频特性没有峰值，但 Q 值越小，幅频特性越早下降，换句话说，幅频特性在 $f \leqslant f_0$ 的频域下降越严重。

由上述分析可知，$Q = 0.707$ 是一个临界值，Q 超过此值时幅频特性出现峰值；小于该值时幅频特性下降加剧。所以当 $Q = 0.707$ 时所得幅频特性是最平坦的，既无峰值，下降量又最小。通常将 $Q = 0.707$ 对应的滤波器称为最大平坦滤波器，或称为巴特沃斯滤波器。此时滤波器的幅频特性为

$$|A(f)| = \frac{\dfrac{R_2}{R_1}}{\sqrt{1 + \left(\dfrac{f}{f_0}\right)^4}}$$

当 $f=f_0$ 时，$|A(f)|=\dfrac{\dfrac{R_2}{R_1}}{\sqrt{2}}$，即特征角频率 f_0 就是截止角频率 $f=f_C$。

二阶低通滤波器的幅频特性在过渡带内以 40 dB/十倍频的速度衰减，其滤波效果要比一阶滤波器好得多。

8.3.3　高通有源滤波器

1. 一阶高通有源滤波器

因为高通滤波器与低通滤波器具有对偶关系，如果将图 8-25 中的电阻、电容对调，则可得一阶高通滤波器，其电路如图 8-27 所示。

当运放为理想状态时，图 8-27 所示电路的频率特性为

$$A(f)=\dot{A}_{up}\frac{1}{1-\mathrm{j}f_C/f}$$

式中 $f_C=\dfrac{1}{2\pi R_1 C}$，$\dot{A}_{up}=-\dfrac{R_2}{R_1}$。

由此可画出图 8-27 所示电路的幅频特性，如图 8-28 所示。

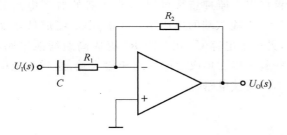

图 8-27　一阶高通有源滤波器

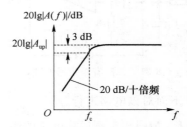

图 8-28　一阶高通滤波器幅频特性

2. 二阶高通有源滤波器

图 8-29 所示为压控电压源二阶高通滤波电路。

该电路传递函数、通带放大倍数、截止频率和品质因数分别为

$$A_u(s)=A_{up}(s)\cdot\frac{(sRC)^2}{1+(3-\dot{A}_{up})sRC+(sRC)^2}$$

$$\dot{A}_{up}=1+\frac{R_f}{R_1}$$

$$f_p=\frac{1}{2\pi RC}$$

$$Q=\left|\frac{1}{3-\dot{A}_{up}}\right|$$

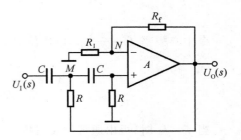

图 8-29　压控电压源二阶高通滤波电路

8.3.4　有源带通滤波器

将低通滤波器和高通滤波器串联起来，即可获得带通滤波器，如图 8-30 所示。

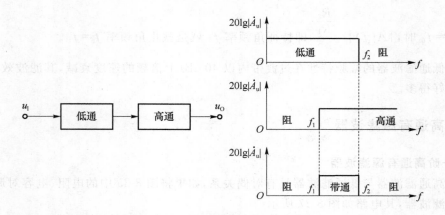

图 8-30　由低通滤波器和高通滤波器串联组成的带通滤波器

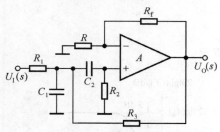

图 8-31　二阶有源带通滤波器

假设低通滤波器的截止频率为 f_{p1}，则该滤波器只允许 $f < f_{p1}$ 的信号通过；高通滤波器的截止频率为 f_{p2}，则它只允许 $f > f_{p2}$ 的信号通过。将二者串联起来，且 $f_{p1} > f_{p2}$，则可形成一个通频带为 $f_{p1} - f_{p2}$ 的带通滤波器。

根据以上原理组成的带通滤波器的典型电路如图 8-31 所示。输入端的电阻 R_1 和电容 C_1 组成低通滤波电路，另一个电容 C_2 和电阻 R_2 组成高通滤波电路，二者串联起来接在集成运放的同相输入端，这样组成的电路为二阶滤波电路。

下面对该电路进行分析。

$\dot{U}_+$ 为同相比例运算电路的输入，比例系数

$$\dot{A}_{uf} = \frac{\dot{U}_O}{\dot{U}_+} = 1 + \frac{R_f}{R_1}$$

当 $C_1 = C_2 = C$，$R_1 = R$，$R_2 = 2R$ 时，电路的传递函数

$$A_u(s) = A_{uf}(s) \cdot \frac{sRC}{1 + [3 - A_{uf}(s)]sRC + (sRC)^2}$$

令中心频率 $f_0 = \dfrac{1}{2\pi RC}$，电压放大倍数

$$\dot{A}_u = \frac{\dot{A}_{uf}}{3 - \dot{A}_{uf}} \cdot \frac{1}{1 + j\dfrac{1}{3 - \dot{A}_{uf}}\left(\dfrac{f}{f_0} - \dfrac{f_0}{f}\right)} \tag{8-27}$$

当 $f = f_0$ 时，得出通带放大倍数

$$\dot{A}_{up} = \frac{\dot{A}_{uf}}{|3 - \dot{A}_{uf}|} = Q\dot{A}_{uf}$$

令式(8-27)分母的模为 $\sqrt{2}$，即式(8-27)分母虚部的绝对值为 1，即

$$\left|\frac{1}{3 - \dot{A}_{uf}}\left(\frac{f_p}{f_0} - \frac{f_0}{f_p}\right)\right| = 1$$

解方程，取正根，就可得到下限截止频率 f_{p1} 和上限截止频率 f_{p2} 分别为

$$\begin{cases} f_{\text{p1}} = \dfrac{f_0}{2}\left[\sqrt{(3-\dot{A}_{\text{uf}})^2+4}-(3-\dot{A}_{\text{uf}})\right] \\[3mm] f_{\text{p2}} = \dfrac{f_0}{2}\left[\sqrt{(3-\dot{A}_{\text{uf}})^2+4}+(3-\dot{A}_{\text{uf}})\right] \end{cases}$$

因此,通频带

$$f_{\text{bw}} = f_{\text{p2}} - f_{\text{p1}} = \left| 3-\dot{A}_{\text{uf}} \right| f_0 = \frac{f_0}{Q} \tag{8-28}$$

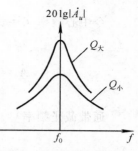

图 8-32　二阶有源带通滤波器幅频特性

电路的幅频特性如图 8-32 所示。Q 值越大,通带放大倍数越大,频带越窄,选频特性越好。调整电路的 $\dot{A}_{\text{up}}$,能够改变频带宽度。

8.3.5　有源带阻滤波器

带阻滤波器的作用与带通滤波器相反,即在规定的频带内,信号被阻断,而在此频带之外,信号能够顺利通过。将低通滤波器和高通滤波器并联在一起,可以形成带阻滤波电路,其原理示意图如图 8-33 所示。设低通滤波器的通带截止频率为 f_{p1},高通滤波器的通带截止频率为 f_{p2},且 $f_{\text{p2}} > f_{\text{p1}}$。当二者并联在一起时,凡是 $f < f_{\text{p1}}$ 的信号均可从低通滤波器通过,凡是 $f > f_{\text{p2}}$ 的信号则可以从高通滤波器通过,唯有 $f_{\text{p1}} < f < f_{\text{p2}}$ 的信号被阻断,于是电路成为一个带阻滤波器。

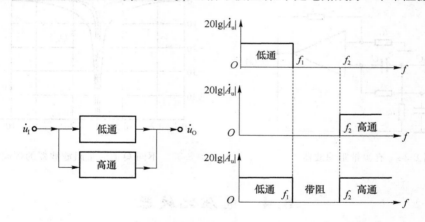

图 8-33　由低通滤波器和高通滤波器串联组成的带通滤波器

常用的带阻滤波器的电路原理图如图 8-34 所示。输入信号经过一个由 RC 元件组成的双 T 型选频网络,然后送至集成运放的同相输入端。当输入信号频率比较高时,由于电容的容抗很小,可认为短路,因此高频信号可从下面两个电容和一个电阻构成的支路通过;而当频率较低时,因电容的容抗很大,可将电容视为开路,故低频信号可从上面两个电阻和一个电容构成的支路通过,只有频率处于低频和高频之间某一范围的信号刚好被阻断,所以双 T 网络具有"带阻"的特性。下面对图 8-34 所示有源带阻滤波器进行分析。

其通带放大倍数

$$\dot{A}_{\text{up}} = 1 + \frac{R_{\text{f}}}{R_1}$$

传递函数

$$A_{\text{u}}(s) = A_{\text{up}}(s) \cdot \frac{1+(sRC)^2}{1+2[2-A_{\text{up}}(s)]sRC+(sRC)^2}$$

令中心频率 $f_0 = \dfrac{1}{2\pi RC}$，电压放大倍数

$$\dot{A}_u = \dot{A}_{up} \frac{1-\left(\dfrac{f}{f_0}\right)^2}{1-\left(\dfrac{f}{f_0}\right)^2 + j2(2-\dot{A}_{up})\dfrac{f}{f_0}} = \frac{\dot{A}_{up}}{1 + j2(2-\dot{A}_{up})\dfrac{ff_0}{f_0^2 - f^2}}$$

通带截止频率

$$\begin{cases} f_{p1} = f_0\left[\sqrt{(2-\dot{A}_{up})^2 + 1} - (2-\dot{A}_{up})\right] \\ f_{p2} = f_0\left[\sqrt{(2-\dot{A}_{up})^2 + 1} + (1-\dot{A}_{up})\right] \end{cases}$$

阻带宽度

$$BW = f_{p2} - f_{p1} = 2\,|\,2 - \dot{A}_{up}\,|\,f_0 = \frac{f_0}{Q} \tag{8-29}$$

其中 $Q = \dfrac{1}{2\,|\,2-\dot{A}_{up}\,|}$，不同 Q 值时的幅频特性如图 8-35 所示。

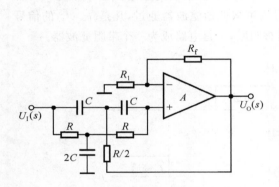

图 8-34 有源带阻滤波器

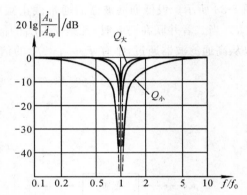

图 8-35 不同 Q 值时带阻滤波器的幅频特性

8.4 电压比较器

电压比较器的作用是比较两个电压的大小，以决定输出是高电平或低电平。电压比较器可用作模拟电路和数字电路的接口，还可以用作波形产生和变换电路等，利用简单电压比较器可将正弦波变为同频率的方波或矩形波。电压比较器中的运放通常为开环或正反馈状态，输出只有高、低两种电平，因此集成运放工作在非线性区。

电压比较器广泛应用于数字仪表、A/D 转换、自动检测、自动控制和波形变换等各个方面。常用的电压比较器有单限电压比较器、滞回电压比较器和窗口比较器，前者只有一个阈值电压，后两者均具有两个阈值电压。

8.4.1 电压比较器的传输特性

描述电压比较器的输出电压 u_O 与输入电压 u_I 之间函数关系的曲线称为电压传输特性，对应函数关系为 $u_O = f(u_I)$。输入信号 u_I 是模拟信号，输出电压只有两种可能的状态，不是高

电平 U_{OH}，就是低电平 U_{OL}，这两种状态可以分别用二进制数的 1 和 0 表示，用以说明比较的结果，所以其输出信号是数字信号。使 u_O 从 U_{OH} 跳变为 U_{OL}，或者从 U_{OL} 跳变为 U_{OH} 的输入电压称为阈值电压，记作 U_T。

在分析电压比较器时，必须考虑的三要素为：

（1）输出高电平 U_{OH} 和输出低电平 U_{OL}；

（2）阈值电压 U_T；

（3）输入电压过阈值电压时输出电压跃变的方向，即 u_I 变化过程中经过 U_T 时，输出电压是从低电平跃变为高电平，还是从高电平跃变为低电平。

8.4.2　单限电压比较器

1. 零电平比较器

零电平比较器，顾名思义，其阈值电压等于 0。图 8-36 所示为一最简单的零电平比较器，它的同相输入端接地，反相输入端加输入信号 u_I，集成运放工作在开环状态，反相输入端不再为"虚地"。因为理想运放的增益为无穷大，所以当输入信号偏离零点时，输出电压就达到运放的饱和值，即其输出电压为 $+U_{OM}$ 或 $-U_{OM}$。当输入电压 $u_I < 0$ V 时，$u_O = +U_{OM}$；当 $u_I > 0$ V 时，$u_O = -U_{OM}$。因此电压传输特性如图 8-37 所示。如果将图 8-36 所示电路中反相输入端接地，同相输入端接输入电压，则可以获得 u_O 跃变方向相反的电压传输特性。

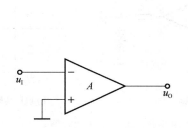
图 8-36　零电平比较器

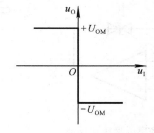
图 8-37　零电平比较器电压传输特性曲线

由图 8-37 可见，u_O 突变发生在 $u_I = 0$ 的时刻，也就是说，u_I 与零电平进行比较，所以称为零电平比较器。

为了限制集成运放的差模输入电压，保护其输入端，可加二极管进行限幅，电路如图 8-38 所示。二极管限幅电路使净输入电压最大值为 $\pm U_D$。

在实用电路中，为适应负载对电压幅值的要求，输出端通常加限幅电路，以获得合适的 U_{OH} 和 U_{OL}，电路如图 8-39 所示。

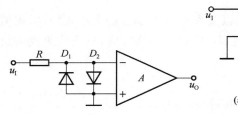
图 8-38　电压比较器输入级保护电路

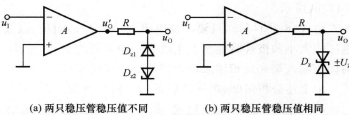
(a) 两只稳压管稳压值不同　　(b) 两只稳压管稳压值相同

图 8-39　电压比较器的输出限幅电路

图中 R 为限流电阻,两只稳压管的稳定电压均应小于集成运放的最大输出电压 U_{OM}。假设稳压管 D_{Z1}、D_{Z2} 的正向导通压降均为 U_D,D_{Z1} 的稳压值为 U_{Z1},D_{Z2} 的稳压值为 U_{Z2}。当 $u_I <$ 0 V 时,由于集成运放的输出电压 $u_O' = +U_{OM}$,此时 D_{Z1} 工作在稳压状态,D_{Z2} 工作在正向导通状态,所以输出电压 $u_O = U_{OH} = +(U_{Z1}+U_D)$;当 $u_I > 0$ V 时,集成运放的输出电压 $u_O' = -U_{OM}$,此时 D_{Z1} 工作在正向导通状态,D_{Z2} 工作在稳压状态,所以输出电压 $u_O = U_{OL} = -(U_{Z2}+U_D)$。如果要求 $U_{Z1}=U_{Z2}$,那么可以选用两只特性相同并且制作在一起的稳压管,如图 8-39(b)所示。导通时的端电压为 $\pm U_Z$。当 $u_I < 0$ V 时,$u_O = U_{OH} = +U_Z$;当 $u_I > 0$ V 时,$u_O = U_{OL} = -U_Z$。

限幅电路的稳压管还可以跨接在集成运放的输出端和反相输入端之间,如图 8-40 所示。假设任意一个稳压二极管被反向击穿时,两个稳压管两端总的电压值均为 U_Z,这里要保证 $U_{OM} > U_Z$。当 $u_I < 0$ V 时,如果没有接稳压二极管,则 u_O 等于 $+U_{OM}$,接入稳压管后,左边的稳压管将被反向击穿,工作在稳压区,右边的稳压管被正向导通,所以 $u_O = +U_Z$;当 $u_I > 0$ V 时,右边的稳压管将被反向击穿,工作在稳压区,左边的稳压管被正向导通,所以 $u_O = -U_Z$。

2. 非零电平比较器

图 8-41 所示为非零电平比较器,U_{REF} 为外加参考电压。根据叠加原理,集成运放反相输入端的电位

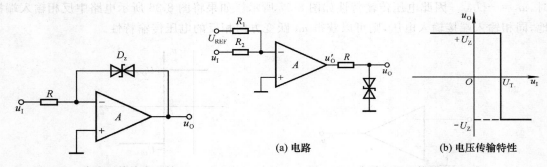

(a) 电路 (b) 电压传输特性

图 8-40 将稳压管接在反馈 图 8-41 非零电压比较器
通路中的输出限幅电路

$$u_- = \frac{R_1}{R_1+R_2}u_I + \frac{R_2}{R_1+R_2}U_{REF}$$

令 $u_+ = u_- = 0$,可以求出阈值电压

$$U_T = -\frac{R_2}{R_1}U_{REF} \tag{8-30}$$

当 $u_I < U_T$ 时,$u_+ > u_-$,所以 $u_O' = +U_{OM}$,$u_O = U_{OH} = +U_Z$;当 $u_I > U_T$ 时,$u_+ < u_-$,所以 $u_O' = -U_{OM}$,$u_O = U_{OL} = -U_Z$。如果 $U_{REF} < 0$,则图 8-41(a)所示电路的电压传输特性曲线如图 8-41(b)所示。

由式(8-30)可知,只要改变电阻 R_1 和 R_2 的阻值,以及参考电压 U_{REF} 的大小和极性,阈值电压的大小和极性将随之发生改变。如果要改变 u_I 过 U_T 时 u_O' 的跳变方向,只需将集成运放的同相输入端和反相输入端所接外电路互换即可。

由上述分析可知,电压比较器的分析步骤为:

(1) 写出 u_+、u_- 的表达式,令 $u_+ = u_-$,求解出的 u_I 即为 U_T;

(2) 根据输出端限幅电路决定输出的高、低电平;

(3) 根据输入电压作用于同相输入端还是反相输入端决定输出电压的跃变方向。

8.4.3 滞回比较器

单限电压比较器具有结构简单、灵敏度高等特点,但是在单限电压比较器中,输入信号在阈值电压附近的任何微小变化,都将引起输出电压的跃变,当输入信号中含有噪声或干扰时,将导致电压比较器输出不稳定。为了提高电压比较器的抗干扰能力,可以采用滞回电压比较器。滞回电压比较器具有滞回特性,即具有惯性,所以其抗干扰能力较强。

1. 反相输入滞回电压比较器

从反相输入端输入的滞回比较器如图 8-42 所示,由图可见,在滞回电压比较器中引入了正反馈。

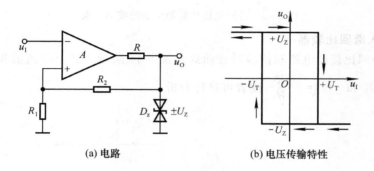

(a) 电路   (b) 电压传输特性

图 8-42 反相输入滞回电压比较器

由图 8-42(a)可以看出,$u_O = \pm U_Z$。集成运放反相输入端电位 $u_- = u_I'$,同相输入端电位

$$u_+ = \frac{R_1}{R_1 + R_2} U_Z$$

令 $u_+ = u_-$,此时的 u_I 就是阈值电压,所以阈值电压为

$$\pm U_T = \pm \frac{R_1}{R_1 + R_2} U_Z \tag{8-31}$$

下面分析输出电压 u_O 随输入电压 u_I 的变化而变化的过程。当 $u_I < -U_T$ 时,则 $u_+ > u_-$ 必然成立,所以 $u_O = +U_Z$,此时 $u_+ = +U_T$。随着输入电压的不断增加,当 u_I 增大到 $+U_T$ 时,如果再增加一个无穷小量,输出电压 u_O 将会从 $+U_Z$ 跃变为 $-U_Z$。当 $u_I > +U_T$ 时,则 $u_+ < u_-$ 必然成立,所以 $u_O = -U_Z$,此时 $u_+ = -U_T$。随着输入电压的不断减小,当 u_I 减小到 $-U_T$ 时,如果再减小一个无穷小量,输出电压 u_O 将会从 $-U_Z$ 跃变为 $+U_Z$。由上述分析可知,输出电压 u_O 从 $+U_Z$ 跃变为 $-U_Z$ 与 u_O 从 $-U_Z$ 跃变为 $+U_Z$ 对应的阈值电压是不同的,其电压传输特性如图 8-42(b)所示。

从图 8-42(b)所示传输特性曲线可以看出,滞回电压比较器有两个阈值电压,分别为 $+U_T$ 和 $-U_T$。当 $-U_T < u_I < +U_T$ 时,u_O 可能是 $+U_Z$,也可能是 $-U_Z$。如果 u_I 是从小于 $-U_T$ 的值逐渐增大到 $-U_T < u_I < +U_T$,则 u_O 为 $+U_Z$;如果 u_I 是从大于 $+U_T$ 的值逐渐减小到 $-U_T < u_I < +U_T$,则 u_O 为 $-U_Z$。所以说滞回电压比较器的传输特性曲线具有方向性,具体变化如图 8-42(b)所标注。

利用滞回电压比较器可以实现波形的变换,例如输入波形为三角波,通过反相输入滞回比较器,输出可以得到矩形波,如图 8-43 所示。

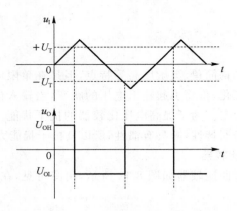

图 8-43　滞回电压比较器实现的波形变换

2. 同相输入滞回比较器

同相输入滞回比较器电路和传输特性曲线如图 8-44 所示。其上限阈值和下限阈值分别为 $+U_T = +\dfrac{R_2}{R_1}U_Z$ 和 $-U_T = -\dfrac{R_2}{R_1}U_Z$，读者可自行分析。

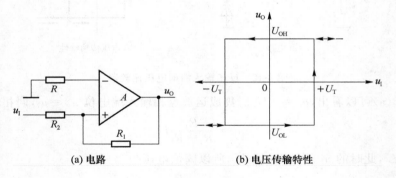

(a) 电路　　　　　　　　(b) 电压传输特性

图 8-44　同相输入滞回比较器

反相、同相两种滞回比较器的电压传输特性曲线，都具有以原点对称的特性。为使滞回比较器的电压传输特性曲线向左或向右平移，需将两个阈值电压叠加相同的正电压或负电压。把电阻 R_1 的接地端接参考电压 U_{REF}，可实现此目的，如图 8-45(a) 所示。

其同相输入端电位

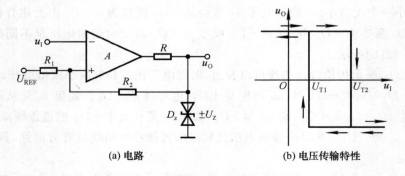

(a) 电路　　　　　　　　(b) 电压传输特性

图 8-45　加了参考电压的滞回比较器

$$u_+ = \frac{R_2}{R_1+R_2}U_{REF} \pm \frac{R_1}{R_1+R_2}U_Z$$

令 $u_+ = u_-$，求出的 u_1 就是阈值电压，因此得出

$$\begin{cases} U_{T1} = \dfrac{R_2}{R_1+R_2}U_{REF} - \dfrac{R_1}{R_1+R_2}U_Z \\[2mm] U_{T2} = \dfrac{R_2}{R_1+R_2}U_{REF} + \dfrac{R_1}{R_1+R_2}U_Z \end{cases} \tag{8-32}$$

两式中第一项是曲线在横轴左移或右移的距离。当 $U_{REF} > 0$ V 时，其电压传输特性曲线如图 8-45(b)所示，改变 U_{REF} 的极性即可改变曲线平移的方向。

8.4.4　窗口比较器

窗口比较器又叫作双限比较器，通常用来检测输入信号是否位于两个指定的参考电平之间。这种电路可用于工业控制系统，当被测量值超出许可范围时，便可以发出指示信号。图 8-46(a)所示为一种窗口比较器，外加参考电压为 U_{RH}、U_{RL}，并且满足 $U_{RH} > U_{RL}$，电阻 R_1、R_2 和稳压管 D_Z 组成输出端限幅电路。

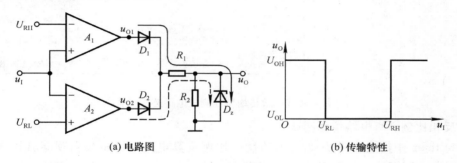

(a) 电路图　　　　　　　　　(b) 传输特性

图 8-46　窗口比较器

当输入电压 $u_1 < U_{RL}$ 时，集成运放 A_1 输出为低电平，A_2 输出为高电平。所以 D_1 截止，D_2 导通，电流通路如图中虚线所标注，D_Z 工作在稳压状态，输出 $u_O = +U_Z$。

当 $u_1 > U_{RH}$ 时，集成运放 A_1 输出为高电平，A_2 输出为低电平。所以 D_1 导通，D_2 截止，电流通路如图中实线所标注，D_Z 工作在稳压状态，输出 $u_O = +U_Z$。

当 $U_{RL} < u_1 < U_{RH}$ 时，集成运放 A_1、A_2 输出均为低电平，D_1、D_2 都处于截止状态，稳压管截止，此时输出电压 $u_O = 0$。

当 U_{RH}、U_{RL} 均大于零时，图 8-46(a)所示电路的电压传输特性曲线如图 8-46(b)所示。

仿 真 实 训

仿真实训 1　由集成运放组成的反相比例运算电路特性测试

一、实训目的

熟悉集成运放的传输特性，掌握集成运算放大电路的基本运算关系和仿真测试方法。

二、仿真电路和仿真内容

（1）集成运放的电压传输特性测试

构建如图 8-47 左图所示的仿真电路图，示波器 XSC1A 通道测量输入信号，B 通道测量输出信号，设置示波器 XSC1 显示为 B/A 方式，即以输入信号为横坐标，输出信号为纵坐标，示波器显示波形如图 8-47 右图所示。因为集成运放的开环差模增益非常大，所以其传输特性曲线接近理想状态。

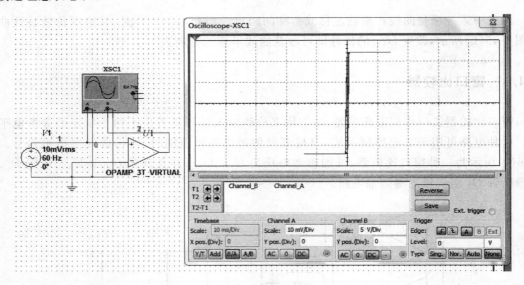

图 8-47　集成运放传输特性测试电路及特性曲线

（2）反相比例运算电路仿真测试

在 Multisim 中构建如图 8-48 所示的反相比例运算电路。用示波器观察其输入输出波形，如图 8-48 右图所示。由图可见，输出信号与输入信号的比例系数为 2，相位关系为反相；图 8-49 为输出信号与输入信号之间的比例曲线，可见为反相比例关系，证实了反相比例运算电路的特点。

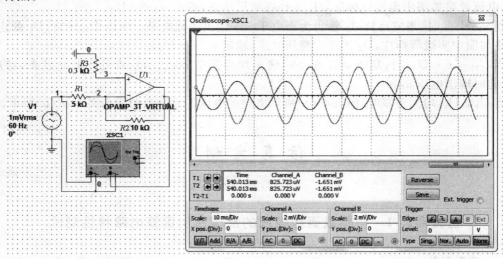

图 8-48　反相比例运算电路仿真电路图及测试结果

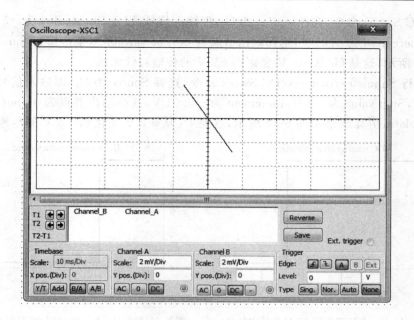

图 8-49　反相比例运算电路输出信号与输入信号的关系

仿真实训 2　滞回比较器电压传输特性的测试

一、实训目的

电压比较器输出端只有高电平和低电平两种可能，它能将输入的模拟信号转换为数字信号。滞回电压比较器具有滞回特性，通过本实训，可以加深对滞回比较器电平跳变时具有方向性这一特点的理解。

二、仿真电路和仿真内容

启动 Multisim，在电路窗口中创建滞回电压比较器电路，如图 8-50 所示。执行 Simulate/

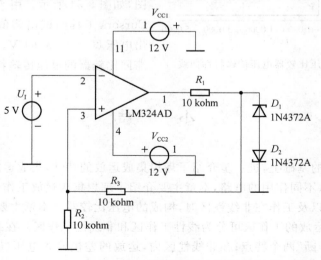

图 8-50　滞回电压比较器仿真电路图

Analyses/DC Sweep 命令,选择 source 为 U_I,即输入信号,设置 Start value 为 -5 V,Stop value 为 5 V,Increment 为 0.01 V,选择输出节点为 output variables,单击按钮 Simulate,仿真结果如图 8-51 所示,这是 U_I 从 -5 V 变化到 $+5$ V 的传输特性曲线。

再次执行 Simulate/Analyses/DC Sweep 命令,选择 Source 为 U_I,即输入信号,设置 Start value 为 5 V,Stop value 为 -5 V,Increment 为 -0.01 V,选择输出节点为 output variables,单击按钮 Simulate,仿真结果如图 8-52 所示,这是 U_I 从 $+5$ V 变化到 -5 V 的传输特性曲线。

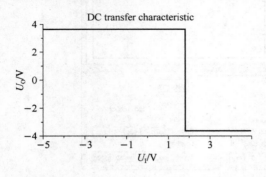

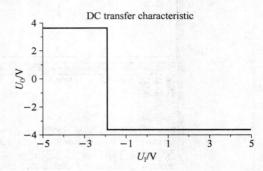

图 8-51　U_I 从 -5 V 变化到 $+5$ V 的传输特性　　　图 8-52　U_I 从 $+5$ V 变化到 -5 V 的传输特性

执行 Simulate 菜单中的 Postprocessor 命令,在出现的对话框中进行如下设置:分别点击 Newpage 和 NewGraph 命令,建立新页和新曲线图,并分别命名。选中 AnalysesResults 栏的"滞回比较器"项下的 DC transfer characteristic(dc01),然后选择 AvailableVariables 栏中的 V(4)(此电路的输出节点),单击 Copy VariabletoTrace 按钮,单击 A ddTrace 按钮。这样 dc01.V(4) 出现在 Tracetoplot 下部的栏中。重复上述步骤,将 dc02.V(4) 也添加在 Tracetoplot 下部的栏中。执行 Draw 命令,即可得到滞回比较器的电压传输特性曲线图,如图 8-54 所示。用 AnalysesGraphs 中的 Cursors 工具测试出阈值电压是 ±1.8 V,输出电压 $U_0 = \pm 3.64$ V。直观准确地反映了滞回比较器的电压传输特性。

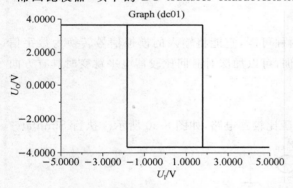

图 8-53　滞回电压比较器电压传输特性曲线

小　　结

本章在第 4 章的基础上,进一步介绍了理想集成运放的特性,集成运放利用不同的工作区可以构成不同类型、不同作用的电路,本章主要介绍了理想集成运放工作在线性区构成的运算电路和有源滤波器以及工作在非线性区时,构成的电压比较器。本章主要内容如下。

(1) 理想集成运放的工作区可分为线性工作区和非线性工作区。在线性区时理想集成运放满足"虚短"和"虚断"两个特点;在非线性区内,运放的差模输入电压($u_+ - u_-$)的值可能很大,"虚短"现象不复存在,但依然满足"虚断"特点。

(2) 集成运放工作在线性区时,可以构成各种运算电路,包括比例运算电路、加减运算电路、微分和积分电路、指数和对数运算电路、乘法和除法电路等。

（3）滤波器主要用来滤除信号中无用的频率成分，按照滤波器的工作频带进行分类，分为低通滤波器、高通滤波器、带通滤波器和带阻滤波器。

（4）电压比较器的作用是比较两个电压的大小，以决定输出是高电平或低电平。常见的电压比较器有单限电压比较器、滞回电压比较器和窗口电压比较器。单限电压比较器结构简单，但容易产生误翻，抗干扰能力较差，而滞回电压比较器具有滞回特性，即具有惯性，所以其抗干扰能力较强。

习　　题

8.1　判断下列说法是否正确，用"√"或"×"表示判断结果。

（1）运算电路中一般均引入负反馈。（　　　）

（2）在运算电路中，集成运放的反相输入端均为虚地。（　　　）

（3）凡是运算电路都可利用"虚短"和"虚断"的概念求解运算关系。（　　　）

（4）各种滤波电路的通带放大倍数的数值均大于 1。（　　　）

（5）只要集成运放引入正反馈，就一定工作在非线性区。（　　　）

（6）当集成运放工作在非线性区时，输出电压不是高电平，就是低电平。（　　　）

（7）一般情况下，在电压比较器中，集成运放不是工作在开环状态，就是仅仅引入了正反馈。（　　　）

（8）如果一个滞回比较器的两个阈值电压和一个窗口比较器的相同，那么当它们的输入电压相同时，它们的输出电压波形也相同。（　　　）

（9）在输入电压从足够低逐渐增大到足够高的过程中，单限比较器和滞回比较器的输出电压均只跃变一次。（　　　）

（10）单限比较器比滞回比较器抗干扰能力强，而滞回比较器比单限比较器灵敏度高。（　　　）

8.2　选择合适的答案填到相应的空内。

（1）现有电路：

A. 反相比例运算电路

B. 同相比例运算电路

C. 积分运算电路

D. 微分运算电路

E. 加法运算电路

选择一个合适的答案填入空内。

1）欲将正弦波电压移相 $+90°$，应选用（　　　）。

2）欲将正弦波电压叠加上一个直流量，应选用（　　　）。

3）欲实现 $A_u = -100$ 的放大电路，应选用（　　　）。

4）欲将方波电压转换成三角波电压，应选用（　　　）。

5）欲将方波电压转换成尖顶波波电压，应选用（　　　）。

（2）现有四种滤波器

A. 低通   B. 带通

C. 高通   D. 带阻

选择一个合适的答案填入空内。

1）为了避免 50 Hz 电网电压的干扰进入放大器，应选用（　　　）滤波电路。

2）已知输入信号的频率为 10～12 kHz，为了防止干扰信号的混入，应选用（　　　）滤波电路。

3）为了获得输入电压中的低频信号，应选用（　　　）滤波电路。

（3）下列关于滞回电压比较器的说法，不正确的是（　　　）。

A. 滞回电压比较器有两个门限点电压

B. 构成滞回电压比较器的集成运放工作在线性区

C. 滞回电压比较器一定外加正反馈

D. 滞回电压比较器的输出电压只有两种可能

8.3 电路如图 T8.1 所示，集成运放输出电压的最大幅值为 ±14 V，填表。

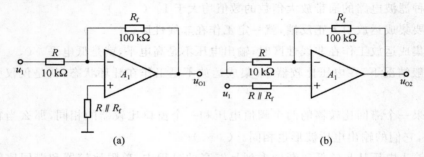

图 T8.1

u_1/V	0.1	0.5	1.0	1.5
u_{O1}/V				
u_{O2}/V				

8.4 已知图 T8.2 所示电路中的集成运放为理想运放，试求电路的运算关系。

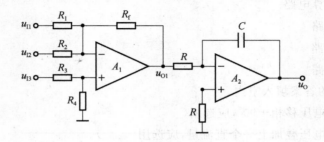

图 T8.2

8.5 设计一个比例运算电路，要求输入电阻 $R_I = 20$ kΩ，比例系数为 −100。

8.6　试求图 T8.3 所示各电路输出电压与输入电压的运算关系式。

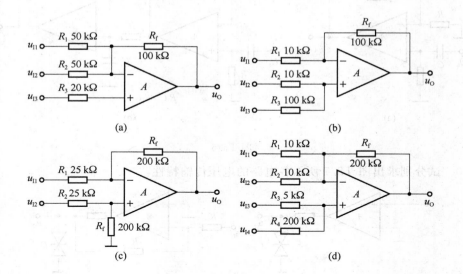

图 T8.3

8.7　在图 T8.4(a)所示电路中,已知输入电压 u_I 的波形如图(b)所示,当 $t=0$ 时 $u_O=0$。试画出输出电压 u_O 的波形。

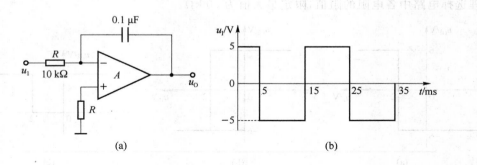

图 T8.4

8.8　试分别求解图 T8.5 所示各电路的运算关系。

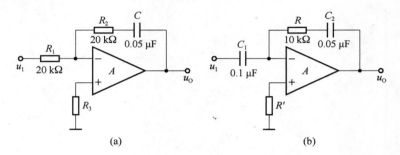

图 T8.5

8.9　试说明图 T8.6 所示各电路属于哪种类型的滤波电路,是几阶滤波电路。

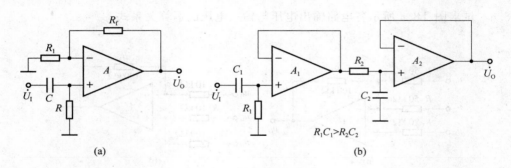

图 T8.6

8.10　试分别求出图 T8.7 所示各电路的电压传输特性。

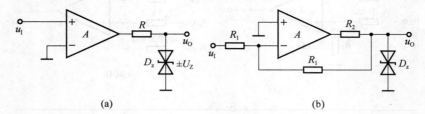

图 T8.7

8.11　设计三个电压比较器,它们的电压传输特性分别如图 T8.8(a)、(b)、(c)所示。要求合理选择电路中各电阻的阻值,限定最大值为 50 kΩ。

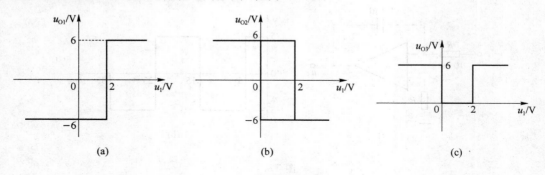

图 T8.8

第9章　功率放大电路

教学目标与要求：
- 理解功率放大电路的特点、类型
- 掌握 OCL 电路的组成、工作原理
- 理解交越失真、功率管的保护
- 掌握甲乙类 OTL 电路的组成、工作原理

9.1　功率放大电路的类型

9.1.1　按工作状态分类

功率放大电路按晶体管导通时间的不同，可分为甲类、乙类、甲乙类和丙类等，如图 9-1 所示。

甲类功率放大电路的静态工作点 Q 选在晶体管的放大区，且信号的作用范围也限制在放大区，在输入信号的整个周期内，晶体管均导通，有电流流过，如图 9-1(a)所示，功放管的静态电流是造成管耗的主要因素，因此工作效率低，一般低于 50%。

乙类功率放大电路的静态工作点 Q 选在晶体管的截止区边缘，信号的作用范围一半在放大区，另一半在截止区，因此在输入信号的整个周期内，晶体管仅在半个周期内导通，有电流流过，如图 9-1(b)所示，此时功放管静态电流几乎为零，所以乙类的功率放大效率比甲类的要高，但是由于晶体管有半个周期是截止的，故输出电压波形将产生严重失真；为减小失真，在电路上采用互补对称电路，使两管轮流导通，以保证负载上获得完整的正弦波形。

甲乙类功率放大电路是介于甲类和乙类之间的工作状态，静态工作点 Q 选在靠近截止区的位置，信号的作用范围大部分在放大区，少部分在截止区，如图 9-1(c)所示，在输入信号周期内，管子导通时间大于半周而小于全周。

丙类功率放大电路的静态工作点 Q 选在晶体管的截止区内，信号的作用范围大部分在截止区，少部分在放大区，如图 9-1(d)所示，管子导通时间小于半个周期。

9.1.2　按工作信号频段分类

功率放大电路按工作信号频率可分为低频功率放大电路和高频功率放大电路。低频功率

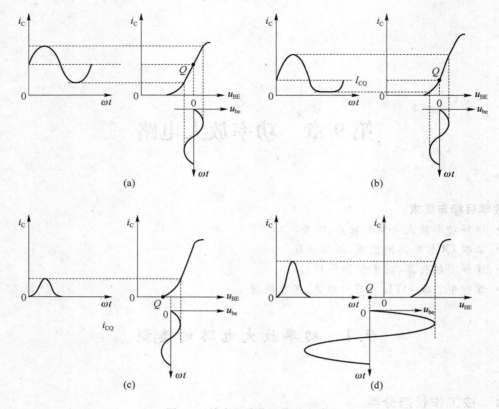

图 9-1　放大电路按工作状态分类

放大电路工作信号频率在 1 MHz 以下,用于放大音频范围(几十赫至几千赫)的信号;高频功率放大器是用来放大几百千赫至几千兆赫的高频信号。

9.2　乙类推挽互补对称功率放大电路

甲类功放虽然非线性失真小,但效率太低。乙类放大器具有能量转换效率高的特点,常用它作为功率放大器。但乙类放大器只能放大半个周期的信号,存在波形失真的问题,为了解决这个问题,常用两个工作在乙类状态下的放大器,分别放大输入的正、负半周信号,同时采取措施,使放大后的正、负半周信号能加在负载上面,在负载上获得一个完整的波形。利用这种方式工作的功放电路称为乙类互补对称电路,也称为推挽功率放大电路。

9.2.1　OCL 电路组成和工作原理

乙类互补对称功放电路是由两个射极输出器组成的,如图 9-2 所示。这类电路又称无输出电容的功率放大电路,简称 OCL 电路。图中 T_1 为 NPN 型三极管,T_2 为 PNP 型三极管,两管的基极和发射极对应接在一起,信号从基极输入,从发射极输出,R_L 为负载。

(1)当输入信号 $u_1 = 0$ 时,两个三极管都截止,负载上无电流通过,输出电压 $u_O = 0$。

(2)当输入信号为正半周时,$u_1 > 0$,T_1 导通,T_2 截止,输出电流 i_{C1} 经过 $+U_{CC}$ 自上而下流

过负载 R_L，在 R_L 上形成正半周输出电压，$u_O > 0$。

（3）当输入信号为负半周时，$u_1 < 0$，T_2 导通，T_1 截止，输出电流 i_{C2} 经过 $-U_{CC}$ 自下而上流过负载 R_L，在 R_L 上形成负半周输出电压，$u_O < 0$。

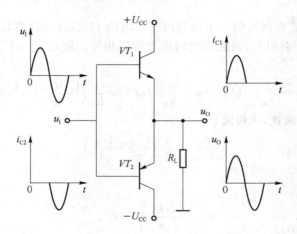

图 9-2　OCL 功率放大器

9.2.2　OCL 电路性能分析

OCL 电路图解分析如图 9-3 所示。图 9-3(a) 表示 T_1 管工作时的情形，负载线通过 U_{CC} 点形成一条斜线。图 9-3(b) 是将 T_2 管的导通特性倒置后与 T_1 特性画在一起，让静态工作点 Q 重合，形成两管合成曲线。图 9-3(a) 表示 T_1 管工作时的情形，负载线通过 U_{CC} 点形成一条斜线。图 9-3(b) 可见，允许的 i_C 最大变化范围为 $2I_{cm}$，u_{ce} 的变化范围为 $(U_{CC} - U_{CES}) = 2U_{cem} = 2I_{cm}R_L \approx 2U_{CC}$。

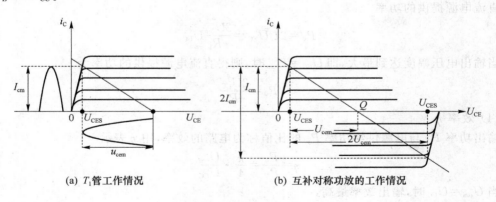

(a) T_1 管工作情况　　　　(b) 互补对称功放的工作情况

图 9-3　互补对称功放图解分析

（1）输出功率 P_O

由功率的定义得输出功率 P_O 等于输出电压有效值和输出电流有效值的乘积。

$$P_O = I_O U_O = \frac{1}{2} I_{om} U_{om} = \frac{1}{2} \frac{U_{om}^2}{R_L} \tag{9-1}$$

当输入信号足够大，忽略晶体管的饱和压降 U_{CES}，使 $U_{om} = U_{cem} = U_{CC} - U_{CES} \approx U_{CC}$，最大输

出功率为

$$P_{om} = \frac{U_{CC}^2}{2R_L} \tag{9-2}$$

（2）管耗 P_T

考虑到 T_1 和 T_2 管在信号的一个周期内各导电约 180°，且通过两管的电流和两管两端的电压 U_{CC} 在数值上都分别相等，因此两管的最大管耗相等。假设 $u_O = U_{om} \sin \omega t$，则 T_1 管的管耗为

$$P_{T1} = \frac{1}{2\pi} \int_0^\pi (U_{CC} - u_0) \frac{u_0}{R_L} d(\omega t) = \frac{1}{R_L} \left(\frac{U_{CC} U_{om}}{\pi} - \frac{U_{om}^2}{4} \right) \tag{9-3}$$

管耗 P_{T1} 是 U_{om} 的函数，求极限

$$\frac{dP_{T1}}{dU_{om}} = \frac{1}{R_L} \left(\frac{U_{CC}}{\pi} - \frac{U_{om}}{2} \right)$$

令 $\dfrac{dP_{T1}}{dU_{om}} = 0$，则得

$$U_{om} = \frac{2U_{CC}}{\pi} \approx 0.6 U_{CC}$$

T_1 管的最大管耗

$$P_{T1m} = \frac{1}{R_L} \left[\frac{\frac{2U_{CC}^2}{\pi}}{\pi} - \frac{\left(\frac{2U_{CC}}{\pi} \right)^2}{4} \right] = \frac{1}{\pi^2} \cdot \frac{U_{CC}^2}{R_L} \approx 0.2 P_{om} \tag{9-4}$$

两管的最大管耗为

$$P_{Tm} = 2P_{T1m} \approx 0.4 P_{om} \tag{9-5}$$

（3）直流电源提供的功率 P_V

两个电源各提供半个周期的电流，故每个电源提供的平均电流为

$$I_V = \frac{1}{2\pi} \int_0^\pi I_{om} \sin(\omega t) d(\omega t) = \frac{I_{om}}{\pi} = \frac{U_{om}}{\pi R_L} \tag{9-6}$$

直流电源提供的功率

$$P_v = 2I_v U_{CC} = \frac{2U_{om}}{\pi R_L} U_{CC} \tag{9-7}$$

当输出电压幅度达到最大，即 $U_{CC} = U_{om}$ 时，则得直流电源提供的功率为

$$P_v = \frac{2U_{CC}^2}{\pi R_L} \tag{9-8}$$

（4）效率 η

输出功率 P_0 与电源供给功率 P_V 的比值称为电路的效率，用 η 表示

$$\eta = \frac{P_0}{P_V} = \frac{\pi}{4} \cdot \frac{U_{om}}{U_{CC}} \tag{9-9}$$

当 $U_{om} = U_{CC}$ 时，输出效率最高，

$$\eta_{max} = \frac{\pi}{4} \times 100\% \approx 78.5\% \tag{9-10}$$

这是在忽略管子的饱和压降和输入信号足够大的情况下得来的，实际效率会有所降低。

9.2.3 单电源互补对称电路

双电源互补对称功率放大电路由于静态时输出端电位为零，负载可以直接连接，不需要耦

合电容,因而它具有低频响应好、输出功率大、便于集成等优点,但需要双电源供电,使用起来有时会感到不便;在某些只能由单电源供电的场合,只需在两管发射极与负载之间接入一个大容量电容 C_2 即可,这种电路通常又称无输出变压器电路,简称 OTL 电路,如图 9-4 所示。

图中 R_1、R_2 为偏置电阻。适当选择 R_1、R_2 阻值,可使两管静态时发射极电压为 $U_{CC}/2$,电容 C_2 两端电压也稳定在 $U_{CC}/2$,这样两管的集、射极之间如同分别加上了 $U_{CC}/2$ 和 $-U_{CC}/2$ 的电源电压。

在输入信号正半周,V_1 导通,V_2 截止,以射极输出器形式将正向信号传送给负载,同时对电容 C_2 充电;在输入信号负半周时,V_1 截止,V_2 导通,电容 C_2 放电,充当 V_2 管直流工作电源,使 V_2 也以射极输出器形式将负向信号传送给负载。这样,负载 R_L 上得到一个完整的信号波形。

在这种电路中,电容 C_2 的容量应选足够大,使电容 C_2 的充、放电时间常数远大于信号周期,该电路中的每个三极管的工作电源已变为 $U_{CC}/2$,而不是 OCL 电路中的 U_{CC} 了。

与 OCL 电路相比,OTL 电路少用了一个电源,但由于输出端的耦合电容容量大,电容器内铝箔卷绕圈数多,呈现的电感效应大,它对不同频率的信号会产生不同的相移,输出信号有附加失真的缺点。

为了稳定静态工作点和改善交流性能,OTL 电路中经常引入负反馈。具有前置放大级和负反馈的 OTL 电路如图 9-5 所示,电路中 T_3 构成了前置放大级,通过电阻 R_1 和 R_2 引入了电压并联交直流负反馈。

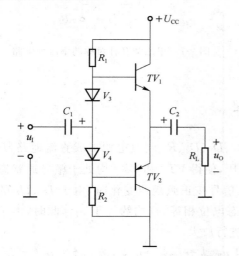
图 9-4　单电源互补对称功率放大电路 OTL

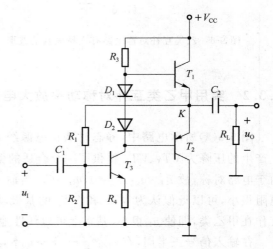
图 9-5　带负反馈的 OTL 电路

9.3　甲乙类互补对称功率放大电路

9.3.1　交越失真

乙类互补对称功放电路在实际使用中,输出波形会出现失真。因为晶体管输入特性,门限电压不为零,管子的 i_B 在 $|u_{BE}|$ 大于门限电压时才有显著的变化。在输入电压较低时,输入基

极电流很小,故输出电流十分小,负载电阻 R_L 上无电流流过,出现一小段死区。如图 9-6 所示,输入信号 u_1 是正弦波,输出电流 i_O 和电压 u_O 会出现失真,由于这种失真出现在两管交替工作处,所以称为交越失真。

为了解决交越失真,可给三极管加适当的基极偏置电压,保证了每个晶体管的静态偏压略大于死区电压,产生一个很小的静态电流,即把工作点设置在靠近截止区的放大区,晶体管工作在甲乙类状态,这样,既可以消除交越失真,又不会产生过多的损耗,如图 9-7 所示。

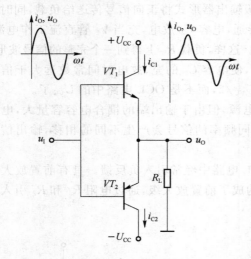
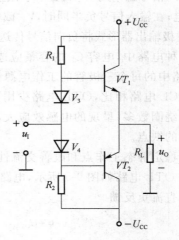

图 9-6 乙类互补对称电路有交越失真的波形   图 9-7 甲乙类互补对称功率放大电路

9.3.2 实用甲乙类互补对称功率放大电路

图 9-8(a)所示电路中,静态时从正电源经 R_1、D_1、D_2、R_2 到负电源形成直流通路,D_1、D_2 上产生的压降为 VT_1、VT_2 提供了一个合适的偏压,使得 VT_1 和 VT_2 均处于微导通状态。但由于电路对称,故 $i_{C1}=i_{C2}$,$i_L=0$,$u_O=0$。当输入信号按正弦规律变化时,由于 D_1、D_2 的交流电阻很小,可以近似认为 VT_1 和 VT_2 的基极动态电位相等,且均约等于 u_1。此时,由于电路工作在甲乙类,即使 u_1 很小,基本上可以线性地进行放大。

在输入信号正半周,有 $u_{BE1}\uparrow \rightarrow i_{B1}\uparrow \rightarrow i_{C1}\uparrow$,且 $u_{BE2}\downarrow \rightarrow i_{B2}\downarrow \rightarrow i_{C2}\downarrow$,故 $i_L\uparrow = i_{C1}\uparrow - i_{C2}\downarrow$,形成信号的正半周;当 u_1 上升到一定值后,VT_2 截止。在信号负半周,$u_{BE2}\uparrow \rightarrow i_{B2}\uparrow \rightarrow i_{C2}\uparrow$,同时 $u_{BE1}\downarrow \rightarrow i_{B1}\downarrow \rightarrow i_{C1}\downarrow$,所以 $i_L\uparrow = i_{C2}\uparrow - i_{C1}\downarrow$,形成信号的负半周;当 u_1 上升到一定值后,VT_1 截止。由此可见,VT_1 和 VT_2 在信号的一个周期内导通的时间比半个周期稍微多一些,即工作在甲乙类放大状态。但是由于非常接近于乙类,故其参数可近似按乙类估算。

在实际应用中图 9-8(a)所示电路往往还要加前置放大级,如图 9-8(b)所示,VT_3 构成的共发射极电路起前置放大作用。另外,在图 9-8(b)所示电路中,VT_1、VT_2 的静态偏置由 D_1、D_2 的导通压降提供。在集成电路中,经常使用 U_{BE} 倍增电路来取代 D_1、D_2,如图 9-8(c)所示。其基本原理为:当 VT_4 工作在放大区时,其发射结电压 U_{BE4} 近似为一定值,若使其基极电流远远小于 R_1、R_2 上的电流,则有 $U_{CE4}=(R_1+R_2)U_{BE4}/R_2$,调整 R_1、R_2 的值即可方便地调整 VT_1、VT_2 的静态偏置,而且该电路还具有温度补偿的作用。

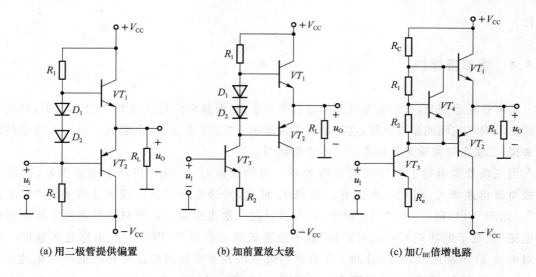

(a) 用二极管提供偏置 (b) 加前置放大级 (c) 加 U_{BE} 倍增电路

图 9-8 甲乙类互补推挽功率放大电路

9.3.3 准互补推挽电路

互补推挽功率放大电路输出级的两个管子具有不同的导电型,为保证输出波形对称,要求两个管子的特性尽可能对称。但是,由于工艺上的原因,导电型不同的大功率管难以做到特性对称;另外,功率管的输出电流较大时电流放大系数一般较小,对前置放大级的电流驱动能力要求较高,因此在大功率输出电路中,经常采用复合管组成准互补推挽电路。

复合管是指由两个或两个以上相同或不同类型的管子按照一定的方式连接形成的等效三极管,它们等效的管子的类型

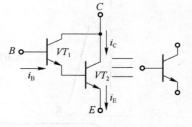

图 9-9 复合管

和电极性质均与第一个管子相同。下面以图 9-9 为例,对复合管的电流放大系数 β 与组成复合管的三极管的电流放大系数之间的关系进行讨论。复合管的集电极电流

$$i_C = i_{C1} + i_{C2} = \beta_1 i_{B1} + \beta_2 i_{B2} = \beta_1 i_{B1} + \beta_2 i_{E1}$$
$$= \beta_1 i_{B1} + \beta_2 [(1+\beta_1) i_{B1}] \tag{9-11}$$

复合管的基极电流 $i_B = i_{B1}$,所以其电流放大系数为

$$\beta = \frac{i_C}{i_B} = \frac{\beta_1 i_{B1} + \beta_2 [(1+\beta_1) i_{B1}]}{i_{B1}} = \beta_1 + (1+\beta_1)\beta_2 \tag{9-12}$$

当 β_1、$\beta_2 \gg 1$ 时,有

$$\beta \approx \beta_1 \beta_2 \tag{9-13}$$

将图 9-8(a)所示 OCL 电路中 NPN 型管 VT_1 和 PNP 型管 VT_2 分别用复合管取代,即可得到如图 9-10 所示的准互补对称电路。图中 VT_1、VT_2 互补,VT_3、VT_4 类型相同,用于实现对称。电阻 R_{e1} 和 R_{C2} 用来为 VT_1、VT_2 的穿透电流 I_{CEO} 提供泄放回路,以免其进一步被输出级放大,影响输出电流的稳

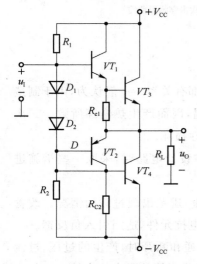

图 9-10 由复合管组成的准互补推挽功率放大电路

定性。

9.3.4 功率管保护

功率管在运用时,有时会发现晶体管管壳并不热,而且它的耐压也大于$2V_{CC}$以上,但晶体管却突然损坏或性能显著下降,这种情况常常是由于"二次击穿"而引起的。对于大功率晶体管来说,二次击穿常常是晶体管损坏的重要原因。

当三极管集电结上的反偏电压增大到一定的数值时,三极管将产生击穿现象,这时集电极电流迅速增大,出现一次击穿。而且I_B越大,击穿电压越低。这种击穿称为"一次击穿"。如图 9-11(a)中,曲线 AB 段所示,A 点就是一次击穿点。这时只要外电路限制击穿后的电流,使管子的功耗不超过额定值,就不会造成管子的损坏,因此一次击穿是可逆的。如果对电流 I_C 不加限制,晶体管的工作点将以毫秒级甚至微秒级的速度移向低压大电流区 C 点,此时,电流 I_C 猛增,而管压降 U_{CE} 迅速减小,如图 9-11(b)中 BC 段所示,称之为二次击穿。二次击穿点 B 随 I_B 的不同而改变,通常把这些点连起来的曲线叫二次击穿临界曲线,如图 9-11(b)所示。

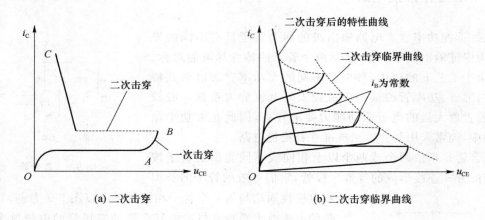

(a) 二次击穿　　　　　　　　(b) 二次击穿临界曲线

图 9-11　晶体管二次击穿现象

产生二次击穿的原因较复杂,与电流、电压、功率以及结温都有关系。一般认为,由于制造工艺的缺陷,使流过管内结面的电流不均匀,造成结面局部高温,因而产生热击穿所致。二次击穿是不可逆的,经二次击穿后,性能明显下降,甚至造成永久性损坏。

为了保证功率管安全工作,避免二次击穿的发生,应注意在设计电路时,采取一些措施进行保护。

(1) 设计电路时使管子工作在安全区内,并留有一定的余量,避免出现过载的情况。改善散热情况,选用较低的电源电压,消除电路中的寄生振荡,少用电抗元件,适当引入负反馈。

(2) 采取适当的保护措施。为了防止电感性负载在突然接通和断开时,产生的过压、过流和过热,可以在负载两端并联二极管(或二极管和电容),以及用稳压管并联在功率放大管的集电极和发射极两端以吸收瞬时的过电压等。

仿 真 实 训

仿真实训 1　消除互补输出级交越失真方法的仿真分析

一、实训目的

互补输出级交越失真方法的研究

二、仿真电路和仿真内容

基本互补电路和交越失真互补输出级如图 9-12 所示。晶体管采用 NPN 型晶体管 2N3904 和 PNP 型晶体管 2N3906。二极管采用 1N4009。

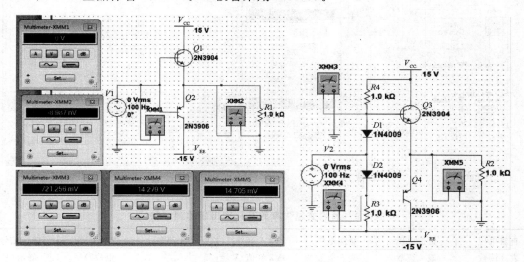

图 9-12　基本互补电路和交越失真互补输出电路

在实际的实验中，几乎不可能得到具有较为理想对称性的 PNP 型和 NPN 型管，但是在 Multisim 中却可以做到。因此，我们可以看到只受晶体管输入特性影响（不受其他因素影响） 所产生的失真和消除这种失真的方法。

仿真内容：

（1）利用直流电压表测量两个电路中晶体管基极和发射极电位，得到静态工作点，如图 9-12 所示。各电压表所测量的电压如图中所标注。

（2）用示波器分别观察两个电路输入信号波形和输出信号波形，并测试输出电压的幅值。 如图 9-13 所示。Channel A 为输入电压波形，Channel B 为输出电压波形。

三、仿真结果

仿真结果如表 9-1、表 9-2 所示。

表 9-1　基本互补电路的测试数据

直流电压表 1 读数	直流电压表 2 读数	输入信号 V1 峰值/V	输出信号峰值/V
0	149.61	2	1.331

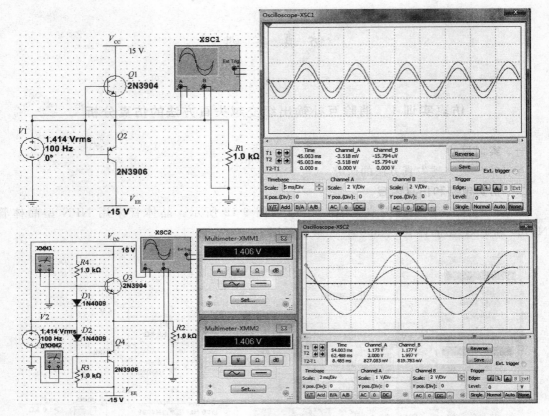

图 9-13　输入和输出波形

表 9-2　消除交越失真的互补输出级的测试数据

直流电压 表 3 读数	直流电压 表 4 读数	直流电压 表 5 读数	输入信号 V2 峰值/V	基极动态 电位/V	基极动态 电位/V	输出信号 峰值/V
721.256	−721.324	14.709	2	1.406	1.406	1.997

四、结论

（1）对基本互补电路的测试可得到如下结论：

（a）静态时晶体管基极和发射极的直流电压均为 0，静态功耗小；

（b）由于输入电压小于 b-e 间的开启电压时两只晶体管均截止，输出信号波形明显产生了交越失真，且输出电压峰值小于输入电压峰值。

（2）对消除交越失真的互补输出级的测试可得到如下结论：

（a）晶体管基极直流电位 $U_{b3} \approx -U_{b4} = 721$ mV，表明两只管子在静态均处于导通状态，发射极的直流电位 $U_{e3} \approx 14.7$ mV，很接近于零，说明管子具有很好的对称性。$U_{b3} \neq -U_{b4}$、$U_{e3} \neq 0$ 的原因仍在于 NPN 型晶体管 2N3904 和 PNP 型晶体管 2N3906 的不对称性。

（b）输入电压的峰值为 2 V，有效值约为 1.414 V。在动态测试中，$U_{b3} = U_{b4} = 1.406$ V ≈ U_1，说明在动态的近似分析中可将 $Q3$ 和 $Q4$ 的基极与输入端可看成为一个点。

（c）输出电压峰值与输入电压峰值相差无几，且输出信号波形没有产生失真，说明合理设置静态工作点是消除交越失真的基本方法，且使电路的跟随特性更好。

仿真实训 2　OCL 电路输出功率和效率的仿真测试

一、实训目的

研究 OCL 功率放大电路的输出功率和效率

二、仿真电路和仿真内容

OCL 功率放大电路如图 9-14 所示。

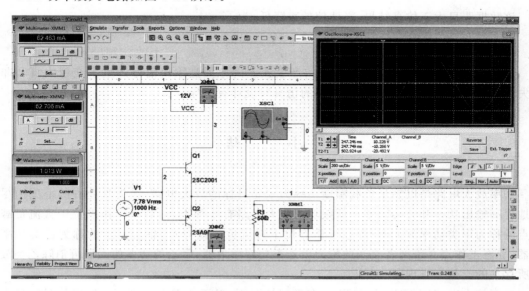

图 9-14　OCL 功率放大电路

图中采用 NPN 型低频功率晶体管 2SC2001,PNP 型低频晶体管 2SA952,输出功率 P_O 功率,可采用瓦特表测量;电源消耗功率 P_V 为平均功率,可采用直流电流表测量电源的输出平均电流,然后计算出 P_V。

仿真内容:

(1) 观察输出波形的失真情况。

(2) 分别测量静态工作时以及输入电压为 11 V 时的 P_O 和 P_V,计算效率。

三、仿真结果

仿真结果如表 9-3 所示。

表 9-3　仿真结果

输入信号 V1 峰值/V	直流电流表 1 读数 I_{C_1}/mA	直流电流表 2 读数 I_{C_2}/mA	电源消耗 功率 P_V/W	瓦特表读数 P_O/W	OCL 电路输出信号正、负向峰值 U_{omax+},U_{omax-}/V
0	0	0	0	0	0,0
11	62.463	62.706	1.502	1.013	10.226,−10.266

利用上表中的数据,经简单计算,可得电源的消耗功率、输出功率和效率,如表 9-4 所示:

表 9-4　计算结果

输入电压峰值 11 V	$+V_{CC}$ 功耗 P_{V+}/W	$-V_{CC}$ 功耗 P_{V-}/W	电源总功耗 P_V/W	输出功率 P_O/W	效率%
计算结果	0.7517	0.7525	1.502	1.049	69.9%

四、结论

(1) OCL 电路输出信号峰值略小于输入信号的峰值,输出信号波形产生了交越失真,且正、负向输出波形略有不对称。产生交越失真的原因是两只晶体管均没有设置合适的静态工作点,正、负向输出幅度不对称的原因是两只晶体管的特性不是理想对称。

(2) 理论计算的电源消耗的功率

$$P_V = \frac{2V_{CC}(U_{omax+} - U_{omax-})/2}{\pi R_L} \approx 1.565 \text{ W}$$

该数据明显大于仿真结果,必然使效率降低,为

$$\eta = \frac{P_O}{P_V} \approx 67\%$$

与通过仿真所得结果误差小于 5%,产生误差的原因是输出信号产生了交越失真和非对称失真。由此可见,对于功率放大电路的仿真对设计有指导意义。

小　　结

功率放大电路是以满足负载额度功率为主要目标的放大电路,在失真允许的范围内尽可能地提高输出功率和转换效率。低频功率放大电路有 3 种类型,静态工作点位于直流负载线中点的称为甲类功率放大器;静态工作点位于直流负载线与 U_{ce} 轴交点上的称为乙类功率放大器;静态工作点介于两者之间的称为甲乙类功率放大器,甲乙类功率放大器可消除乙类放大器所存在的交越失真现象。

功率放大电路有 OCL 和 OTL。在理想情况下,对于乙类 OCL 电路,输出信号的最大功率为

$$P_{om} = \frac{U_{CC}^2}{2R_L}$$

最大效率为

$$\eta_{max} = \frac{P_O}{P_E} = \frac{\pi}{4} \times 100\% \approx 78.5\%$$

OTL 电路采用单电源供电,参数估算仍可用乙类 OCL 的公式,但要用 $U_{CC}/2$ 代替原公式中的 U_{CC}。

习　　题

9.1　判断下列说法是否正确,用"√"或"×"表示判断结果。

(1) 功率放大电路的主要作用是向负载提供足够大的功率信号。(　　)

(2) OTL 乙类互补功放电路的最大输出电压幅值为 $V_{CC}/2 - U_{CES}$。(　　)

(3) 由于功率放大电路中的晶体管处于大信号工作状态,所以微变等效电路方法已不再适用。(　　)

(4) 乙类功放电路的能量转换效率最高为 87.5%。(　　)

(5) 乙类功放在输出功率最大时,管子消耗的功率最大。(　　)

（6）两个同类晶体管复合，由于两管的 U_{BE} 叠加，受温度的影响增大，所以它产生的漂移电压比单管大。（　　）

（7）三极管输入电阻 r_{be} 与静态电流 I_E 的大小有关，因而 r_{be} 是直流电阻。（　　）

（8）可以说任何放大电路都有功率放大作用。（　　）

（9）只有电路既放大电流又放大电压，才称其具有放大作用。（　　）

（10）功率放大电路在甲乙类工作状态时失真最小。（　　）

9.2　选择合适的答案填到相应的空内。

（1）功率放大电路的最大输出功率是在输入电压为正弦波时，输出基本不失真的情况下，负载上可能获得的最大（　　）。

A．交流功率　　　　　　B．直流功率　　　　　　C．平均功率

（2）若要组成输出电压可调、最大输出电流为 3 A 的直流稳压电源，则应采用（　　）。

A．电容滤波稳压管稳压电路　　　　　　B．电感滤波稳压管稳压电路

C．电容滤波串联型稳压电路　　　　　　D．电感滤波串联型稳压电路

（3）串联型稳压电路中的放大环节所放大的对象是（　　）。

A．基准电压　　　　　　B．采样电压　　　　　　C．基准电压与采样电压之差

9.3　如何区分三极管是工作在乙类还是甲乙类？画出在两种工作状态下的静态工作点及相应的工作波形。

9.4　射极跟随器作为输出级驱动负载，在输入信号过小或过大时会出现什么情况？通常可采用什么办法解决？

9.5　何谓交越失真？如何克服交越失真？

9.6　一双电源互补对称电路如图 T9.1 所示，设已知 $U_{CC} = 12$ V，$R_L = 16$ Ω，u_I 为正弦波。求：

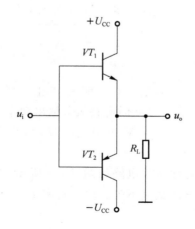

图 T9.1

（1）在 BJT 的饱和压降 U_{CES} 可以忽略不计的条件下，负载上可能得到的最大输出功率 P_{om} 为多少？

（2）每个管子允许的管耗 P_{CM} 至少应为多少？

（3）每个管子的耐压 $|U_{BR,CEO}|$ 应大于多少？

9.7　在图 9.1 所示电路中，设 u_I 为正弦波，$R_L = 8$ Ω，要求最大输出功率 $P_{om} = 9$ W。试求在 BJT 的饱和压降 U_{CES} 可以忽略不计的条件下，求：

(1) 正、负电源 U_{CC} 的最小值；

(2) 根据所求 U_{CC} 的最小值，计算相应的 I_{CM}、$|U_{BR,CEO}|$ 的最小值；

(3) 输出功率最大 $(P_{om}=9 \text{ W})$ 时，电源供给的功率 P_V；

(4) 每个管子允许的管耗 P_{CM} 的最小值；

(5) 当输出功率最大 $(P_{om}=9 \text{ W})$ 时的输入电压有效值。

9.8 设电路如图 T9.1 所示，管子在输入信号 u_1 作用下，在一周期内 VT_1 和 VT_2 轮流导电约 $180°$，电源电压 $U_{CC}=20 \text{ V}$，负载 $R_L=8 \text{ }\Omega$，试计算：

(1) 在输入信号 $U_I=10 \text{ V}$（有效值）时，电路的输出功率、管耗、直流电源供给的功率和效率；

(2) 当输入信号 u_1 的幅值为 $U_{im}=U_{CC}=20 \text{ V}$ 时，电路的输出功率、管耗、直流电源供给的功率和效率。

9.9 与甲类功率放大电路相比，乙类互补对称功率放大电路的主要优点是什么？

9.10 图 T9.2 所示电路为 OTL 互补对称式输出电路。(1)在图中标出 VT_1 和 VT_2 管的类型；(2)简述电路具有双向跟随的作用。

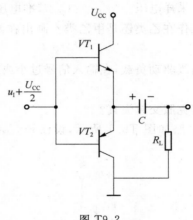

图 T9.2

9.11 设电路如图 T9.2 所示，若电容 C 足够大，其上压降可忽略，$R_L=12 \text{ }\Omega$。

(1) 试估算 $U_{CC}=+18 \text{ V}$，$U_{CES}=2 \text{ V}$ 时电路最大输出功率；

(2) 若要求最大输出功率 $P_{o,max}=4 \text{ W}$，电源电压 U_{CC} 应为多大？设功率管饱和压降 U_{CES} 仍为 2 V。

9.12 有一个单电源互补对称功放电路如图 T9.2 所示，设 u_1 为正弦波，$R_L=8 \text{ }\Omega$，管子的饱和压降 U_{CES} 可忽略不计。试求最大不失真输出功率 P_{om}（不考虑交越失真）为 9 W 时，电源电压 U_{CC} 至少应为多大？

9.13 在图 T9.2 所示单电源互补对称电路中，设 $U_{CC}=12 \text{ V}$，$R_L=8 \text{ }\Omega$，C 的容量很大，u_1 为正弦波，在忽略管子饱和压降 U_{CES} 情况下，试求该电路的最大输出功率 P_{om}。

9.14 设放大电路的输入信号为正弦波，问在什么情况下，电路的输出出现饱和及截止的失真？在什么情况下，出现交越失真？用波形示意图说明这两种失真的区别。

9.15 有一个单电源互补对称电路如图 T9.3 所示，设两个三极管的特性完全对称，u_1 为正弦波，$U_{CC}=12 \text{ V}$，$R_L=8 \text{ }\Omega$，试回答下列问题：

(1) 静态时，电容 C_2 两端电压应是多少？调整哪个电阻能满足这一要求？

（2）动态时，若输出电压 u_O 出现交越失真，应调整哪个电阻？如何调整？

（3）若 $R_1 = R_2 = 1.1\ \text{k}\Omega$，$\beta = 40$，$|U_{BEQ}| = 0.7\ \text{V}$，$P_{CM} = 400\ \text{mV}$，假设两个二极管和 R_2 中任意一个开路，将会产生什么后果？

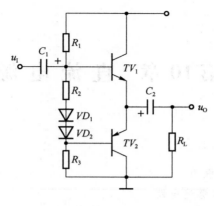

图 T9.3

9.16　在图 T9.3 所示单电源互补对称电路中，已知 $U_{CC} = 35\ \text{V}$，$R_L = 35\ \Omega$，流过负载电阻的电流为 $i_O = 0.45\cos\omega t\ \text{A}_O$。求：（1）负载上所得到的功率 P_O；（2）电源供给的功率 P_V。

第10章 直流电源

教学目标与要求：

- 理解稳压电源的组成框图
- 掌握半波、全波和桥式整流电路
- 掌握电容滤波、电感滤波和复式滤波
- 理解倍压整流电路
- 掌握线性稳压电路

各种电子电路及系统通常都需要直流电源供电，除蓄电池外，大多数直流电源都是利用交流电网转换而得到的。直流电源的组成如图 10-1 所示。

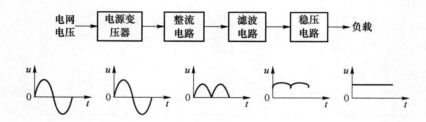

图 10-1　直流稳压电源组成框图

（1）电源变压器

将交流电网所提供的单相 220 V（或 380 V）的交流电压经过电源变压器变换成整流电路所需要的交流电压。

（2）整流电路

将电网提供的正负交替变换的交流电压变为单向脉动的直流电压。但是，这种单向脉动的直流电压除含有直流成分外，还包含着很大的脉动成分，距离理想的直流电压还差很远。

（3）滤波电路

将单向脉动电压的脉动成分滤除，使得输出电压成为比较平滑的直流电压。

（4）稳压电路

稳压电路的作用是将整流滤波电路输出的不稳定直流电压变化成符合要求的稳定直流电压。

10.1　整　流　电　路

整流电路利用二极管的单向导电性,把交变电流变换为单一方向的直流电,常用的有半波、全波和桥式整流电路。在分析整流电路时,为简化分析过程,一般均假设负载为纯电阻件负载,整流二极管为加正向电压导通且正向电阻为零、加反向电压截止且反向电流为零的理想二极管。

10.1.1　半波整流电路

单相半波整流电路如图 10-2 所示,图中 T 为电源变压器,R_L 为电阻性负载,D 为整流二极管;u_1、u_2 分别为变压器一、二次电压,u_O 是负载电压。

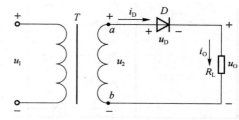

用 U_2 表示电压有效值,则变压器二次电压 $u_2 = \sqrt{2}U_2\sin\omega t$,如图 10-3(a)所示。在正半周期,即 $0 \leqslant \omega t \leqslant \pi$,二极管 D 正向电压导通,电流由 a 点流出经二极管和负载电阻流入 b 点,若忽略二极管正向导通压降,则 $u_O = u_2 = \sqrt{2}U_2\sin\omega t$。在 u_2 负半周期,即 $\pi \leqslant \omega t \leqslant 2\pi$ 时,二极管 D 承受反相电压而截止,无电流流过负载电阻,则 $u_O = 0$。由此可得半波整流电路输出电压波形如图 10-3(b)所示。

图 10-2　单相半波整流电路

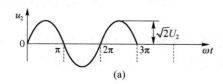

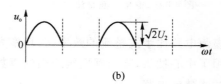

(a)　　　　　　　　　　　　　　　(b)

图 10-3　单相半波整流电路波形图

半波整流电路简单,所用的元件少,但它只利用了输入电压的半个周期,且输出电压低、脉动大,因此只能用在输出电流小、对脉动要求不高的场合。

10.1.2　全波整流电路

全波整流电路如图 10-4 所示,由两个单相半波电路组成,利用两个二极管交替工作,从而克服半波整流电路纹波电压大的缺点。

在正弦交流电源的正半周,D_1 处于正向导通,D_2 处于反向截止,负载电流 i_O 流通路径 $a \rightarrow D_1 \rightarrow R_L \rightarrow c$ 构成回路,负载得到半波整流电压,输出电压 $u_O = u_2$。

在电源的负半周,D_2 处于正向导通,D_1 处于反向截止,负载电流 i_O 流通路径 $b \rightarrow D_2 \rightarrow R_L \rightarrow c$ 构成回路,输出电压 $u_O = -u_2$。

可见在全波整流电路的正负半周内,两只二极管 D_1,D_2 是轮流工作的,流过负载的电流方向一致,因此输出电压的极性不变,图 10-5 是单相全波整流电路电压的工作波形。

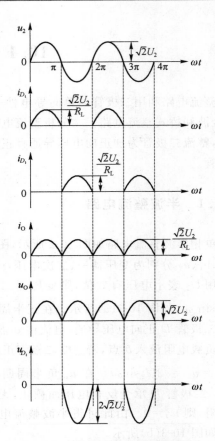

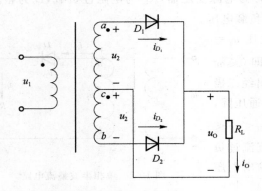

图 10-4　单相全波整流电路　　　　　图 10-5　单相全波整流电路的波形

全波整流电路比半波整流的效率高,功率大,但在全波整流电路中,二极管必须耐压高,而且因为采用了中心抽头,变压器次级线圈的匝数增加了一倍,整个体积增加,所以在实际应用中都采用桥式整流电路。

10.1.3　桥式整流电路

桥式整流电路是由四个特性相同的二极管连接成四臂电桥,故称为桥式整流,如图 10-6 所示。

当 u_2 为正半周时,D_1、D_2 导通,D_3、D_4 截止;当 u_2 为负半周时,D_1、D_2 截止,D_3、D_4 导通,$u_O = \sqrt{2}U_2 \sin \omega t$,而且流过负载的电流的方向是一致的,其波形如图 10-7 所示。

当电源电压处于 u_2 的正半周时,变压器二次绕组的 a 端电位高于 b 端电位,D_1、D_2 在正向电压作用下导通,D_3、D_4 在反向电压作用下截止,电流流经路径 $a \rightarrow D_1 \rightarrow R_L \rightarrow D_2 \rightarrow b$,构成回路,有电流通过负载电阻 R_L,输出电压 $u_O = u_2$。

当电源电压处于 u_2 的负半周时,变压器二次绕组的 b 端电位高于 a 端电位,D_3、D_4 在正向电压作用下导通,D_1、D_2 在反向电压作用下截止,电流流经路径 $b \rightarrow D_3 \rightarrow R_L \rightarrow D_4 \rightarrow a$,构成回路,有电流通过负载电阻 R_L,输出电压 $u_O = u_2$。

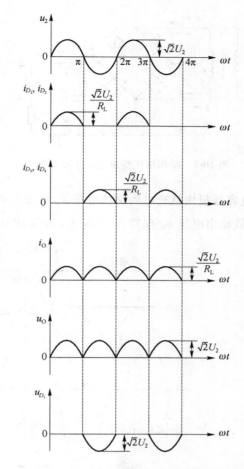

图 10-7 单相桥式整流电路波形图

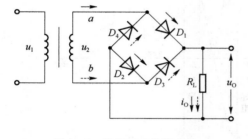

图 10-6 单相桥式整流电路

10.2 滤 波 电 路

整流电路将正、负交替的交流电压整流成为单向脉动的直流电,但输出电压都含有较大的脉动成分,不利于电子设备的正常工作,因此需要进一步减小输出电压的纹波系数,使波形变得平滑。采用适当的电路将交流成分去掉,便可以得到大小和方向不随时间变化的直流电压。这里所用到的电路就是滤波电路。本节重点分析小功率整流电源中应用较多的电容滤波电路,然后简要介绍其他形式的滤波电路。

10.2.1 电容滤波器

电容滤波电路是最常见也是最简单的滤波电路,它利用电容器在电路中的储能作用和电容对不同频率有不同容抗的特性组成低通滤波电路,从而减小输出电压中的脉动分量,利用电容的充、放电作用,使输出电压趋于平滑。在整流电路的输出端并联一个电容即构成电容滤波电路,如图 10-8 所示。

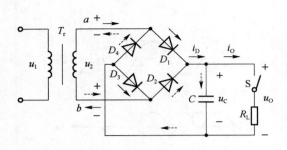

图 10-8   单相桥式整流电容滤波电路

负载 R_L 未接入,开关 S 断开时的情况:电容器初始电压为零,接入交流电源后,当 u_2 为正半周时,u_2 通过 D_1、D_3 向电容器 C 充电。因为 D_1 和 D_3 的导通电阻小,电容电压 u_C 可以随 u_2 上升至交流电压 u_2 的峰值 $\sqrt{2}U_2$;当 u_2 为负半周时,经 D_2、D_4 向电容器 C 充电,充电时间常数为

$$\tau = R_{\text{int}}C \qquad (10\text{-}1)$$

式中,R_{int} 包括变压器副边绕组的直流电阻和二极管 D 的正向电阻。由于 R_{int} 一般很小,所以电容器很快就充电到交流电压 u_2 的最大值 $\sqrt{2}U_2$,极性如图 10-8 所示。因电容器无放电回路,故输出电压 u_C 保持在 $\sqrt{2}U_2$ 上,如图 10-9 中 $\omega t < 0$ 部分所示。

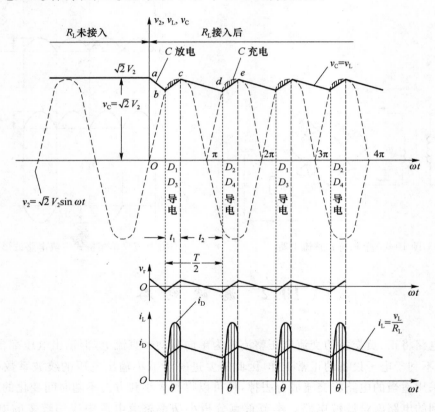

图 10-9   桥式整流电路波形

接入负载 R_L,开关 S 合上的情况:设变压器副边电压 u_2 从 0 开始上升时接入负载 R_L,由于电容器在负载未接入前已经充了电,故刚接入负载时 $u_2 < u_C$,二极管受反向电压作用截止,电容器 C 经 R_L 放电,放电时间常数为

$$\tau_d = R_L C \qquad (10\text{-}2)$$

因 τ_d 一般较大,故电容两端的电压 u_C 按指数规律慢慢下降,输出电压 $u_O = u_C$,波形如图 10-9 中的 ab 段所示。与此同时,交流电压 u_2 按正弦规律上升。当 $u_2 > u_C$ 时,二极管 D_1、D_3 受正向电压作用而导通,此时 u_2 经二极管 D_1、D_3 向负载 R_L 提供电流,并向电容器 C 充电,u_C

可以随 u_2 升高到接近最大值 $\sqrt{2}U_2$。由于二极管的导通角远小于 $180°$，并且必须维持一定的负载平均电流，故二极管的导通电流瞬时值大。输出电压 u_O 和二极管电流的波形如图 10-9 的 bc 段所示。然后，u_2 又按正弦规律下降。当 $u_2 < u_C$ 时，二极管受反向电压作用而截止，电容器 C 又经 R_L 放电，u_C 波形如图 10-9 中的 cd 段。电容器 C 如此周而复始地进行充放电，负载 R_L 上便得到如图 10-9 所示的一个近似锯齿状波动的电压 $u_O = u_C$，电容 C 使负载电压的波动大为减小，实现了输出电压的平滑。

通过以上分析可知电容滤波电路的特点如下。

(1) 二极管的导通角 $\theta < \pi$，流过二极管的瞬时电流很大，电流的有效值和平均值的关系与波形有关，在平均值相同的情况下，波形越尖，有效值越大。在纯电阻负载时（指没有电容 C），变压器副边电流的有效值 $I_2 = 1.11 I_O$；而有电容滤波时

$$I_2 \approx (1.5 \sim 2) I_O \tag{10-3}$$

(2) 负载平均电压 U_O 升高，纹波（交流成分）减小，且 $R_L C$ 越大，电容 C 放电速率越慢，则负载电压中的纹波成分越小，负载平均电压越高。

为了得到平滑的负载电压，一般选取

$$\tau_d = R_L C \geqslant (3 \sim 5) \frac{T}{2} \tag{10-4}$$

式中，T 为电源交流电压的周期，即 $T = 1/50\ \text{s} = 20\ \text{ms}$

(3) 负载直流电压 U_O 随负载平均电流 I_O 增加而减小。当 $C = 0$（即无电容）时，负载直流电压为

$$U_O = 0.9 U_2 \tag{10-5}$$

在整流电路的内阻不太大（几欧）和放电时间常数满足式(10-4)的关系时，容性负载整流电路的输出直流电压约为

$$U_O = (1.1 \sim 1.2) U_2 \tag{10-6}$$

电容滤波电路的优点是电路简单、负载直流电压 U_O 较高、纹波较小等。它的缺点是输出特性较差，故适用于负载电压较高、负载变动不大的场合。

10.2.2　其他形式的滤波电路

(1) 电感滤波电路

在整流电路与负载 R_L 之间串入一个电感元件 L，便构成了电感滤波电路，如图 10-10(a) 所示。

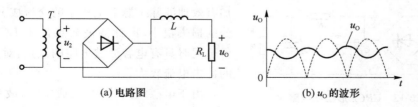

图 10-10　电感滤波电路

在整流电路输出的单向脉动电压中，既含有直流分量，又含有基波和各次谐波的交流分量。电感的感抗为 $X_L = \omega L$，对于直流分量，$X_L = 0$，电感可视为短路，故脉动电压中的直流分

量全部降在负载上;对交流成分,谐波频率越高,感抗越大,降在电感上的电压也越大,因而使负载上得到较为平缓的电压波形,如图 10-10(b)中实线所示。

电感滤波的原理还可以从能量的角度来解释。电感对于变化电流具有一定的阻碍作用,当通过电感的电流增加时,电感线圈将电能转换成磁场能储存起来,以抑制其增加;而电流减小时,电感线圈放出储存的磁场能转变成电能,以补充电流的下降。因此使输出电压的波形变得平滑,减小了脉动的程度。

若忽略电感线圈的电阻,电感滤波电路的输出电压的平均值约为

$$U_O \approx 0.9U_2 \tag{10-7}$$

电感 L 越大,滤波效果越好,所以一般采用带铁心的线圈来增大电感。但大电感的体积大,铁心笨重,易引起电磁干扰。随着集成电路应用的日益广泛,电感使用趋于减少,在某些要求具有较好滤波效果的场合,仍然使用电感。

随着负载电流的变化,电感磁波电路的输出电压下降很少,接近电压源的外特性。所以它的带负载能力较强,具有较"硬"的外特性,故电感滤波电路适用于电压不太高,但电流较大,且负载变化也较大的场合。

(2)复式滤波电路

为了取得更好的滤波效果,可以把电容、电感、电阻等元件适当地组合起来,构成复式滤波电路等电路形式。

LC 滤波电路将电感元件与电容元件连起来形成"倒 L"形的 LC 滤波电路,如图 10-11 所示。LC 滤波电路的滤波作用是利用电感对交流电流的阻碍作用和电容对交流电压的短路作用,减小输出电压中的交流分量。因此它综合了电容滤波和电感滤波电路的特点,使输出电压波形更加平滑,具有更好的滤波效果。

π 形滤波电路有两种不同形式的电路:$CLC\pi$ 形滤波电路和 $CRC\pi$ 形滤波电路,如图 10-12、图 10-13 所示。

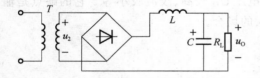
图 10-11 LC 滤波电路

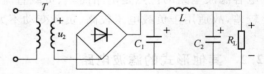
图 10-12 $CLC\pi$ 形滤波电路

在 LC 滤波电路前再并联一个电容器,即构成了 $CLC\pi$ 形滤波电路,因 3 个元件组成滤波电路的形状像字母 π 而得名。脉动电压经过电容 C_1 的滤波后,又经电感 L 和 C_2 的滤波,更加有效地滤除了脉动电压中的交流成分,而直流成分的损失很小,因此滤波效果优于 LC 滤波电路。但也同时具有电容滤波电路的缺点:对整流二极管的冲击电流较大。

由于电感线圈体积大、成本高,故用一个小电阻 R 代替电感,构成 $CRC\pi$ 形滤波电路。电阻元

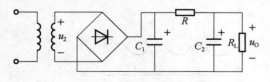
图 10-13 $CRC\pi$ 形滤波电路

件不同于电感,对通过的交、直流电流产生同样大的压降。在进行电路设计时,要兼顾滤波效果和较大的输出电压两个方面,电阻 R 的阻值不宜选得过大,一般为几十欧姆。故 CRC 滤波电路适用于负载电流较小的场合。

10.3　倍压整流电路

在实际应用中,有时需要高电压小电流的直流电流。所谓倍压整流,就是利用二极管的单向导电性为电容提供单极性电压,将电容存储的电压累加,形成等于若干倍交流电压峰值的直流输出电压。

10.3.1　二倍压整流电路

二倍压整流电路如图 10-14 所示。当 u_2 为正半周时,D_1 导通,D_2 截止,u_2 向 C_1 充电,充电至 $\sqrt{2}U_2$,极性如图中所示;当 u_2 为负半周时,D_2 导通,D_1 截止,C_2 充电,极性如图中所示。负载 R_L 电压为 C_1、C_2 电压之后,即为 $2\sqrt{2}U_2$,起到了倍压作用。

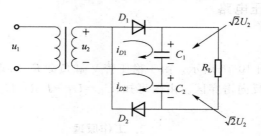

图 10-14　二倍压整流电路

10.3.2　多倍压整流电路

根据上述的原理,只要把更多个电容串联起来,并安排相应的二极管分别给它们提供充电通路,就可以得到多倍的直流输出电压,如图 10-15 所示。

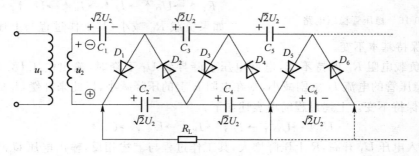

图 10-15　多倍压整流电路

当 u_2 为正半周(即极性上正下负)时,电源电压通过 D_1 将电容 C_1 充电到 $\sqrt{2}U_2$。然后,在 u_2 负半周(即极性上负下正)时,D_2 导通。由图可见,此时 C_1 上的电压 u_{C_1} 与 u_2 的极性一致,它们共同将电容 C_2 充电到 $2\sqrt{2}U_2$。到 u_2 的下一个正半周时,通过 D_3 向 C_3 充电,$u_{C_3} = u_2 + u_{C_2} - u_{C_1} \approx 2\sqrt{2}U_2$。而在 u_2 的下一个负半周时,通过 D_4 向 C_4 充电,$u_{C_4} = u_2 + u_{C_1} + u_{C_3} - u_{C_2} \approx 2\sqrt{2}U_2$。

依次类推,可以分析出电容 C_5、C_6 也会依次充电至 $2\sqrt{2}U_2$,它们的极性如图所示。最后把负载接到有关电容组的两端,就可以得到相应的多倍压直流输出。

由于负载电阻越小,电容放电过程越快,于是输出电压波动越大,故倍压整流电路带负载能力差。只适用于输出高电压,但负载电流很小的场合。

10.4 稳 压 电 路

整流滤波电路有一定的内电阻,当负载电流变化时,其输出直流电压也会发生变化;同时,交流电网电压实际值与额定值电压 220 V 允许有 $+10\%\sim-15\%$ 的偏差,输入交流电压的波动同样会引起输出直流电压的变化。为了解决这个问题,保证输出直流电压的稳定,我们在整流滤波电路之后接入稳压电路。

10.4.1 硅稳压管稳压电路

1. 电路组成

稳压管稳压电路如图 10-16 所示。由于稳压管 V 和负载 R_L 并联,故称并联型稳压电路,R 为限流电阻,V 工作在反向击穿区。由图可知,$U_O = U_I - I_R R = U_Z$,输出电压 U_O 就是稳压管两端的电压 U_Z。

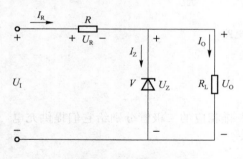

图 10-16 稳压管稳压电路

2. 工作原理

(1) 当稳压电路的输入电压 U_I 保持不变,负载电阻 R_L 增大时,输出电压 U_O 将升高,稳压管两端的电压 U_Z 上升,电流 I_Z 将迅速增大,流过 R 的电流 I_R 也增大,导致 R 上的压降 U_R 上升,从而使输出电压 U_O 下降。

上述过程简单表述如下:

$$R_L \uparrow \rightarrow U_O \uparrow \rightarrow I_Z \uparrow \rightarrow I_R \uparrow \rightarrow U_R \uparrow \rightarrow U_O \downarrow$$

如果负载 R_L 减小,其工作过程与上述相反,输出电压 U_O 仍保持基本不变。

(2) 当负载电阻 R_L 保持不变,电网电压下降导致 U_I 下降时,输出电压 U_O 也将随之下降,但此时稳压管的电流 I_Z 急剧减小,则在电阻 R 上的压降减小,以此来补偿 U_I 的下降,使输出电压基本保持不变。上述过程简单表述如下:

$$U_I \downarrow \rightarrow U_O \downarrow \rightarrow I_Z \downarrow \rightarrow I_R \downarrow \rightarrow U_R \downarrow \rightarrow U_O \uparrow$$

如果输入电压 U_I 升高,R 上压降增大,其工作过程与上述相反,输出电压 U_O 仍保持基本不变。

由以上分析可知,硅稳压管稳压原理是利用稳压管两端电压 U_Z 的微小变化,引起电流 I_Z 的较大变化,通过电阻 R 起电压调整作用,保证输出电压基本恒定,从而达到稳压作用。

硅稳压管稳压电路所使用的元器件少,线路简单,但稳压性能差,输出电压受稳压管稳压值限制,而且不能任意调节,输出功率小,一般适用于电压固定、负载电流较小的场合,常用作基准电压源。

3. 元件选择

稳压管稳压电路的设计首先选定输入电压和稳压二极管,然后确定限流电阻 R。

(1) 输入电压 U_I 的确定:考虑电网电压的变化,U_I 可按下式选择:

$$U_I = (2 \sim 3)U_O \tag{10-8}$$

稳压二极管的选取:稳压管的参数可按下式选取:

$$U_Z = U_O$$

$$I_{Zmax} = (2 \sim 3)I_{Omax} \tag{10-9}$$

(2) 限流电阻的确定:当输入电压 U_I 上升 10%,且负载电流为零(即 R_L 开路)时,流过稳压管的电流不超过稳压管的最大允许电流 I_{Zmax},

$$\frac{U_{Imax} - U_O}{R} < I_{Zmin}, \quad R > \frac{U_{Imax} - U_O}{I_{Zmax}} = \frac{1.1U_1 - U_O}{I_{Zmax}}$$

当输入电压下降 10%,且负载电流最大时,流过稳压管的电流不允许小于稳压管稳定电流的最小值 I_{Zmin},即

$$\frac{U_{Imin} - U_O}{R} - I_{Omax} > I_{Zmin}, \quad R < \frac{U_{Imin} - U_O}{I_{Zmin} + I_{Omax}} = \frac{0.9U_L - U_O}{I_{Zmin} + I_{Omax}}$$

故限流电阻选择应按下式确定:

$$\frac{U_{Imax} - U_O}{I_{Zmax}} < R < \frac{U_{Imin} - U_O}{I_{Zmin} + I_{Omax}} \tag{10-10}$$

限流电阻额定功率为

$$P_R \geq \frac{(U_{Imax} - U_O)^2}{R} \tag{10-11}$$

10.4.2 串联型稳压电路

1. 设计思想

(1) 串联电路的分压

如果设想有一可调电阻 R 和负载电阻 R_L 串联,将可达到稳压的目的,如图 10-17 所示。但是,由于电网电压和负载的变化都十分复杂,而且往往带有很大的偶然性,所以用人工去调整可调电阻 R 使 U_O 维持不变的做法是不现实的。因此,人们想到了用晶体管代替可调电阻 R 的想法,如图 10-18 所示。

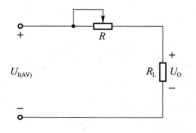

图 10-17 滑动变阻器控制输出

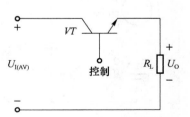

图 10-18 晶体管充当可调电阻

(2) 晶体管起到可调电阻的作用

这一点我们可以从图 10-19 中找到答案。例如,当基极电流为较小的 I_{B1} 时,此时的管压降 U_{CE1} 却较大;反之,U_{CE2} 较小。由此可见,工作在放大区的晶体管可视为一个可调电阻,并且

它的直流电阻$R_{CE}=U_{CE}/\beta I_B$,并且它的直流 I_B 的控制。

2. 电路构成

控制基流 I_B 的简单方法如图 10-20 所示。它是由限流电阻和稳压管组成的并联稳压电路,接到调整管 VT 的基极,使基极电压 $U_\beta=U_Z$。由图可知,$U_O=U_1-U_{CE}$,$U_{BE}=U_Z-U_O$。假设某原因使 U_O 增大,则该电路的稳压过程如下:

$$U_O\uparrow \to U_{BE}\downarrow \to I_B\downarrow \to I_C\downarrow \to U_{CE}\uparrow \to U_O\downarrow$$

从而维持了 U_O 基本不变。

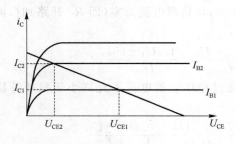

图 10-19 晶体管输出特征曲线

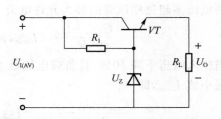

图 10-20 简单串联型稳压电路

仿 真 实 训

三端稳压器 W7805 稳压性能的仿真分析

一、实训目的

三端稳压器 W7805 稳压性能的研究

二、仿真电路和仿真内容

1) 仿真电路

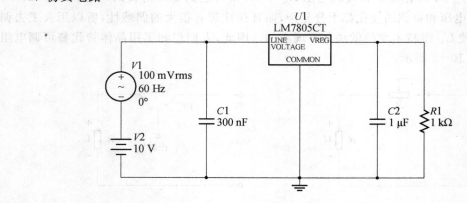

图 10-21 三端稳压器 W7805 的仿真电路

2) 仿真内容

(1) 稳压器选 LM7805CT

(2) 直流电压源为 10 V,干扰信号为 100 mV、60 Hz 的正弦信号

三、仿真结果

当没有干扰信号时,输出信号波形如图 12-22 所示,输出信号电压为 5 V。当存在干扰信号时,输出信号波形如图 12-23 所示。

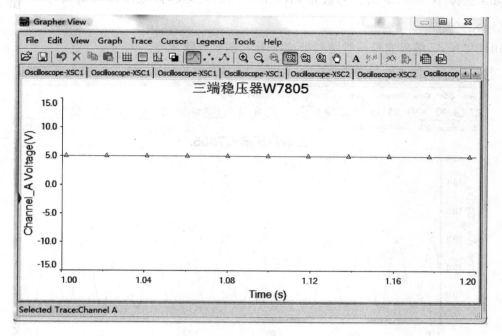

图 10-22 负载 $R_1 = 1\,\text{k}\Omega$,无干扰时的输出信号

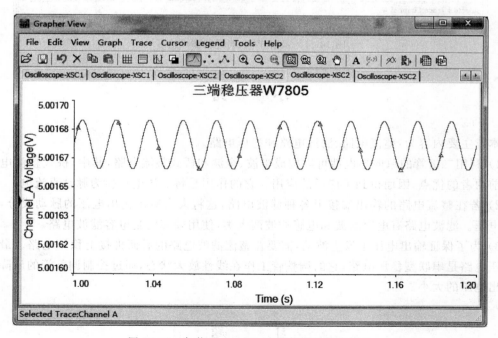

图 10-23 负载 $R_1 = 1\,\text{k}\Omega$,有干扰时的输出信号

四、结论

因此,当 W7805 工作时,电压纹波系数为

$$\frac{5.00169-5}{5}\times100\%=0.03\%$$

如果去掉 W7805，输出信号波形如图 10-24 所示。此时，电压波动系数为 $\frac{10.1-10}{10}\times100\%=10\%$

由此可见，三端集成稳压器 W7805 的稳压功能是比较强的。

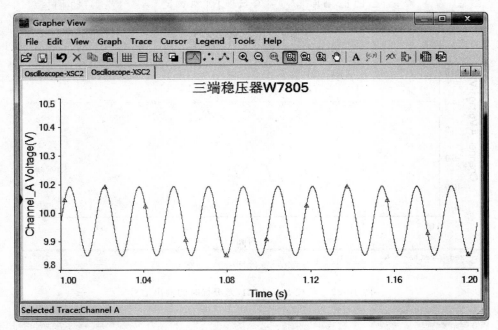

图 10-24   没有 W7805 时的输出信号

小　　　结

本章主要内容为：整流电路、滤波电路和稳压电路。

1）利用二极管的单向导电性可以构成半波、全波和桥式整流电路，其中，桥式整流电路集中了前两者的优点，因而得到了广泛的应用。它的作用是将交流电转换为脉动直流电。

2）若在整流电路的输出端接上各种滤波电路，这将大大减小输出电压的脉动成分，提高输出电压。滤波电路有电容滤波和电感滤波两大类，使用较多的是电容滤波电路。

3）为了保证输出电压不发生波动，需要在整流滤波电路的后面再接上稳压电路。最常用的稳压电路是串联型稳压电路，它的调整管工作在线性放大状态，通过控制调整管的压降来调整输出电压的大小。

习　　　题

10.1　判断下列说法是否正确，用"√"或"×"表示判断结果。

（1）整流电路可将正弦电压变为脉动的直流电压。（　　）

（2）电容滤波电路适用于小负载电流,而电感滤波电路适用于大负载电流。（　　）

（3）在单相桥式整流电容滤波电路中,若有一只整流管断开,输出电压平均值变为原来的一半。（　　）

（4）直流电源是一种能量转换电路,它将交流能量转换为直流能量。（　　）

（5）当输入电压 U_I 和负载电流 U_L 变化时,稳压电路的输出电压是绝对不变的。

（6）对于理想的稳压电路, $VU_O/VU_I=0$, $R_O=0$ 。（　　）

（7）线性直流电源中的调整管工作在放大状态,开关型直流电源中的调整管工作在开关状态。（　　）

（8）因为串联型稳压电路中引入了深度负反馈,因此也可能产生自激振荡。（　　）

（9）在稳压管稳压电路中,稳压管的最大稳压电流必须大于最大负载电流。（　　）

（10）在稳压管稳压电路中,最大稳定电流与最小稳定电流之差应大于负载电流的变化范围。（　　）

10.2　选择合适的答案填到相应的空内。

（1）整流的目的是（　　）。

A. 将交流变为直流　　B. 将高频变为低频　　C. 将正弦波变为方波

（2）在单相桥式整流电路中,若有一只整流管接反,则（　　）。

A. 输出电压约为 $2U_D$　B. 变为半波直流　　C. 整流管将因电流过大而烧坏

（3）直流稳压电源中滤波电路的目的是（　　）。

A. 将交流变为直流　　B. 将高频变为低频　　C. 将交、直流混合量中的交流成分滤掉

（4）滤波电路应选用（　　）。

A. 高通滤波电路　　　B. 低通滤波电路　　　C. 带通滤波电路

10.3　半波、全波、桥式整流电路如图 T10.1 所示,设 u_1 为正弦信号,试分别画出 u_O 和 u_2 对应的波形图。

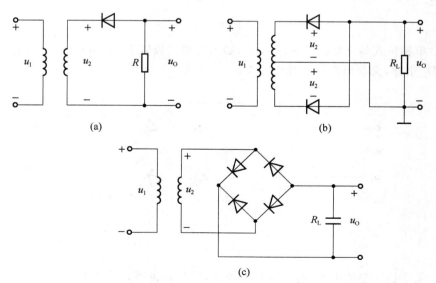

(a)　　　　　　　　　　　　　　　(b)

(c)

图 T10.1

10.4 要用图 T10.2 所示变压器（两个副边绕组匝数相同）作为全波整流电路的电源变压器。如果 a_1 和 b_1 为同名端，试连线构成全波整流电路。

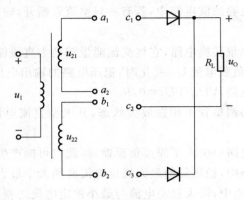

图 T10.2

10.5 整流电路如图 T10.3 所示，试估算输出电压 U_{O1} 和 U_{O2} 的平均值、有效值，并在图上标出电压对地的极性。

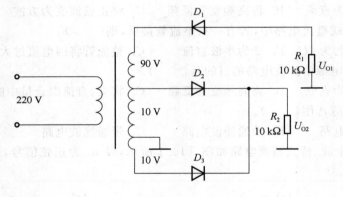

图 T10.3

10.6 单相桥式整流如图 T10.4 所示，如果图中二极管 D_1 正负极性接反，会出现什么现象？如图 D_1 击穿，又会出现什么现象？

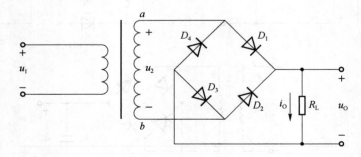

图 T10.4

10.7 关于桥式整流电路，有下面几种说法，试分别说明是否正确。

（1）因为桥式整流电路中有四个整流二极管，所以每个整流管中电流的平均值等于负载电流的 1/4；

（2）因为每个二极管只工作半个周期,故每个二极管的平均电流为负载平均电流的 1/2;

（3）由于负载电压 $U_O = 0.9U_2$,故两个二极管上的电压为 $0.1U_2$;

（4）因为总有两个二极管同时截止,所以每个二极管承受的最大反向电压等于变压器二次电压峰值的 1/2。

10.8 如图 T10.5 所示桥式全波整流电路若出现下述各种情况,会有什么问题?

（1）二极管 D_1 开路,未接通;

（2）二极管 D_1 被短路;

（3）二极管 D_1 极性接反;

（4）二极管 D_1、D_2 极性都接反;

（5）二极管 D_1 开路,D_2 被短路。

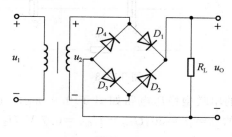

图 T10.5

10.9 电容滤波电路如图 T10.6(a)、(b)所示,图 T10.6(a)为半波整流滤波电路,图 T10.6(b)为桥式全波整流滤波电路。

（1）说明电容 C 的作用;

（2）在负载不同的情况下,讨论两种电路的输出电压平均值 U_O 的大小;

（3）比较图(a)、图(b)两种电路的脉动系数 S。

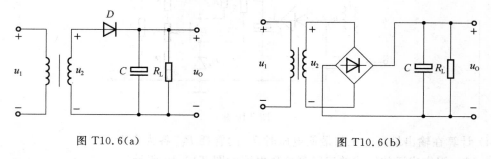

图 T10.6(a)   图 T10.6(b)

10.10 某整流电路如图 T10.7 所示,试分析输出电压的大小和极性。

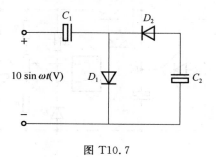

图 T10.7

10.11　在图 T10.8 所示电路中,设 R_L 很大,可视为开路,变压器二次电压有效值为 100 V。求:

(1) R_L 两端的电压;

(2) 各电容上的直流电压,并分别注明其极性。

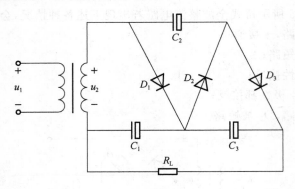

图 T10.8

10.12　具有放大环节的串联型稳压电路如图 T10.9 所示。已知变压器副边 u_2 的有效值为 16 V。三极管 T_1、T_2 的 $\beta_1 = \beta_2 = 50$,$U_{BE1} = U_{BE2} = 0.7$ V,$U_Z = 5.3$ V,$R_1 = 400\ \Omega$,$R_2 = 200\ \Omega$,$R_3 = 400\ \Omega$,$R_L = 50\ \Omega$。

(1) 估算电容 C_1 上的电压 $U_1 = ?$

(2) 估算输出电压 U_O 的可调范围;

(3) 试计算输出负载 R_L 上最大电流 I_{Lmax};

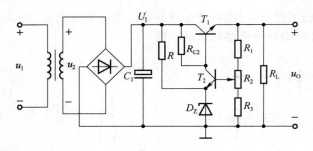

图 T10.9

(4) 计算在输出最高电压与最低电压时 T_1 的管耗 P_{CM} 各为多少。

10.13　用集成运放构成的串联型稳压电路如图 T10.10 所示。

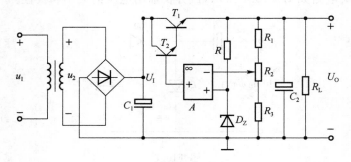

图 T10.10

（1）电路中，若测得 $U_1 = 24$ V，则变压器副边电压 u_2 的有效值 U_2 应为多少伏？

（2）已知 $U_2 = 15$ V，整流桥中有一个二极管因虚焊而开路，则 U_1 应为多少伏？

（3）在 $U_1 = 30$ V，D_2 的稳压值 $U_Z = +6$ V，$R_1 = 2$ kΩ，$R_2 = 1$ kΩ，$R_3 = 1$ kΩ 条件下，输出电压 U_O 的范围为多大？

（4）在上述第（3）小题的条件下，若 R_L 为 100 Ω，则三极管 T_1 在什么时候功耗最大？其值是多少？

10.14 三端集成稳压器 W7805 组成图如图 T10.11 所示电路。已知 D_Z 管的稳压值 $U_Z = 5$ V，$U_1 = 15$ V，电网电压波动 $\pm 10\%$，最大负载电流 $I_{L\max} = 1$ A。

（1）估算输出电压 U_O 的调整范围；

（2）估算三端稳压器的最大功耗。

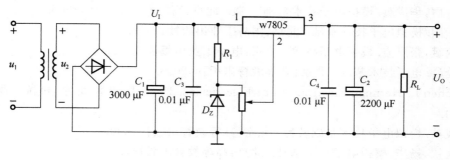

图 T10.11

10.15 具有过载保护环节的串联型稳压电路如图 T10.12 所示。

（1）简述图中三极管 T_1、T_3 的作用；

（2）电路怎样实现过流保护？

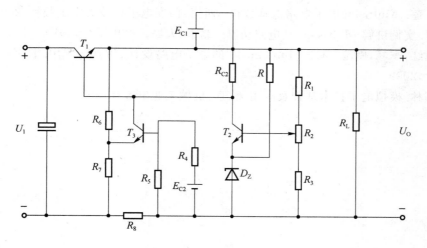

图 T10.12

参 考 文 献

[1] 童诗白,华成英.模拟电子技术基础.4 版.北京:高等教育出版社,2006.

[2] 何秋阳.模拟电子技术基础.北京:国防工业出版社,2012.

[3] 查丽斌,张凤霞.模拟电子技术.北京:电子工业出版社,2013.

[4] 杨拴科.电子技术基础.北京:高等教育出版社,2003.

[5] Stephen L. Herman. Electronics For Electricians. 2nd ed. 影印本. 北京:机械工业出版社,
2004.

[6] 华成英.模拟电子技术基础教程.北京:高等教育出版社,2006.

[7] 陈大钦,杨华.模拟电子技术基础.北京:高等教育出版社,2000.

[8] 康华光.电子技术基础.5 版.北京:高等教育出版社,2005.

[9] 王文辉,刘淑英.电路与电子学.3 版.北京:电子工业出版社,2005.

[10] 孙肖子,张企民.模拟电子技术基础.西安:西安电子科技大学出版社,2001.

[11] 钟文耀,段玉生,何丽静.EWB 电子电路设计入门与应用.北京:清华大学出版社,2000.

[12] 朱彩莲.Multisim 电子电路仿真教程.西安:西安电子科技大学出版社,2007.

[13] 程勇.实例讲解 Multisim 10 电路仿真.北京:人民邮电出版社,2010.

[14] 卢艳红,季峰,虞沧.基于 Multisim 10 的电子电路设计、仿真与应用.北京:人民邮电出
版社,2009.

[15] 熊伟林.模拟电子技术基础及应用.北京:机械工业出版社,2010.